信息科学技术学术著作丛书

移动通信系统中广播多播技术与应用

田　霖　周一青　石晶林　著

科学出版社

北　京

内 容 简 介

本书是一本专门介绍移动通信系统中广播多播技术及应用的图书，内容涵盖关键技术、基本原理、协议标准和工程实践等，主要包括：第三代、第四代移动通信系统概述及其中的多播协议，多播无线传输技术、无线资源管理技术及网络部署优化技术，基于终端协作的多播传输技术，通信与广播系统融合技术与实践。本书不仅全面介绍了移动通信系统中的广播多播技术，还对未来可能出现的新型广播多播机制及前沿技术进行了阐述，包含了该领域国内外最新的研究成果。

本书可作为从事无线通信与多媒体无线传输专业研究的高等院校教师、研究生和高年级本科生的教学用书和参考技术著作，也可作为相关工程技术人员的参考书。

图书在版编目(CIP)数据

移动通信系统中广播多播技术与应用/田霖，周一青，石晶林著. —北京：科学出版社，2016

(信息科学技术学术著作丛书)

ISBN 978-7-03-046632-7

Ⅰ. 移… Ⅱ. ①田… ②周… ③石… Ⅲ. 移动通信-通信网-研究 Ⅳ. TN929.5

中国版本图书馆 CIP 数据核字(2015)第 300388 号

责任编辑：魏英杰/ 责任校对：桂伟利
责任印制：张 倩 / 封面设计：陈 敬

科 学 出 版 社 出版
北京东黄城根北街 16 号
邮政编码：100717
http://www.sciencep.com
新科印刷有限公司 印刷
科学出版社发行 各地新华书店经销
*
2016 年 3 月第 一 版 开本：720×1000 1/16
2016 年 3 月第一次印刷 印张：17 1/4
字数：332 000

定价：110.00 元

(如有印装质量问题，我社负责调换)

《信息科学技术学术著作丛书》序

21 世纪是信息科学技术发生深刻变革的时代，一场以网络科学、高性能计算和仿真、智能科学、计算思维为特征的信息科学革命正在兴起。信息科学技术正在逐步融入各个应用领域并与生物、纳米、认知等交织在一起，悄然改变着我们的生活方式。信息科学技术已经成为人类社会进步过程中发展最快、交叉渗透性最强、应用面最广的关键技术。

如何进一步推动我国信息科学技术的研究与发展；如何将信息技术发展的新理论、新方法与研究成果转化为社会发展的新动力；如何抓住信息技术深刻发展变革的机遇，提升我国自主创新和可持续发展的能力？这些问题的解答都离不开我国科技工作者和工程技术人员的求索和艰辛付出。为这些科技工作者和工程技术人员提供一个良好的出版环境和平台，将这些科技成就迅速转化为智力成果，将对我国信息科学技术的发展起到重要的推动作用。

《信息科学技术学术著作丛书》是科学出版社在广泛征求专家意见的基础上，经过长期考察、反复论证之后组织出版的。这套丛书旨在传播网络科学和未来网络技术，微电子、光电子和量子信息技术、超级计算机、软件和信息存储技术，数据知识化和基于知识处理的未来信息服务业，低成本信息化和用信息技术提升传统产业，智能与认知科学、生物信息学、社会信息学等前沿交叉科学，信息科学基础理论，信息安全等几个未来信息科学技术重点发展领域的优秀科研成果。丛书力争起点高、内容新、导向性强，具有一定的原创性；体现出科学出版社"高层次、高质量、高水平"的特色和"严肃、严密、严格"的优良作风。

希望这套丛书的出版，能为我国信息科学技术的发展、创新和突破带来一些启迪和帮助。同时，欢迎广大读者提出好的建议，以促进和完善丛书的出版工作。

中国工程院院士

原中国科学院计算技术研究所所长

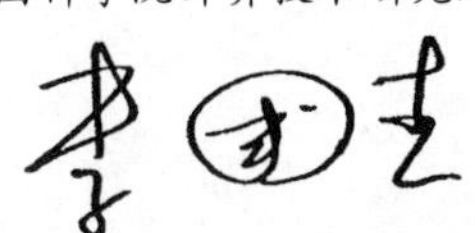

前　言

随着大屏幕智能手机的日益普及，移动数据业务的使用越来越广泛，人们已不满足于手机只能提供电话和消息等业务类型，希望能够通过手机随时随地获取丰富的多媒体业务，例如电视广播、视频点播、视频会议、互动游戏等。多媒体业务往往具有用户量大和流量高的特点，若采用点到点的单播方式进行传输，将不能让多个用户共享无线资源，使有限的频谱资源更加紧张，限制系统提供多媒体业务的能力，甚至使系统不能支持电视广播等高带宽的业务。同时，造成了业务传输成本高，从而限制了多媒体业务的推广。

为了高效传输可以同时被多个用户接收的多媒体业务，目前主流的移动通信标准均制定了广播多播传输机制，如 3GPP 的多媒体广播多播业务(MBMS)，3GPP2 的广播组播业务(BCMCS)等。这类机制采用点到多点的传输方式，即基站只需要发送一份数据，相关用户均可以接收，从而实现了用户间的无线资源共享，提高了资源利用率，降低了业务成本。

在多媒体广播多播技术标准化工作广泛开展的同时，针对标准制定和实际部署中面临的技术问题，学术界和产业界也开展了大量的研究和实验工作，从物理层、链路层、网络层等各个层次对多媒体广播多播机制进行优化和增强，推进其在实际网络中的部署进程。

当前已经出版的多媒体广播多播方面的书籍中，有的详细介绍了第三代移动通信系统(3G)中的广播多播技术，而阐述第四代移动通信系统(4G)中广播多播技术的较少。此外，目前的书籍主要侧重于标准的介绍，对关键技术以及前沿研究的涉及较少。本书从广播多播标准、无线传输、资源管理、网络部署等方面全面介绍了 4G 系统中的广播多播传输机制，并对未来可能出现的新型多播机制及前沿技术进行了阐述，其中还包括了作者自主创新的研究成果，以便让读者对广播多播标准、研究以及实践形成一个较为全面的了解。

本书共 8 章。第 1 章为绪论，介绍了移动通信系统中广播多播的基本概念、标准化情况以及技术组成，为后面章节的学习提供必要的基础；第 2 章和第 3 章分别介绍了 3G 和 4G 系统中的广播多播协议，包括网络架构、空中接口、高层信令等方面的详细定义；第 4 章阐述了广播多播无线传输技术的研究，包括分层调制与多编码、多天线增强、单频网传输等；第 5 章介绍了广播多播无线资源管理技术，包括面向多播的多维资源调度、单播与广播融合的资源管理、多播业务移动性管理等；第 6 章从广播多播网络部署的角度介绍了一种新型的广播多播网络架构及相关优化技术；第 7 章介绍了一种新型的多播传输技术——基于终端协作的多播传输；第 8 章从通信与广播系统融合的角度，给出了移动多媒体广播多播实现的一种新的思路。

本书主要由田霖、周一青和石晶林撰写，总结了中国科学院计算技术研究所无线通信技术研究中心在该领域多年的研究成果，包括袁尧、黄伊、关娜、杨育波、庞迪等多位博士的成果。此外，孙茜、焦慧芳等参与了第 2 章、第 3 章和第 5 章的撰写，王晓湘、龚文熔等参与了第 6 章的撰写，刘航等对第 7 章进行了撰写，张玥、刘畅和万溢完成了书中部分插图和文献的整理工作，在此一并表示感谢。

本书的部分研究内容受到“新一代宽带无线移动通信网”国家科技重大专项“面向 IMT-Advanced 增强多媒体多播技术”（课题编号 2010ZX03003-004）和国家自然科学基金青年基金项目“基于终端协作的多播能量效率分析与低功耗资源分配方法研究”（项目编号 61201231）的资助，在此特别表示感谢。本书第 8 章中介绍的宽带无线多媒体系统标准，是中国电子技术标准化研究院组织中国科学院上海微系统与信息技术研究所、中国科学院计算技术研究所、清华大学、联想集团等单位共同完成的，本文作者有幸成为起草人，非常感谢相关单位的支持。在本书的编写过程中，还得到北京邮电大学、工业和信息化部电信传输研究所、富士通公司中国研究院等单位的大力支持，他们提供了许多宝贵的建议和有益的帮助，在此表示诚挚的谢意。

由于作者水平有限，不妥之处在所难免，敬请广大读者批评指正。

作　者

目　　录

第1章 绪 论

移动通信已经成为人们生活中不可或缺的组成部分，显著地改变着人们的生活方式，极大地推动着社会经济的发展。自19世纪80年代以来，移动通信技术迅猛发展，已经从第一代模拟通信系统、第二代数字通信系统发展到了第三代（3rd generation，3G）多媒体通信系统。近年来，传统的移动语音业务通信量稳步增加，移动互联网业务、实时视频和视频点播等多媒体业务的需求更是日益增强。因此，人们已经不满足于速率可达2Mb/s的3G，为此发展了LTE(long term evolution)系统，可在20MHz频谱带宽下提供下行100Mb/s、上行50Mb/s的峰值速率。进一步，未来第四代移动通信系统（4G）的目标是提供与有线通信系统可以比拟的，高达1Gb/s的高速通信。目前，LTE标准已经完成，LTE网络的部署正在全球快速推进，并逐渐进入商用阶段。

从目前全球3G网络运营情况来看，流媒体、手机网络游戏、在线音乐、大容量下载等高速数据业务已成为发展最为迅速的增值业务。在3G市场发展较早的日本和韩国，基于视频的应用已占到手机增值服务的50%以上。同时，随着三网融合的发展，广播电视网络中的节目也将通过移动通信网络发送给用户。然而，若对这类业务采用移动通信系统中单播业务的点到点传输方式，将无法让多个用户共享无线资源，使有限的频谱资源更加紧张，限制了系统提供多媒体业务的能力，甚至不能支持电视广播等高带宽的业务。

针对该问题，第3代合作伙伴关系（the 3rd generation partnership project，3GPP）、IEEE 802.16等主流移动通信标准化组织从2004年起，开始制定广播多播传输机制。这类机制采用点到多点的传输方式，即基站只需要发送一份数据，多播组中的所有用户均可以接收，从而实现用户间的无线资源共享，提高了资源利用率，降低了业务成本。

然而，随着移动多媒体用户数量的和业务量的激增，现有的移动通信系统中的广播多播机制在传输技术、业务分发等方面越来越难以满足人们对多媒体应用多样化和高宽带的需求。如图1-1所示，未来的多媒体多播系统需要支持各种具有不同服务质量(QoS)需求的高流量的多媒体业务类型；需要充分利用频谱资源，与单播服务高效共存；需要支持更大范围的覆盖、更多的用户及种类繁多的终端，提高最终用户的体验。因此，近年来多媒体广播多播技术受到学术界和产业界的高度关注，在该领域开展了持续、大量的研究，并在4G标准化中形成了一系列增强多媒体多播方案，业界领先的企业也在持续进行网络和业务实验。2014年5月，美国运营商Verizon公司在其4G商用网络中推出了移动多媒体多播服务，

AT&T公司也宣布在2015年开始部署LTE广播多播服务。相信在未来几年，各国移动运营商都会陆续开始部署该服务。

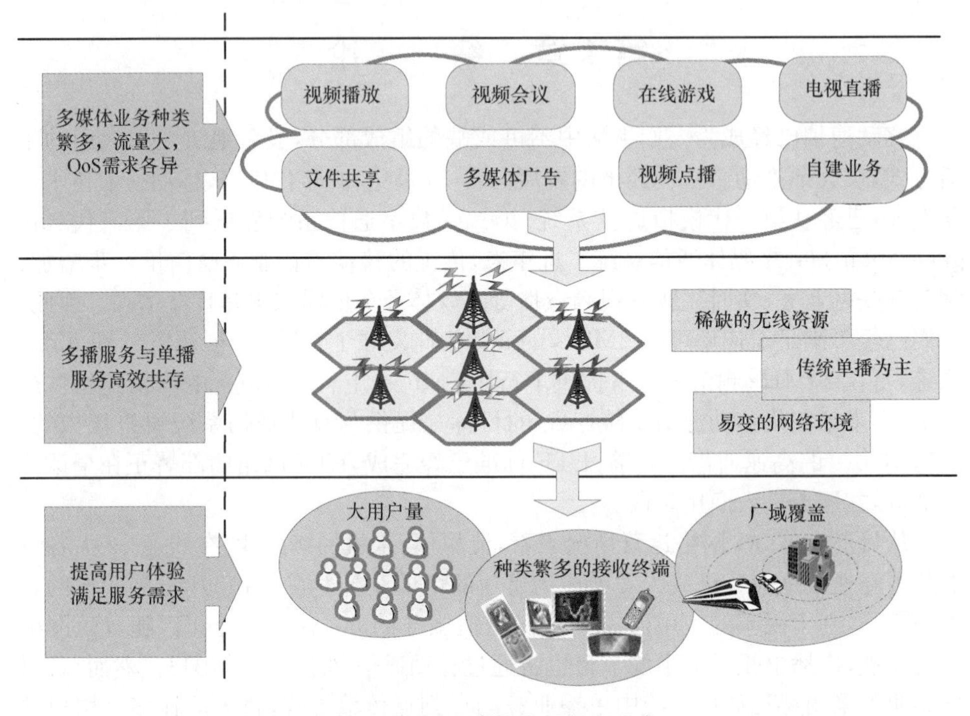

图1-1　增强多媒体多播服务需求

在移动多媒体广播多播服务迅猛发展的今天，本书从原理、标准、关键技术、实验验证等方面，对移动通信系统中的广播多播技术进行全面阐述，可以为从事广播多播产品研发、网络部署、服务实施的工程师提供参考，并作为希望学习移动多媒体广播多播系统的大专院校学生的参考教材。同时，本书对未来移动多媒体多播系统标准制定和实际部署中面临的技术问题进行了深入分析，适当补充了有关的数学公式及推导，供相关专业的研究生进行工程开发及研究工作时使用。

1.1　移动多媒体业务的传输类型

在移动通信系统中，多媒体业务到达用户终端有3种可能的传输类型，即单播、广播与多播。这三种传输类型具有不同的特点，下面分别介绍。

(1) 单播

在网络和每个用户间进行点到点传输，网络提供专用连接给每个终端，相同的内容需要多次传输给每个请求该内容的用户，如图1-2所示。若每个用户请求的多媒体业务不同，则单播传输方式有效；若相同的业务数据需要同时被多个用户所接收，如电视广播、视频会议、互动游戏等，单播传输的效率就很低，如系统中有 6 个用户想接收相同的数据，单播方式需要将同样的数据发送 6 次，会浪费大量的无线频谱资源。

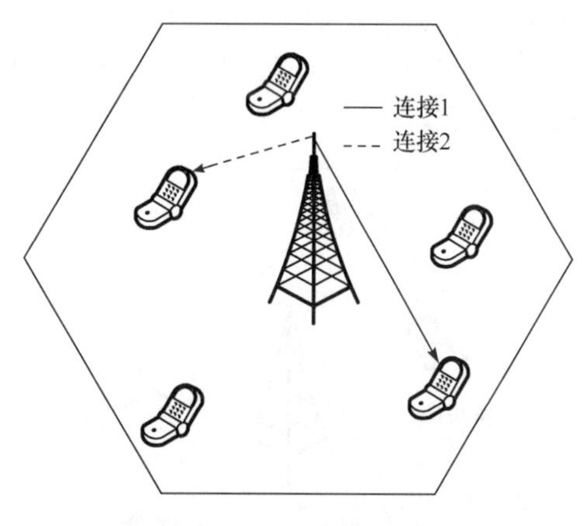

图 1-2　单播传输方式

(2) 广播

从网络到多个终端的下行链路进行点对多点连接，每次内容传输给一个地理区域内的所有终端，用户可以自由选择接收还是拒绝，如图 1-3 所示，像调频广播、电视广播等都是采用广播传输方式。广播的显著特点就是可以采用一份资源同时为多个用户传送数据，与单播传输方式相比，能够极大地节省无线资源和网络资源，是为用户提供多媒体业务的一个高效解决方案。

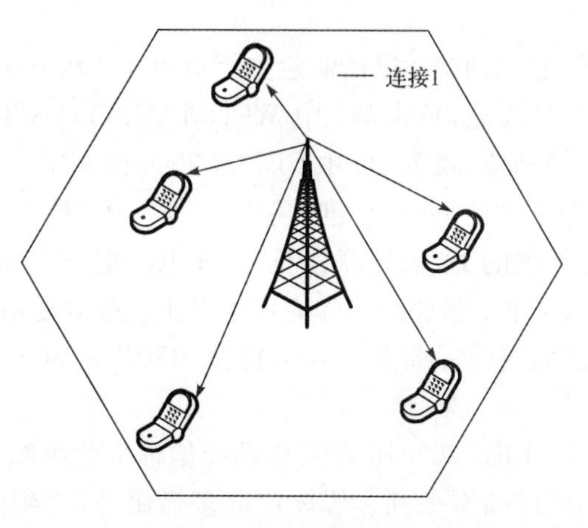

图 1-3　广播传输方式

(3) 多播

从网络到一组终端的下行链路进行点对多点连接，每次内容只传输给特定的终端组，只有属于该终端组的用户才可接收，如图 1-4 所示。在无线传输层面上，广播和多播的数据发送方式没有区别，两种模式的区别在于用户群不同。广播业务对所有用户都可以使用，没有对特定业务订阅的需要；对于多播业务来说，为了能够接收到选择的业务，各个用户需要订阅该业务。因此，多播可以看做是通过订阅的广播，有订阅收费的可能性。

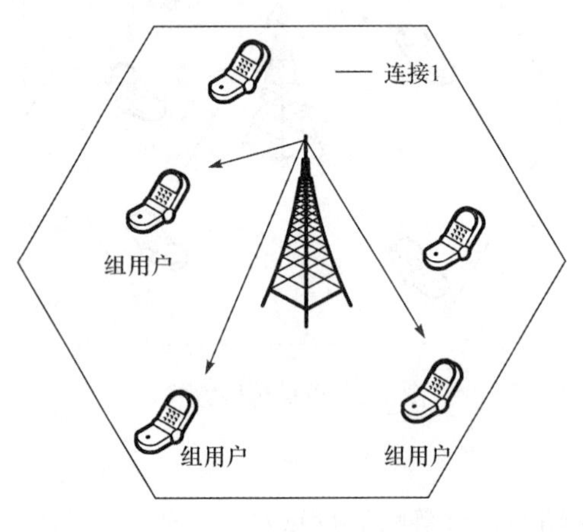

图 1-4　多播传输方式

1.2　移动通信网络中的广播多播技术标准化

从 3G 时代开始，移动通信标准的制定主要由 3GPP 和 3GPP2 两个组织负责。3GPP 于 1998 年 12 月成立，负责 3G 中 WCDMA 和 TD-SCDMA 标准的制定；3GPP2 于 1999 年 1 月成立，负责 3G 中 CDMA 2000 的制定。在 3G 标准完成后，3GPP 和 3GPP2 也分别开始了 4G 标准的制定工作。IEEE 802.16 工作组是由英特尔、得州仪器等为代表的 IT 公司联合三星、北电等电信厂商发起成立的，目标是开发宽带无线接入标准。该组织率先完成了以正文频分复用和多输入多输出技术为核心的宽带无线城域网标准 802.16d，促使 3GPP 和 3GPP2 中 4G 标准制定项目的快速启动。

3GPP、3GPP2 和 IEEE 802.16 三大移动通信标准化组织都很重视对广播多播机制的支持，从小区广播服务到多媒体广播多播服务，再到演进的广播多播服务，一直在持续提高多媒体业务的传输质量与效率。

(1) 小区广播服务

通过小区广播服务(cell broadcast services,CBS),可以将简短的消息广播到小区或整个网络的终端上。由于小区广播服务为广播传输方式,不会由于接收用户数的增加而影响网络负载,因此特别适用于在地震、海啸等紧急情况下的消息发送。然而,小区广播服务承载的是短消息等业务,不支持多媒体业务的传输。

(2) 多媒体广播多播

为在移动通信系统中高效支持多媒体业务的传输,3GPP 在 Release 6 版本中引入了多媒体广播多播业务(multimedia broadcast multicast service,MBMS),3GPP2 随后也提出广播组播业务(broadcast multicast services,BCMCS),IEEE 802.16 在 802.16e 标准中提出了多播广播服务(multicast and broadcast service,MBS)。这些技术都是在无线蜂窝通信系统中增加支持广播多播的能力,均为基于单小区的广播多播,核心思想都是点到多点的传输方式。不同于支持短信广播的 CBS,它们可以支持多媒体广播多播业务,而且减少了同一份数据发送及拷贝的次数,提高了广播多播的传输效率。无论是 MBMS、BCMCS 还是 MBS,分别是在 WCDMA/TD-SCDMA、CDMA2000 和 802.16e 等 3G 系统中提供广播多播服务的标准,因此可以统称为第三代移动通信系统中的广播多播协议。本书将在第 2 章以 MBMS 为代表,对第三代移动通信系统中的广播多播协议进行详细介绍。

(3) 增强的广播多播

由于第三代移动通信系统中的广播多播协议采用单小区点到多点的传输方式,为了保证所有用户的正确接收,多播传输速率默认由小区中信道条件最差的用户确定。因此,在很多情况下需要采用最鲁棒的编码方式及很大的发射功率,从而降低了频谱效率,加重了小区边缘的干扰问题。同时,由于各小区独立地对广播多播业务进行调度,造成各小区间传输的节目不同步,终端切换到新小区将出现原接收节目中断的问题。为解决以上问题,3GPP 和 802.16 组织在制定第四代移动通信标准时,为广播多播服务引入单频网技术(single frequency network,SFN)。该技术允许多个互相同步的小区在同一频率上发送相同的 MBMS 信号,利用多小区单频网操作可以从根本上提高广播多播业务的传输效率和覆盖性能,称为增强的广播多播技术(3GPP 中的 E-MBMS 和 802.16 中的 e-MBS)。采用增强的广播多播技术,终端在同一个 SFN 区域内的不同小区间移动时,接收到的节目将保持连续,整个 SFN 区域在接收多媒体广播多播服务的终端看来,就像是一个巨大的小区。关于增强的广播多播技术的更多描述可以阅读本书第 3 章。

1.3 移动通信网络中广播多播相关研究计划

1. C-MOBILE

C-MOBILE 项目于 2006 年 3 月启动，目标是基于 3GPP MBMS 进行新技术研究，推进标准演进，从而加速移动多媒体广播多播业务的发展。项目组成员包括法国电信、葡萄牙电信、英国和记黄埔等运营商，高通等公司，以及西英格兰大学、瑞士圣加伦大学等研究机构。该项目主要围绕广播多播的空中接口、核心网等技术进行创新，并对移动多媒体广播多播应用和内容管理、商业模式等进行研究，项目输出包括面向 3GPP 的标准提案、技术验证和系统级仿真。具体的技术文档可以从 C-MOBILE 项目的网站(http://c-mobile. ptinovacao. pt/)上获取。

2. DAIDALOS

Daidalos 项目是欧盟第六框架计划(FP6)中的一个综合项目，项目规模高达 5000 万欧元。Daidalos 项目的目标是完成异构网络的无缝融合，让网络运营商和业务提供者可以快速构建新的应用，让用户可以自由享用个性化的语音、数据、多媒体等业务。其中，该项目的一个重要工作就是完成移动通信网与广播网在网络层及应用层的无缝融合。该项目组由 40 余家来自工业界和学术界的成员组成，包括法国电信、阿尔卡特-朗讯、摩托罗拉、NEC、西门子、意大利电信、葡萄牙电信等。更多技术资料可以从 DAIDALOS 网站(http://www. ist-daidalos. org/default. htm)获取。

3. 新一代宽带无线移动通信网重大专项

为提高我国无线移动通信领域的综合竞争力和创新能力，推动我国移动通信技术和产业向世界先进水平跨越，我国于 2008 年正式启动了“新一代宽带无线移动通信网”国家科技重大专项。其中，“面向 IMT-Advanced 增强多媒体多播技术”是该专项重点支持的项目之一，目标是针对 IMT-Advanced 系统的新型网络架构和无线传输技术，突破蜂窝网络多媒体多播业务的关键技术，实现高频谱效率的无线传输和广域覆盖，对网络负载起到均衡作用，提高系统的总容量和接入速率。该项目的承担单位包括中兴通信股份有限公司、华为技术有限公司、大唐移动通信设备有限公司、中国普天信息产业股份有限公司、中国科学院计算技术研究所、北京邮电大学、清华大学等，于 2013 年完成第一期的新技术研究和验证。

1.4 移动多媒体广播多播技术组成

在移动通信网络中，多媒体广播多播技术的研究主要包括无线传输、无线资源管理、网络部署优化等技术。无线传输技术主要指基站通过无线信道向终端进行多媒体数据传输时使用的编码技术，调制技术，多天线发射技术，协同分集传输技术等。无线资源管理技术包括单小区范围内多播和单播业务融合的资源分配、多媒体数据调度，以及多小区范围内分布式资源协同分配技术等。网络部署优化技术包括针对多播系统的逻辑架构设计、混合的组网技术、单频网规划等。因此，我们将从无线传输、无线资源管理、网络部署优化等几个方面对移动多媒体广播多播技术进行阐述。

1. 广播多播无线传输技术

在移动通信系统中，广播多播传输分为单小区和多小区两种方式。单小区广播多播的传输方式与单播基本相同，而多小区广播多播传输是通过单频网的方式，允许多个互相同步的小区在同一频率上发送相同的信号，形成多小区信号合并，从而提高广播多播业务的传输效率，改善业务覆盖。除3G和4G标准中需要对广播多播传输机制，如帧结构、信道映射、参考信号等进行定义以外，还需要开展以下技术研究。

① 分层调制与多编码。通过将具有不同优先级的信息采用不同的调制方式或差错控制方式等进行叠加传输，为用户提供有差别的多播服务，让信道质量好的用户能够接收到高质量的服务，从而提高系统的频谱效率。

② 多播MIMO技术增强。多天线收发(MIMO)技术是4G系统的物理层核心技术，需要根据多播传输特点对MIMO技术进行优化，设计包括自适应MIMO、具有不等错误保护能力的分级MIMO传输方案等，使多播业务充分发挥出4G系统高带宽和高频谱效率的优势。

③ 单频网传输技术。研究单频网多基站协同分集传输机制，如基于空时组码(space time block code，STBC)和空频组码(space frequency block code，SFBC)的方案，实现分集增益，减小单频网的深衰落影响，从而提高单频网的传输性能。

2. 广播多播无线资源管理技术

高效的无线资源管理技术是移动通信标准在实际应用时的重要基础。与单播无线资源管理相比，多播无线资源管理具有如下特点。

① 无线资源由多播组中的多个用户共享，而不同于单播中每个用户独占一定资源。

② 单频网传输需要进行多小区联合资源分配。

此外，4G及后续移动通信系统必将是单播业务和多播业务融合的系统，需要充分考虑融合系统中不同业务的特性，设计优化的广播多播无线资源管理技术，才能在不影响单播业务性能的前提下，提高系统对多播业务的提供能力。我们将在

第 5 章对广播多播无线资源管理技术进行详细介绍，主要包括如下内容。

① 面向多播的多维资源调度。4G 系统的无线资源包括时隙、子载波、空间子信道等多个维度，需要针对多播传输特点，研究面向多播的多维资源调度方法，在保证业务服务质量需求的前提下，解决传统多播传输效率低、能耗高等问题。

② 单播与广播多播融合的资源管理机制。研究单播业务与多播业务的资源协同分配算法、联合接入控制机制等，在满足各种业务服务质量需求的前提下，最大化系统容量及服务提供能力。

③ 多播业务移动性管理。多播系统需要保证在其覆盖区域内的用户在不同的小区之间移动时能够连续的接收多播数据并在移动的过程中保证服务的质量，但网络无法获得处于空闲状态并接收多播业务的用户的确切位置，因此需要研究快速有效的寻呼机制、拥塞控制机制等保证多播服务的连续性。

3. 广播多播网络部署优化技术

多媒体多播在移动通信系统中进行部署需要解决三个重要的问题，即如何在蜂窝系统中有效实现多媒体多播服务的广域覆盖，如何提升小区边缘的传输性能，以及如何尽量减少基站的数量。针对这些问题，我们将在第 6 章介绍一种新型的广播多播网络架构，在该架构下，多播业务划分为单小区多播和多小区多播，对于多小区多播方式，允许采用单频网方式和非单频网方式进行传输，都可以使用中继节点提高小区边缘传输质量。其中的关键技术包括如下内容。

① 单频网部署优化。研究单频网区域选择算法，满足较大覆盖范围和多变用户订阅情况，提高单频网传输的频谱效率。同时，研究如何随着单频网区域内用户分布、资源使用等情况的变化进行区域的动态调整，设计高效实用的单频网区域管理机制，在保证单频网传输性能的同时，尽量降低机制的复杂度。

② 单频网无线资源管理。重点解决移动通信系统中引入多播单频网传输机制后必须解决的无线资源分配问题，根据给定单频网区域内接收用户数的变化进行动态负载均衡，实现在给定区域内接入用户数最大化。同时，针对系统将同时支持单小区及单频网两种多播传输方式的趋势，研究单频网与单小区业务的资源动态复用方法，在复杂度允许的范围内，保障业务服务质量的同时提高系统整体的资源利用率。

③ 单频网控制。为支持单频网部署，移动通信系统需要增加新的控制实体，定义新的接口和信令，从而实现单频网区域内多小区之间的同步、协调与控制。

近年来，学术界又提出一种新的多播传输技术——基于终端协作的多播传输，通过多播组中信道条件好的用户协作给信道条件差的用户发送数据，利用空间分集增益提高了信道条件差的用户的接收信噪比，进而提高了多播系统容量，迅速成为当前多播传输的研究热点。我们将在第 7 章对基于终端协作的多播传输技术进行介绍。

此外,除了通过移动通信系统来支持移动多媒体广播,还有基于地面数字广播系统、卫星数字广播系统的多种方案。我们将在第8章对相关方案进行阐述,并介绍一种支持通信与广播融合的新型系统——宽带无线多媒体系统,为用户提供经济、高效、高质的移动多媒体广播多播服务。

1.5 本书结构

我们按如下结构进行组织:第2章和第3章分别介绍3G和4G系统中的广播多播协议,给出了标准中广播多播网络架构、空中接口、高层信令等方面的详细定义。第4章～第7章分别从无线传输、无线资源管理、网络部署优化和终端协作多播四个方面,对移动通信系统中的广播多播技术进行了详细、深入的阐述。最后,第8章从通信与广播系统融合的角度,给出了移动多媒体广播多播实现的一种新思路。

第 2 章　第三代移动通信系统中的广播多播协议

本章首先介绍第三代移动通信系统的主要特点，然后以 3GPP 制定的 MBMS 标准为代表，从服务模式、网络架构、空中接口、高层协议等几方面，对第三代移动通信系统中的广播多播协议进行较为全面的阐述，帮助读者理解 3G 中多媒体广播多播业务的提供机制。最后，给出 3G 系统中 MBMS 的部署情况。

2.1　第三代移动通信系统简介

1999 年 11 月，国际电信联盟（ITU）通过《3G 系统（IMT-2000）无线接口技术规范》[1]，为全球第三代移动通信系统产业的发展指明了方向。3G 技术是一种真正的宽频多媒体全球数字移动电话技术，可以向公众提供第一代、第二代移动通信系统不能提供的各种宽带信息业务，如高速数据、电视图像等，传输速率达 2Mb/s，带宽可达 2MHz 以上[2]。在 ITU 随后制定的 ITU-R M. 1457[3] 中，将 WCDMA、CDMA2000 和 TD-SCDMA 确定为 3G 系统的 3 个主要标准。具体负责标准制定的是 3GPP 和 3GPP2 两个标准化论坛。3GPP 负责制定 WCDMA 和 TD-SCDMA 标准，3GPP2 负责制定 CDMA2000 标准。TD-SCDMA 是中国首次主导制定的国际移动通信标准，对我国移动通信产业的发展具有非常重要的意义。表 2-1给出了 WCDMA、CDMA2000 和 TD-SCDMA 三种标准的比较。

表 2-1　WCDMA、CDMA2000、TD-SCDMA 标准比较

标准 / 对比项	WCDMA	CDMA2000	TD-SCDMA
信道带宽/MHz	5/10/20	1.25/5/10/20	1.28
码片速率	$N*3.84$Mchips/s (N=1,2,4)	$N*1.2288$Mchips/s (N=1,3,6,9,12)	1.28Mchips/s
帧长/ms	10	20	10
双工方式	FDD/TDD	FDD	TDD
数据调制	QPSK（下行） BPSK（上行）	QPSK（下行） BPSK（上行）	QPSK（下行） 8PSK（上行）
相干解调	前向：专用导频信道 反向：专用导频信道	前向：公用导频信道 反向：专用导频信道	前向：公用导频信道 反向：专用导频信道
多速率	可变扩频因子与多码	可变扩频因子与多码	可变扩频因子与多码

续表

标准 对比项	WCDMA	CDMA2000	TD-SCDMA
扩频	前向：Walsh 序列区分信道/Gold 序列 2^{18} 区分小区 反向：Walsh 序列区分信道/Gold 序列 2^{41} 区分用户	前向：Walsh 序列区分信道/M 序列 2^{15} 区分小区 反向：Walsh 序列区分信道/M 序列 $2^{41}-1$ 区分用户	前向：Walsh 序列区分信道/PN 序列区分小区 反向：Walsh 序列区分信道/PN 序列区分用户
功率控制	FDD：开环＋快速闭环 TDD：开环＋慢速闭环	开环＋快速闭环(800Hz)	开环＋快速闭环(200Hz)
切换	软切换/频间切换	软切换/频间切换	接力切换/频间切换

2.1.1 多址方式

3G 系统主要使用码分多址(code division multiple access，CDMA)技术。CDMA 技术使用一个带宽远大于信号带宽的伪随机编码序列或其他扩频码调制需要传送的信号，从而大大扩展了原始信号带宽。接收端使用相同的扩频码序列，对接收到的宽带信号做相关处理，把接收到的信号解扩为原始信号。同一频带上每个用户使用各自唯一的扩频码序列进行通信，某一用户的接收机虽然能收到所有用户的叠加信号，但不能解出其他用户的信息。

WCDMA 采用直接序列扩频 CDMA 方式，CDMA2000 采用多载波 CDMA 方式，TD-SCDMA 采用时分 CDMA 方式。其中，时分 CDMA 方式可以看做是频分多址、时分多址与码分多址的有机结合，是一种非常灵活的多址方式，如图 2-1 所示。

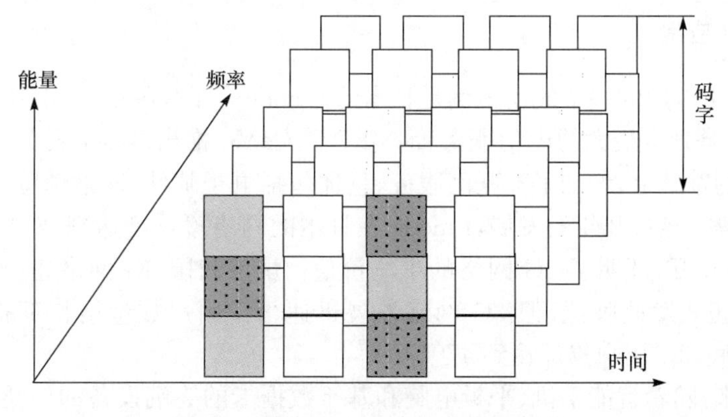

图 2-1 时分 CDMA 多址方式示意图

2.1.2　网络架构

3G的无线接入网是全新的，核心网是在2G网络的基础上发展而来的，可以实现2G网络向3G网络的平滑演进。如图2-2所示，无线接入网(UTRAN)由无线网络系统(RNS)组成，一个RNS包括一个无线网络控制器(RNC)和一或多个NodeB。核心网分为电路交换域(CS域)和分组交换域(PS域)。其中，CS域包括移动交换中心(MSC)，网关移动交换中心(GMSC)和访问位置寄存器(VLR)；PS域包括服务GPRS支持节点(SGSN)和网关GPRS支持节点(GGSN)。本地地址寄存器(HLR)是CS域和PS域共用的[2]。

终端通过Uu接口接入UTRAN，UTRAN通过Iu接口与核心网连接。Uu和Iu接口的协议栈结构分为用户面和控制面两部分，用户面传输通过接入网的用户数据，控制面对无线接入承载及UE和网络之间的连接进行控制。

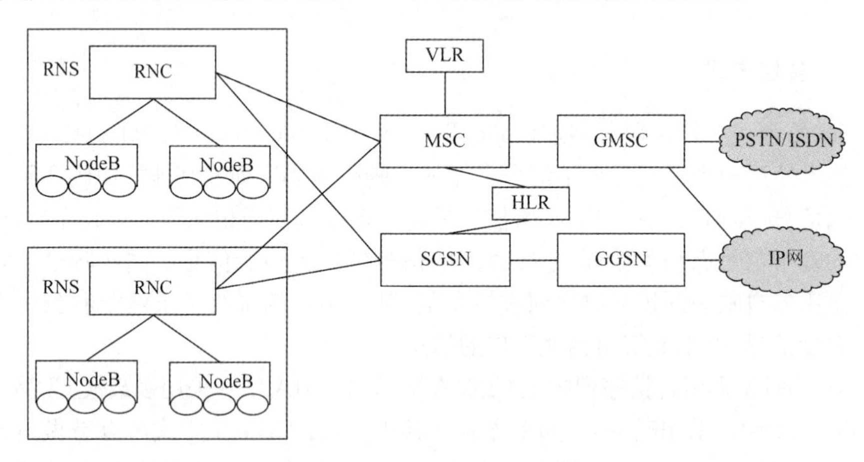

图2-2　3G网络架构

2.1.3　3G应用

3G网络应用的一个成功案例是日本的i-mode。日本在2001年开通了3G网络，i-mode是日本最大的电信服务商NTT DoCoMo推出的3G服务。i-mode在语音服务的基础上，增加了互联网服务，具体包括电子邮件、网络浏览、电子商务、网络游戏等。经过几年的发展，i-mode在日本的网络覆盖已达到99%，用户量也超过了1000万，证明了3G网络的市场价值。虽然我国3G网络建设起步较晚，2009年才正式发放牌照，但3G网络发展迅速，3G用户数量增长都很快。截至2010年年底，3G用户累计达到4705万[4]。

近年来，随着智能手机、平板电脑和基于数据卡的终端设备的广泛普及，带来新业务和商业模式的不断涌现，使得3G数据业务流量呈爆炸式增长。用户已不满足于手机只能提供电话和消息等业务类型,希望能够通过手机随时随地获取丰富的多媒体服务。目前,以视频为代表的多媒体业务已成为移动通信系统中的重要应用。其中,电视广播、视频点播、视频会议、互动游戏等都属于多媒体多播业务,也是 3G 网络中的热门应用。因此,为高效支持多媒体多播业务的传输,3GPP 在 2004 年 Release 6 版本中引入了多媒体广播多播业务(multimedia broadcast multicast service,MBMS)[5],3GPP2 也于 2005 年提出广播组播业务(broadCast multiCast services,BCMCS)。本章其他部分将对第三代移动通信系统中的广播协议进行介绍。需要说明的是,3GPP 定义的 MBMS 标准的应用范围较广,加之 3GPP2 目前已经停止了从 3G 向 4G 的演进,因此本章将以 MBMS 为代表介绍 3G 系统中的广播多播协议。

2.2　MBMS 概述

MBMS 的主要特点是采用点到多点的传输方式,即一个数据源同时向多个接收终端发送数据,相比于点对点的单播传输方式,极大地节省了核心网和接入网的资源。本节将从 MBMS 业务需求和服务模式两方面对 MBMS 进行概述。

2.2.1　MBMS 业务需求

从本质上来讲,MBMS 是 3GPP 制定的一种广播多播传输机制,可以用于任何类型的业务传输,只要能够保障其服务质量即可。当然,有些业务适合使用 MBMS 机制传输,有些业务不适合。例如,MBMS 不适合传输持续时间长的广播业务(如完整的视频或者电视节目),这类业务可以利用广播网络进行更加高效的传输。

3GPP 将 MBMS 业务分为三类[6]:流服务、下载播放服务和轮播服务,后者是一种循环重复播放或周期性更新数据的方法。以下列出一些具有代表性的 MBMS 应用。

① 新闻短片。根据内容不同可以分为不同的新闻频道,如要闻、体育新闻、经济消息等。承载新闻的流可以是连续的,也可以是有序分开的。新闻的形式可以是文字,也可以是图片或者低清视频。

② 音频流。通过 MBMS 方式广播音频流,可以实现一些特别的方法,如音频片段的自动播放、重要语音提示等。

③ 本地服务。例如,通过 MBMS 提供某地区旅游信息频道,向游客展示最重要的景点、饭店等;某商业区相关产品的广告。这些服务可以使用多媒体展示方式,包括图片、音频、视频短片等。

④ 视频传输服务。通过流服务、轮播服务或者下载服务的方式实现。

⑤ 内容分发服务。例如，下载个人的文件、网页、视频、音频或者以上几种业务的组合。这类服务可以应用于终端软件的更新。

⑥ 游戏。MBMS的主菜单中可以包含游戏列表，给便携设备提供可下载的游戏。

多播模式服务的计费可以采用基于事件进行，类似彩信服务的收费方法；基于订阅服务的时间计费，也可以基于内容计费，如传输的数据量和服务类型。实际上，应该综合考虑事件、订阅和内容等多个方面来制定多播模式服务计费方案。

应用MBMS服务的前提是帮助用户找到网络提供的服务。运营商可以借鉴DVB-H中电子业务指南（electronic services guide，ESG）的定义来提供可选择服务和应用的主菜单。

2.2.2 MBMS服务模式

MBMS支持两种服务模式，即广播模式和多播模式。

1. 广播模式

广播模式是一种单向的点对多点传输方式，即将某一服务数据发送给特定广播服务区域内的所有用户。与多播服务模式的区别在于不需要用户注册服务即可以接收。在广播模式中，数据在公共无线信道上传输，资源利用率高。图2-3为MBMS广播模式的基本原理图[7]。

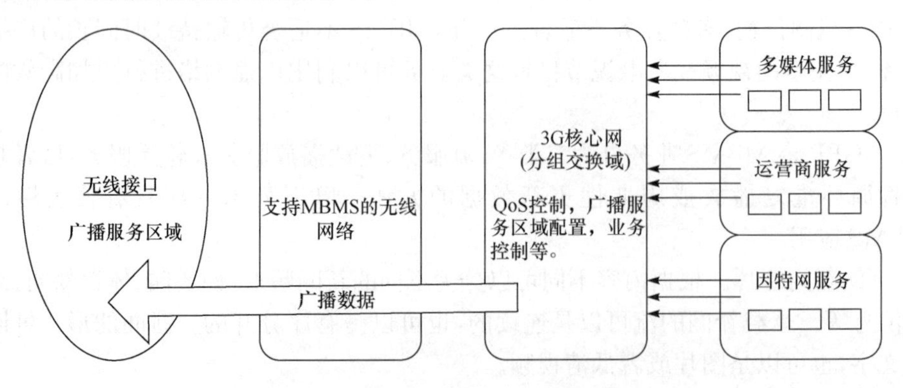

图2-3　MBMS广播模式基本原理图

广播模式支持多媒体业务广播，比传统的2G信息服务更加灵活高效。同时，用户应当具备控制MBMS广播服务模式开启或关闭的能力。广播模式没有更正错误数据的能力，可以考虑由终端判断在接收数据过程中是否有数据丢失。

2. 多播模式

广播模式中用户无需单独订阅广播服务，而在多播模式中，用户可以分别订阅每一项多播服务。服务的订阅和多播组的加入可以由移动运营商、用户本人或服务提供商完成。例如，一项需要订阅的体育赛事结果信息可以通过多播模式提供。在一般情况下，通过广播模式提供的业务是免费的，而多播模式提供的业务可以收费。

多播模式也有很多与广播模式类似的地方，例如，在当前多播服务区域中，多播模式支持单向点对多点的数据传输；多播模式利用公共无线信道传输数据，无线资源利用率较高。虽然多播服务区域也可以由网络预先定义，但是在多播模式中，数据可以只发送给包含多播组用户的小区，而不是多播服务区域内的所有小区。

图 2-4 为 MBMS 多播模式的基本原理图[7]。

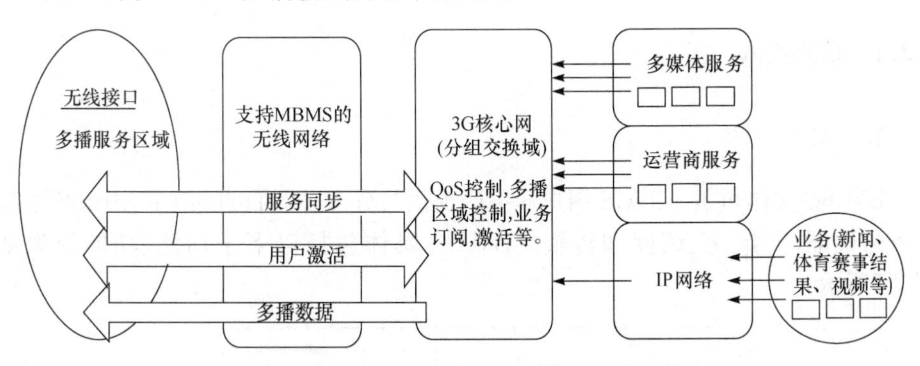

图 2-4　MBMS 多播模式基本原理图

2.3　MBMS 网络架构

MBMS 为了最大限度地与现有标准兼容，对接入网及核心网协议的改动不大。在网络方面，只增加了广播多播业务中心实体（broadcast multicast service center，BM-SC）。在终端方面，最大限度地继承了已有的 3GPP 标准，仅增强基带处理功能，可以保证承载宽带多媒体业务的 MBMS 终端与现有终端之间良好的一致性。在下行方面，MBMS 最大可以使用 256Kb/s 的速率进行下载和流媒体的传送。在上行方面，MBMS 没有定义特别的上行信道，利用单播已有的上行控制信道进行业务订阅、业务加入等业务控制流程。

MBMS 网络架构如图 2-5 所示，包括 3G 系统中已有的实体，如用户设备（user equipment，UE）、无线接入网络（UTRAN）、服务 GPRS 支持节点（SGSN）、网关 GPRS 支持节点（GGSN）等，以及为 MBMS 新增的一个功能实体——BM-SC（广播多播业务中心)。下面详细介绍各个实体的功能及参考接口[8],如图 2-5 所示。

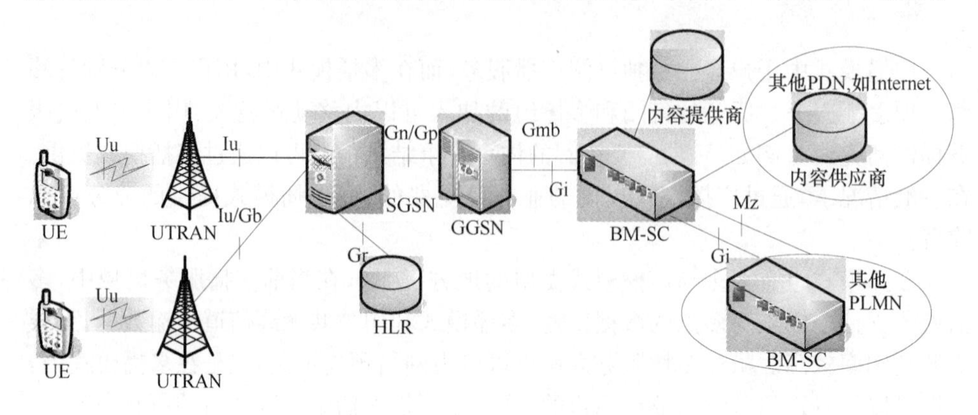

图 2-5　网络架构

2.3.1　功能实体

1. BM-SC

BM-SC 实体负责 MBMS 用户业务的提供与分发,同时可以用于 MBMS 承载服务的认证、初始化、调度和传输。BM-SC 具体包括以下子功能,功能框架如图 2-6所示。

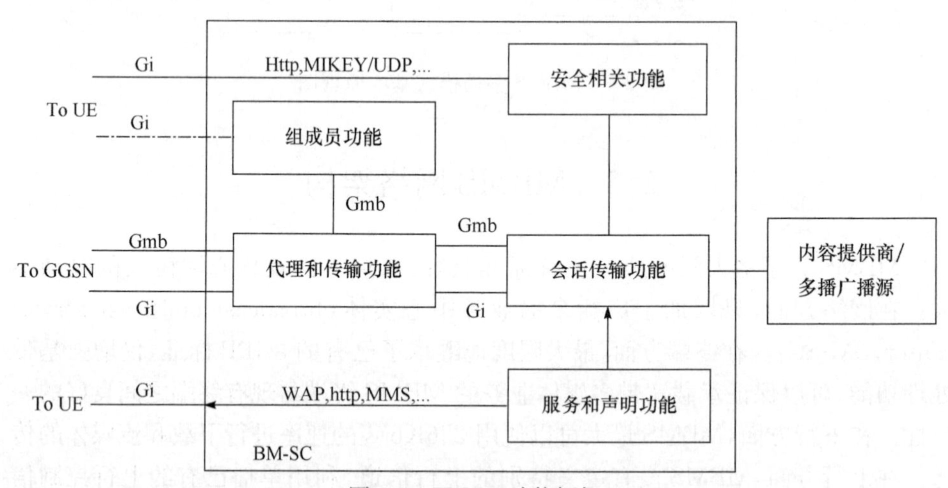

图 2-6　BM-SC 功能框架

① 组成员功能。对 UE 的 MBMS 服务请求进行认证,保存 MBMS 服务用户的订阅数据,产生用户的计费记录。该功能属于 MBMS 承载服务级,但它也能提供组成员管理等用户服务级的功能,因此需要 Gi 接口。

② 会话和传输功能。负责 MBMS 会话的调度，通过对每个 MBMS 会话进行标识以区分不同 MBMS 的重传。它对 MBMS 会话的外部数据源进行认证和授权，可以将特定的差错恢复机制（如前向纠错等）应用于用户服务数据。该功能属于用户服务级，当 MBMS 会话被调度时将触发承载级功能。

③ 代理和传输功能。承担 GGSN 与 BM-SC 其他服务功能（如组成员功能，会话和传输功能等）间的信令代理的功能。当 BM-SC 将服务功能分布到多个物理网络元素上时，它支持该 BM-SC 与 GGSN 之间进行服务数据交互和必要的控制信令交换。同时，该模块可以为内容提供者产生计费记录。该功能属于 MBMS 承载服务级。

④ 服务声明功能。提供广播和多播服务的服务声明，包括媒体描述（如音视频的编解码类型）、会话信息（如会话传输时间和寻址信息）等。该功能属于用户服务级。

⑤ 安全相关功能。分发用于用户认证的密钥，保护数据的完整性与可信性。该功能属于用户服务级。

2. UE

若一个 UE 可以接收 MBMS 服务，它需要支持激活和释放承载服务的功能，MBMS 特定的安全功能，接收 MBMS 用户服务声明和寻呼信息的功能，以及同时支持多服务的能力。所谓同时支持多服务，即 UE 可以在接收 MBMS 视频内容的同时打电话或发短信。

3. UTRAN/GERAN

UTRAN/GERAN 负责将 MBMS 数据高效传输到特定的服务区域，支持 RNC/基站控制器（BSC）内及 RNC/BSC 间的 MBMS 用户切换。

4. SGSN

在 MBMS 网络架构中，SGSN 负责每一个独立 UE 的 MBMS 承载服务管理功能，向 UTRAN/GERAN 发送 MBMS 服务数据。SGSN 将记录 UE 的上下文，这是建立 MBMS 承载服务所必需的，而且当 UE 在 SGSN 间移动时，需要将该上下文发送给新的 SGSN。此外，SGSN 能够为每个 UE 产生计费数据，但它并不执行在线计费功能，该功能由 BM-SC 执行。

5. GGSN

在 MBMS 网络架构中，GGSN 承担 MBMS 数据的 IP 多播业务接入点的功能。在 BM-SC 的触发下，GGSN 为广播或多播业务提供 MBMS 承载面建立和释放服务。此外,GGSN 可以将使用 MBMS 传输的 IP 多播业务转发到合适的 GTP(GPRS 隧道协议)隧道中,该隧道是作为 MBMS 承载服务的组成部分建立的。

2.3.2 MBMS 参考点

在图 2-5 中,Uu 为移动终端与接入网之间的接口,即通常所说的空中接口;Iu 为接入网与核心网之间的接口;Gn/Gp 为 SGSN 与 GGSN 之间的接口,Gn 接口用于同一个公众陆地移动通信网(public lands mobile network,PLMN)内的 GGSN 与 SGSN 之间的交互,Gp 接口用于不同 PLMN 内的 GGSN 与 SGSN 之间的交互;Gi 为 GGSN 和公共数据网络之间的接口。文献[2]给出了以上接口的详细说明,此处不再赘述。下面重点介绍 MBMS 特定的参考点——Gmb 与 Mz。

1. Gmb

Gmb 为 GGSN 与 BM-SC 之间的信令交互接口。通过 Gmb 接口的信令分为用户特定信令与 MBMS 承载服务特定信令两类。用户特定 Gmb 信令包括用户特定 MBMS 服务激活(加入)认证、服务(加入)激活成功报告、服务释放或去激活报告等。MBMS 承载服务特定 Gmb 信令包括 GGSN 与 BM-SC 之间的 MBMS 承载上下文建立与释放,会话开始与结束通知等。

2. Mz

Mz 为 Gmb 参考点的漫游变量。当正在接收 MBMS 服务的用户漫游到新的 PLMN 时,源 PLMN 的 MBMS 服务需要通过新 PLMN 转发,则源 PLMN 和新 PLMN 中的 BM-SC 之间通过 Mz 接口进行信令交互,包括源 PLMN 对于新 PLMN 提供的 MBMS 用户服务的认证等。

2.3.3 MBMS 承载服务与用户服务

在 MBMS 服务中,有两个重要的概念,即 MBMS 承载服务和 MBMS 用户服务。

1. MBMS 承载服务

MBMS 承载服务是指通过 PS 域提供的,使用最小的网络与无线资源分发到多个接收端的服务[8],包括 IP 层以下的传输过程。所谓承载,是指满足给定 QoS 属性的信息传输路径,其中 QoS 属性是指传输速率、时延、优先级等[9]。3GPP 规定了四种 QoS 类别,即会话级、数据流级、交互级和背景级[9]。不同 QoS 类别的主要区别在于业务对时延的敏感程度。会话级业务对时延最敏感,背景级业务对时延最不敏感。MBMS 承载服务支持数据流级和背景级的业务。数据流级的 MBMS 承载服务最适合用于传输音频流和视频流等实时用户服务,而背景级的

MBMS 承载服务适合于传输数据文件或消息[10]。

MBMS 承载上下文用于描述一个特定的 MBMS 承载服务，该上、下文将存储在 MBMS 数据分发路径的每个节点上。在无线接入网中，MBMS 承载上下文也被称为 MBMS 服务上下文。MBMS 承载上下文包括多播/广播模式指示、IP 多播地址、APN(access point name，接入点名称)、TMGI(temporary mobile group identity，临时移动组标识)、QoS 属性、承载面状态、MBMS 服务区域等。不同节点上的 MBMS 承载的上下文也不同，如承载上下文中 MBMS 用户数量的信息只保存在 GGSN 和 SSGN 上。MBMS 承载上下文具有两种状态——备用和活跃，它们反映出对应该 MBMS 承载服务的承载面资源的状态。当承载上下文处于活跃状态时，表明需要用于传输 MBMS 数据的资源；当处于备用状态时，则不需要传输 MBMS 数据的资源。

此外，与 MBMS 承载服务相关的还有 MBMS UE 上下文，包括加入一个 MBMS 承载服务的 UE 特定信息，如 IP 多播地址、APN、国际移动用户标识符(international mobile subscriber identity，IMSI)等。当 UE 加入一个 MBMS 承载服务时，MBMS UE 上下文将在 UE、SGSN、GGSN 和 BM-SC 上建立。

MBMS 承载服务在 UE 中有如下几种状态[11]。

① 状态 1。不活跃，UE 没有加入任何 MBMS 多播服务或激活广播服务。

② 状态 2。不活跃，UE 加入至少一个 MBMS 多播服务或激活广播服务，但是 MBMS 系统信息没有在 BCCH 信道中广播。

③ 状态 3。活跃，UE 加入至少一个 MBMS 多播服务或激活广播服务，但该广播多播服务没有传输。

④ 状态 4。活跃，至少一个 MBMS 服务在点到多点连接上被接收到。

⑤ 状态 5。活跃，至少一个 MBMS 服务在点到点连接上被接收到。

⑥ 状态 6。活跃，至少一个 MBMS 服务在点到多点连接上被接收到，并且至少一个 MBMS 服务在点到点连接上被接收到。

当 MBMS 传输开始后，UE 将从状态 3 进入状态 4(或状态 5，或状态 6)；当 MBMS 传输结束后，UE 又从状态 4(或状态 5，或状态 6)进入状态 3。

2. MBMS 用户服务

MBMS 用户服务是指通过 MBMS 承载服务提供给终端用户的 MBMS 服务[8]，主要包括 IP 层及以上的协议和过程。MBMS 用户服务可以提供数据流和下载两种分发方式，如图 2-7 所示。数据流方式和下载方式都可以采用多播或广播模式，通过 MBMS 承载服务进行传输。数据流分发方式是连续的多媒体数据，如语音、音频流和视频流等传输提供支持，主要的传输协议为实时协议(real-time protocol，RTP)。下载分发方式为数据文件的可靠传输提供支持，主要的传输协议为单向文件传输协议(FLUTE)[10]。

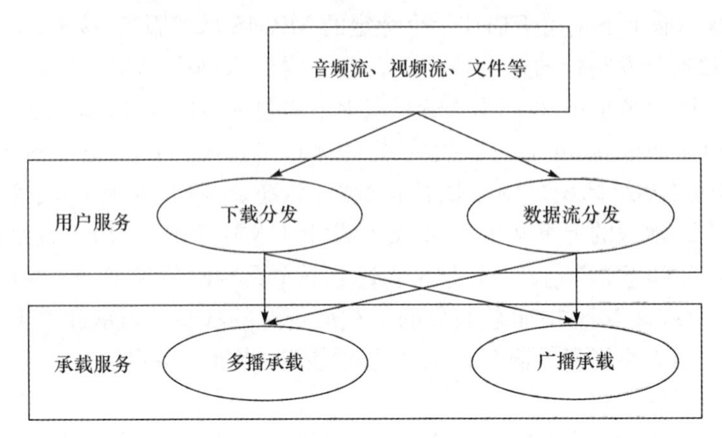

图 2-7 MBMS 承载服务与用户服务的对应

2.4 MBMS 服务提供流程

如图 2-8 所示,MBMS 服务提供流程在广播模式和多播模式下稍有不同,以下将分别进行说明。

1. 多播模式

在多播模式下,服务提供的流程包括订阅服务、服务声明、加入会话、会话开始、MBMS 通知、数据传输、会话结束、离开会话等主要过程。订阅服务、加入和结束会话这三个过程,对于每个用户来说都是独立进行的。其他过程是针对服务来执行的,即对某服务感兴趣的所有用户执行。根据传输数据的需要,每个过程都可以重复,订阅服务、加入会话、离开会话、服务声明,以及 MBMS 通知可以和其他过程并行运行。

(1) 订阅服务

该过程将建立用户和服务提供者之间的联系,允许用户接收相应的 MBMS 多播服务。服务订阅就是用户同意接收运营商提供的服务,相关订阅信息被记录在 BM-SC 中。订阅服务信息管理模块和其他 BM-SC 功能模块可以在不同的实体上运行,由 Gmb 接口的代理功能提供它们之间的交互。

(2) 服务声明

MBMS 用户服务声明/发现机制允许用户请求或被告知 MBMS 用户服务可获取的范围,包括运营商特定的 MBMS 用户服务和来自 PLMN 外的业务提供商的服务。服务声明将给用户分发服务信息,激活服务所需要的参数(如 IP 多播地

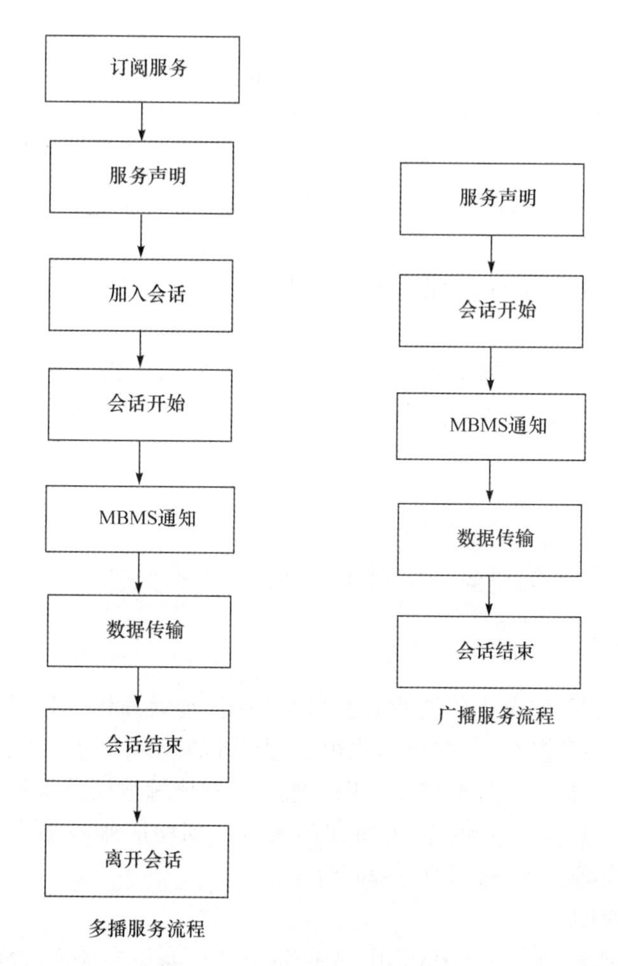

图 2-8　MBMS 服务提供流程图

址)和其他可能的服务相关参数(如服务开始时间)。服务声明可以通过 MBMS 广播或多播模式、短消息广播、网站等方式进行发布,方式的选择可以根据用户的位置来确定。对于未订阅某 MBMS 用户服务的用户,也应该可以发现该服务。

(3) 加入会话

加入会话,即 MBMS 多播服务被用户激活,用户加入多播组的过程,即用户向网络声明其愿意接收特定的 MBMS 承载服务上的多播数据。一个 MBMS 用户服务也可以由一个以上的 MBMS 承载服务来传输。

(4) 会话开始

会话开始即 BM-SC 准备开始发送数据的时刻。会话开始和用户服务激活之间是相互独立的,也就是说一个用户既可以在会话开始之前,也可以在会话开始之后激活服务。会话开始将触发 MBMS 数据传输承载资源的建立。如果一个

MBMS 用户服务用多个 MBMS 承载服务来传输，那么会话开始消息就会发给每一个 MBMS 承载服务。在这种情况下，UE 可能需要激活多个相关的 MBMS 承载服务来接收 MBMS 用户服务。

(5) MBMS 通知

通知 UEs 即将到来的(潜在持续的)MBMS 多播数据传输。

(6) 数据传输

在这个过程中，MBMS 数据被传送到 UEs。

(7) 会话结束

会话一旦结束，意味着 BM-SC 决定在一段时间内不再发送数据，这段时间对于移除与会话相关的承载资源来说应该是足够长的。会话结束时，承载资源被释放。

(8) 离开会话

离开会话，即 MBMS 多播被用户去激活，是一个用户离开多播组的过程，也就是说用户不再想接收特定的 MBMS 承载服务上的多播数据。

2. 广播模式

在广播模式下，服务提供流程包括服务声明、会话开始、MBMS 通知、数据传输、会话结束等主要过程，与多播模式相比，少了订阅服务、加入会话和离开会话这几个过程，因为广播并不针对特定的用户组。根据传输数据的需要，广播模式中每个过程也是可以重复。例如，为了通知还未接收到相应服务的 UE，服务声明及 MBMS 通知过程就可以和其他过程同时运行。

(1) 服务声明

通知用户即将到来的 MBMS 用户服务(具体可参见多播模式部分)。

(2) 会话开始

会话开始，即 BM-SC 准备开始发送数据的时刻。会话开始将触发 MBMS 数据传输的承载资源的建立。如果一个 MBMS 用户服务由多个 MBMS 承载服务来传输，那么会话开始消息就会发给每一个 MBMS 承载服务。由于网络并不知道对服务感兴趣的用户，因此在该业务服务范围内的小区都要建立广播承载。

(3) MBMS 通知

通知 UEs 即将到来(或潜在持续)的 MBMS 广播数据传输。

(4) 数据传输

在这个阶段，MBMS 向 UEs 传送数据。

(5) 会话结束

会话一旦结束，意味着 BM-SC 决定在一段时间内不再发送数据，这段时间对于移除与会话相关的承载资源来说应该是足够长的。会话结束时,承载资源被释放。

此外,会话更新过程用于更新正在进行的 MBMS 广播会话的具体参数,可以更新的参数包括 MBMS 服务区,和/或 SGSNs(从 BM-SC 到 GGSN)列表。一个节点接收到会话更新信息,就会产生发送到下游节点的会话更新信息,通知改变 MBMS 服务区。当 GGSN 接收到包括 SGSN 参数列表的会话更新信息时,就会产生发送到新的下游节点的会话开始信息,以及向已经从列表中删除的下游节点发送会话结束信息。

2.5　MBMS 空中接口协议

2.5.1　MBMS 信道结构

MBMS 服务可以通过点到点(p-t-p)或点到多点(p-t-m)的方式来传输。用于点到点传输的信道对 MBMS 并无特殊定义,3GPP 主要为点到多点传输定义了以下 3 种新的逻辑信道结构[11]。

(1) MBMS 控制信道(MBMS point-to-multipoint control channel,MCCH)

MCCH 用于网络和 UE 之间的控制面信息的下行链路传输。MCCH 上传输的控制面信息是 MBMS 特有的,只发送给已经加入 MBMS 服务的 UE。

(2) MBMS 业务信道(MBMS point-to-multipoint traffic channel,MTCH)

MTCH 用于网络和 UE 之间的特定用户面信息的下行链路传输。用户面信息是 MBMS 承载服务需要发送的数据。

(3) MBMS 调度信道(MBMS point-to-multipoint scheduling channel,MSCH)

MSCH 用于网络和 UE 之间的特定调度信息的下行链路传输。

MTCH、MCCH、MSCH 三种逻辑信道均映射到传输信道 FACH[12-14],携带这三种逻辑信道的 FACH 则映射到物理信道 S-CCPCH[9-11]。此外,MBMS 通知使用一个特定的 PICH 信道,称为 MBMS 通知指示信道(MBMS notification indicator channel,MICH),它的具体定义可见文献[13][14]。

2.5.2　MAC 结构

为支持 MBMS 的用户面和控制面传输,3GPP 在 MAC-c/sh 实体(MAC-c/sh 实体用于处理公共信道与共享信道)上加入多播功能。MBMS 对应的特定 MAC 实体称为 MAC-m[11]。每个小区都对应一个 MAC-m 实体,每个 UE 也有一个 MAC-m 实体。如图 2-9 所示,UTRAN 侧 MAC-m 实体需要通过 FACH 信道发送 MBMS 数据,包括如下主要功能。

① 调度/缓存/优先级处理,根据高层设置的服务优先级、时延要求等,管理 MBMS 和非 MBMS 数据流之间的公共传输资源。

② 目标信道类型域复用,将 TCTF(目标信道类型域)插入 MAC 头,并完成逻

辑信道(MTCH and MCCH)与传输信道的映射,其中 TCTF 域表示选择了哪种逻辑信道(如 MTCH 还是 MCCH)。

③ 添加 MBMS 标志,添加 MBMS 标志以区分 MBMS 服务。

④ 传输格式组合(TFC)选择,TFC 选择用于映射到 MTCH、MSCH 或 MCCH 的公共传输信道(FACH)。如果采用 MBMS 软合并,在使用 L1 层合并时 TTI(发送时间间隔)中应该选择相同的 TFC。

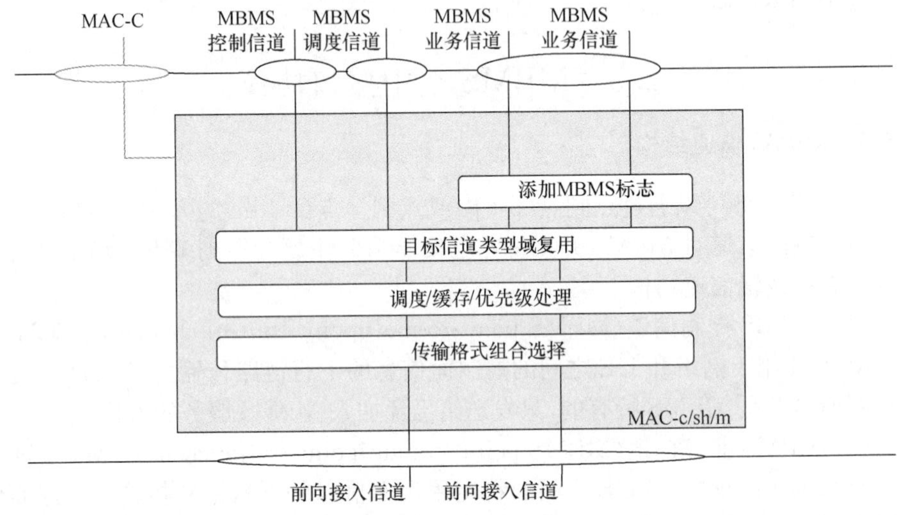

图 2-9　UTRAN 侧 MAC- m 结构示意图

如图 2-10 所示,UE 侧 MAC-m 实体需要通过 FACH 信道接收 MBMS 数据,其主要功能如下。

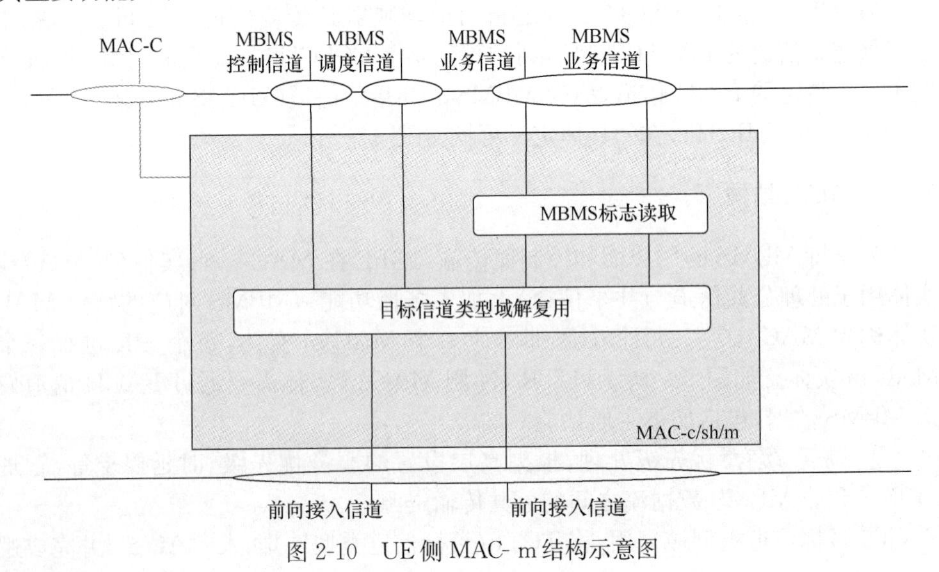

图 2-10　UE 侧 MAC- m 结构示意图

① 目标信道类型域解复用。该功能执行 UTRAN 侧 MAC-m 实体中 TCTF 复用的逆过程，主要是检查和删除 MAC 头中的 TCTF 域，进行逻辑信道(MTCH 和 MCCH)与传输信道之间的映射。

② MBMS 标志读取。读取 MBMS 标志信息以区分 MBMS 业务。

2.5.3 MBMS 传输

1. MCCH 信息调度[11]

MCCH 信息的调度对所有服务都是相同的，MCCH 信息的调度器将给出 MCCH 信息传输开始的 TTI。MCCH 信息将在连续的 TTI 中传输，并可能占用可变数目的 TTI。UE 将在 S-CCPCH 信道上持续接收，直到如下情况发生。

① 接收完所有 MCCH 信息。

② 收到一个不包含 MCCH 数据的 TTI。

③ 信息表明还没有要求进一步的接收(如服务信息无变化)。

UTRAN 会重复传输 MCCH 信息来提高可靠性，MCCH 信息根据重复周期进行周期传送。调整周期是重复周期的整数倍。MBMS 接入信息基于接入信息周期进行周期性地发送，这个周期可以整除重复周期。

MCCH 信息分为关键和非关键两类信息。关键信息包括 MBMS 邻居小区信息，MBMS 服务信息和 MBMS 无线承载信息。非关键信息包括 MBMS 接入信息。关键信息的改变只能在调整周期传送第一个 MCCH 时发生，在每个调整周期的开始，UTRAN 发送 MBMS 变化信息，该消息包括所有在这个调整周期里进行调整的 MBMS 服务的标识符。在这个调整周期的每个重复周期中，MBMS 变化信息至少重复一次。对于非关键信息，可以在任何时间进行改变。图 2-11 给出 MCCH 信息发送的示意图，不同颜色和条纹表示不同的 MCCH 内容。

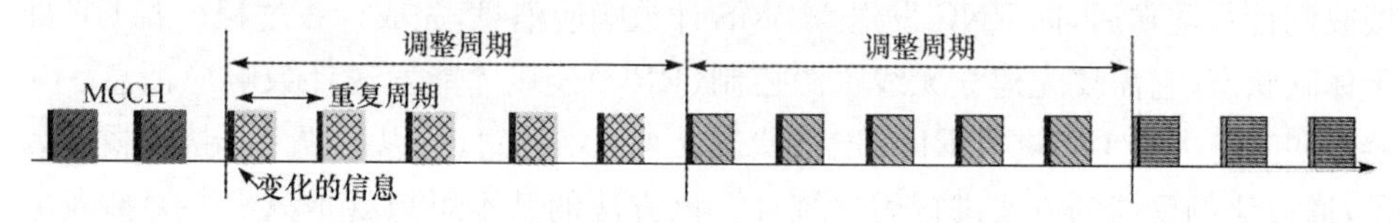

图 2-11　MCCH 信息发送示意图

2. MBMS 通告

MBMS 通告机制用来通知 UE 即将到来的关键 MCCH 信息的变化。MBMS 通告指示将在 MBMS 特定的 PICH，即 MICH 上发送。

关键 MCCH 信息在调整周期的开始发生变化，在第一个 MCCH 信息的变化到来之前，MBMS 通告指示在整个调整周期需要持续置位。在下一个调整周期中，接下来的变化可以在 MCCH 上传送。

未接收 MBMS 服务的 UE 可以在任何时间阅读 MBMS 通告，然而调整间隙应该足够长，使 UE 可以可靠地检测出 MBMS 通告。如果 UE 发现了一个服务组的 MBMS 通告指示，UE 会从下一个调整周期的开始阅读 MCCH。图 2-12 为 MICH 与调整周期的时序关系，浅色表示通告指示的置位信息。

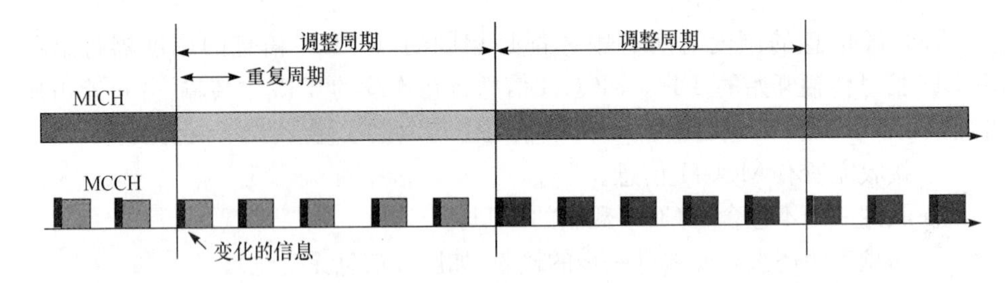

图 2-12　MICH 与调整周期的时序关系图

2.5.4　MBMS 计数

MBMS 标准支持点到点与点到多点两种传输方式。选择最佳传输方式的主要判断准则就是小区中接收某一 MBMS 服务的用户数。MBMS 标准定义了计数功能来统计接收特定 MBMS 服务的用户数，但并未定义选择传输方式的阈值，因为该阈值还受网络配置、用户位置等因素的影响，需要运营商或设备制造商基于具体情况决定。

MBMS 计数请求可以通过 MBMS 通知消息发送，属于相应多播业务组的 UE 接收到计数请求后，向 RNC 发送 MBMS 计数响应消息，完成计数过程。若 UE 处于休眠状态，它需要先建立无线资源控制(RRC)连接才能发送计数响应消息。为避免同时有大量 UE 进入 RRC 连接状态带来网络拥塞，可以设置一个接入概率因子，通过比例反馈的方法进行用户统计。该方法的基本思想就是只需要多播业务组中一定比例的用户响应计数请求，网络根据发送计数响应的用户数来选择传输模式。以下给出一种比例反馈方法的具体流程，如图 2-13 所示。该流程假设某一多播业务正以 p-t-m 的方式传输，若统计出用户数小于一个事先设定的阈值 T，则改变传输方式为 p-t-p，否则保持 p-t-m 方式。

① RNC 将接入概率因子携带在 MCCH 消息中进行广播，接入概率因子可以取大于 0，小于 1 的任何数。

② 属于该多播业务组的 UE 读取到该接入概率因子后，生成一个 0～1 的随机数，若该随机数小于接入概率因子，则进行计数响应，否则不执行任何操作。

③ RNC 统计计数响应的数量，若不小于阈值 T，则保持 p-t-m 传输方式，本次统计结束；若小于阈值 T，且接入概率因子等于 1，执行步骤⑤，否则执行步骤④。

④ 增大接入概率因子(例如可以将因子乘以 M，M 等于阈值除以当前计数响应数)，若反馈比例大于 1，将反馈比例设为 1，重新进行步骤②。

⑤ 将传输方式改变为 p-t-p，本次统计结束。

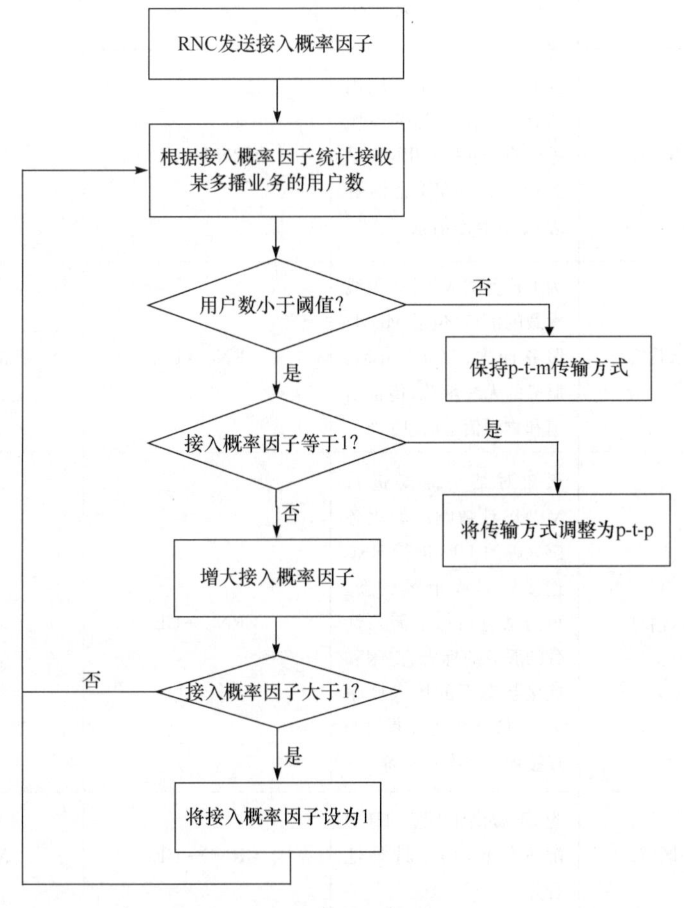

图 2-13　比例反馈方法流程图

2.5.5　主要信令

MBMS空中接口信令如表2-2所示。

表2-2　MBMS空中接口信令

信令名称	功能	传输方向	传输信道
MBMS系统消息	通过广播方式，为UE提供MCCH调度信息(例如重复和更新周期等)、传输MCCH的无线承载配置等MBMS系统消息	CRNC→UE	BCCH
MBMS服务消息	为UE提供一个小区内所有可获得的MBMS服务信息(包括MBMS服务标志、MBMS会话标志、服务状态信息)	CRNC→UE	MCCH
MBMS无线承载信息	为UE提供MTCH无线承载的信息(包括MBMS服务标志、每个MBMS服务的无线承载、传输信道和物理信道信息)	CRNC→UE	MCCH
MBMS接入信息	通知对某一需要进行MBMS计数响应的服务感兴趣的UE，进行RRC连接建立或小区更新。该消息包括每个需要计数的服务的标志、空闲和连接状态下的接入概率因子、信令交互所使用的连接模式状态指示等	CRNC→UE	MCCH
MBMS邻小区信息	为UE提供邻小区MTCH配置信息，用于选择性合并。	CRNC→UE	MCCH
MBMS加入指示消息	通知SRNC用户已至少参与一项MBMS服务	UE→SRNC	DCCH

续表

信令名称	功能	传输方向	传输信道
MTCH 调度消息	该消息包括 MBMS 服务标志、MBMS 数据传输的开始和持续时间、一个或几个连续周期无 MBMS 数据传输说明等信息，从而可以使 UE 进行 MTCH 的不连续接收	CRNC→UE	MSCH
MBMS 变化指示消息	该消息用于指示那些 MCCH 信息变化的 MBMS 服务，包括调整周期内 MCCH 信息变化的 MBMS 服务标志	CRNC→UE	MCCH
MBMS p-t-p 调整请求消息	该消息用于 UE 发起 p-t-p 连接的建立或释放	UE→SRNC	DCCH/CCCH
MBMS 计数响应消息	该消息为 UE 对 MBMS 计数请求的响应。若 UE 处于 IDLE 状态，该信令相当于 RRC 连接建立完成；若 UE 处于 URA _ PCH、CELL _ PCH 或 CELL-FACH 状态，相当于完成小区更新	UE→CRNC	根据 UE 状态不同使用标准中相应信令的传输信道
MBMS 已选服务信息	该消息用于通知 SRNC 用户需要接收 MBMS 已选服务信息，以及通知 CRNC-MBMS 已选服务列表已经被修改	UE→CRNC/SRNC	MCCH

表格中的 CRNC 为控制 RNC，负责其控制小区的无线资源管理；SRNC 为服务 RNC，是针对一个 UE 而言，负责启动/终止用户数据的发送、Iu 连接控制以 UE 相关的空口信令交互。

2.6　MBMS 高层协议

MBMS 高层协议主要包括服务激活与去激活、会话管理、注册与注销等几个主要部分，在 3GPP TS 23.246 中进行了详细的定义[8]。

2.6.1　服务激活与去激活

MBMS 多播服务激活过程为每一个激活的 MBMS 多播承载服务在 UE、SGSN、GGSN 和 BSC/RNC 处建立 MBMS UE 上下文，通过此过程可将用户注册到网络中，从而可以在特定的 MBMS 多播承载服务上接收数据。如图 2-14所示，MBMS 多播服务激活过程的具体步骤如下。

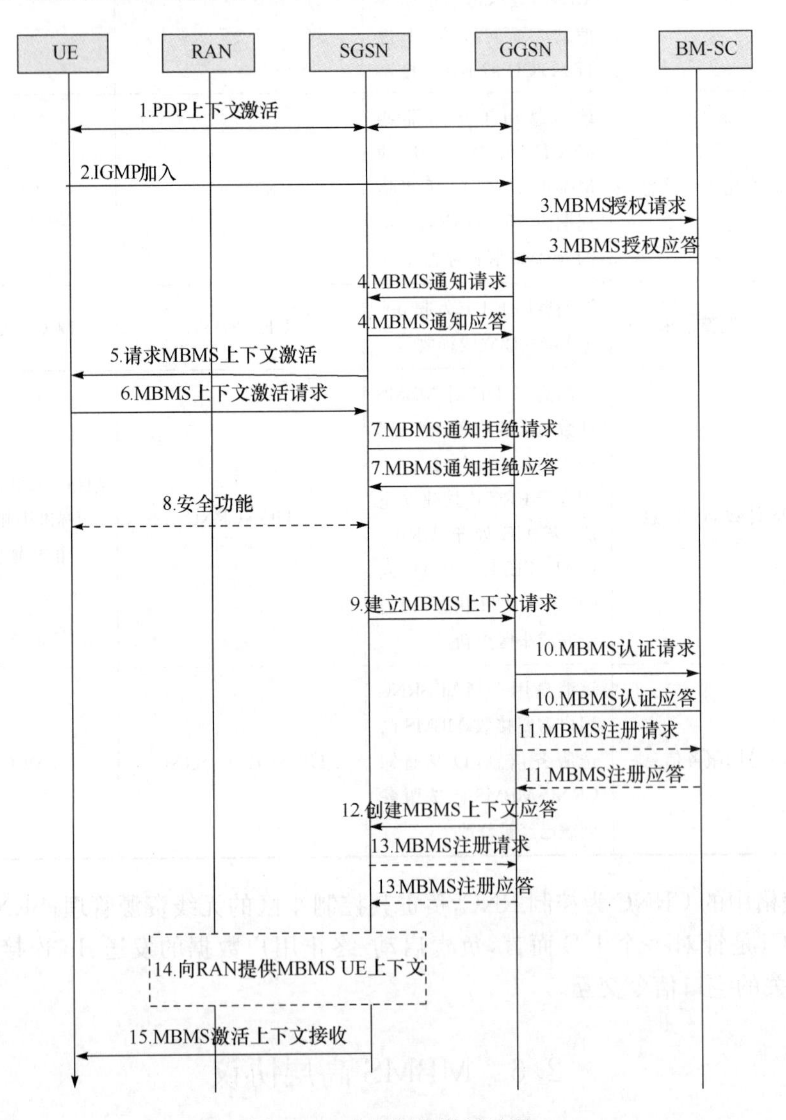

图 2-14　多播服务激活过程

① 如果 PDP(分组数据协议)上下文没有建立，则 UE 建立一个 PDP 上下文。

② UE 在默认的 PDP 上下文上发送一个互联网组管理协议 IGMP(IPv4)或多播监听者发现 MLD(IPv6)加入信息，通知 GGSN 其感兴趣的 MBMS 承载服务的 IP 多播地址。

③ GGSN 向 BM-SC 发送 MBMS 授权请求，为正在激活的 UE 获取授权。若用户可以取得授权，BM-SC 发送的授权应答消息中包括建立的 MBMS UE 上下文所需的 APN；若应答消息表明 UE 未被授权接收该服务，则激活过程停止，不再有后续的信令交互。

④ GGSN 发送一个 MBMS 通知请求消息。由于 GGSN 可能收不到应答，GGSN 将启动一个 MBMS 服务激活计时器。SGSN 发送一个 MBMS 通知应答消息至 GGSN，通知 GGSN 激活流程能否继续进行，即 UE 和 SGSN 是否都支持 MBMS。如果表明失败，则激活过程停止，GGSN 不再发送 MBMS 通知请求消息。

⑤ SGSN 发送 MBMS 上下文激活消息，通知 UE 激活 MBMS UE 上下文。

⑥ UE 创建一个 MBMS UE 上下文，并且发送一个激活 MBMS 上下文请求消息至 SGSN，包括 UE 自己的 MBMS 承载能力，表明它可以提供的最佳服务质量。如果 SGSN 已经有了对应该 MBMS 承载服务的上下文信息，需要判断 UE 的 MBMS 承载能力是否小于需要的能力，若是则 UE 的激活 MBMS 上下文请求将被拒绝。

⑦ 当 MBMS UE 上下文未建立时，SGSN 向 GGSN 发送 MBMS 通知拒绝请求消息，通知其 UE 上下文不能建立的原因。GGSN 通过 MBMS 通知拒绝应答消息来回复 SGSN，激活过程停止。

⑧ 执行 UE 认证等安全性功能。

⑨ SGSN 创建 MBMS UE 上下文，并向 GGSN 发送建立 MBMS 上下文请求。

⑩ GGSN 发送一个 MBMS 授权请求来对激活的 UE 进行授权，BM-SC 创建 MBMS UE 上下文，并通过 MBMS 授权应答消息向 GGSN 通知授权结果。

⑪ 如果 GGSN 没有对应 MBMS 承载服务的上下文信息，GGSN 向 BM-SC 发送 MBMS 注册请求。

⑫ GGSN 创建 MBMS UE 上下文，并向 SGSN 发送建立 MBMS 上下文请求。

⑬ 如果 SGSN 没有对应 MBMS 承载服务的上下文信息，SGSN 向 GGSN 发送 MBMS 注册请求。

⑭ 如果 UE 至少建立了一个分组交换的无线承载，SGSN 会给该无线接入网提供 MBMS UE 上下文。

⑮ SGSN 向 UE 发送一个激活 MBMS 上下文接收消息。如果在步骤⑥中无法判断 UE 的 MBMS 承载能力，此处将由 SGSN 进行判断。如果不满足 MBMS

承载能力要求,则 SGSN 拒绝激活 MBMS 上下文的请求,并且发起已经建立的 MBMS UE 上下文的去激活过程。

多播服务去激活过程将特定 MBMS 多播服务的 MBMS UE 上下文从 UE、RAN、SGSN 和 GGSN 中移除。这个过程可以由 UE、SGSN、GGSN 或者 BM-SC 发起。图 2-15 给出了多播服务的去激活过程。若该过程由 UE 发起,则从步骤①开始执行;若由 BM-SC 发起,则从步骤③开始;若由 GGSN 发起,则从步骤④开始;若由 SGSN 发起,则从步骤⑤或⑨开始。以下给出具体的步骤。

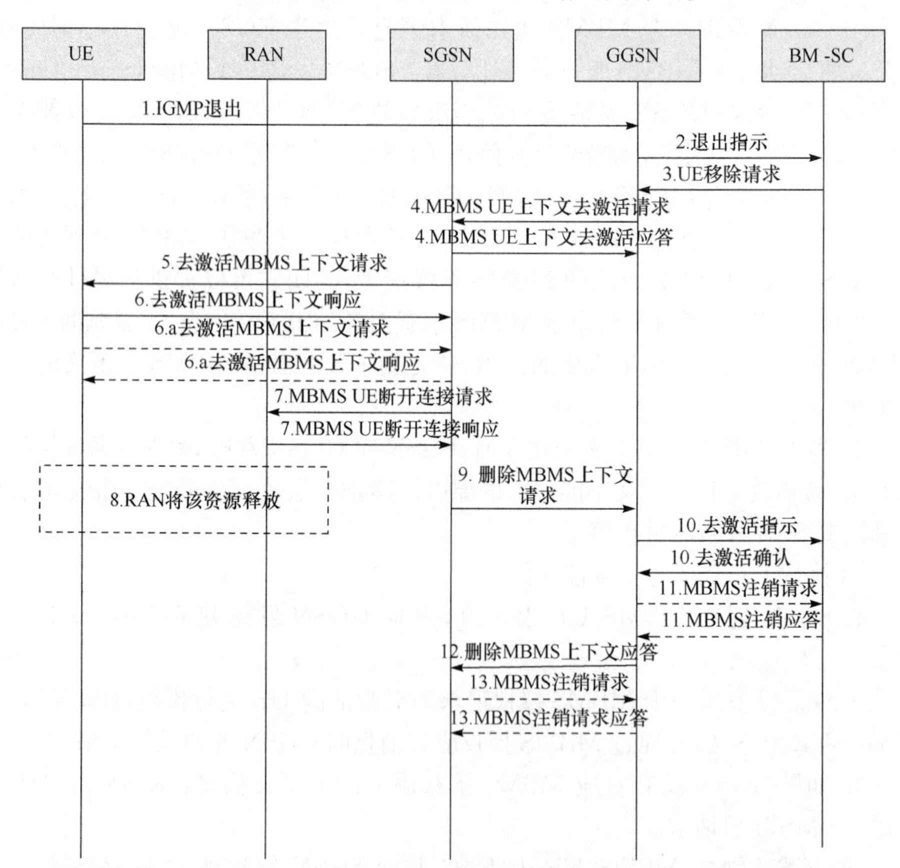

图 2-15　多播服务去激活过程

① UE 通过默认的 PDP 上下文发起 IGMP(IPv4)或 MLD(IPv6)退出消息,表明它要退出一个特定的多播服务。

② GGSN 发送退出指示消息至 BM-SC,表明 UE 请求退出某多播服务。

③ BM-SC 收到退出指示消息后,检查该 IP 多播地址是否对应一个 MBMS 承载服务,并向 GGSN 发送 UE 移除请求。BM-SC 也可以直接向 GGSN 发送 UE 移除请求消息,发起去激活过程。例如,当一个服务终止了,而用户还没有退出该

多播组时,BM-SC就可以直接发起去激活过程。

④ GGSN接收到UE移除请求或由于其他原因(如出错),向SGSN发送MBMS UE上下文去激活请求;SGSN通过向GGSN发送MBMS UE上下文去激活应答消息来确认收到该消息。

⑤ 一旦收到MBMS UE上下文去激活请求或由于其他原因,SGSN将向UE发送去激活MBMS上下文请求。

⑥ UE删除对应的MBMS UE上下文,并向SGSN发送一个去激活MBMS上下文响应。

⑦ 如果UE已经连到了网络,SGSN向RNC发送一个MBMS UE断开连接请求。

⑧ 如果当前分配给UE来接收MBMS数据的是专用无线资源,RAN将该资源释放;如果分配给UE的是共享无线资源,RAN可能将剩余的UE移至专用无线资源。

⑨ 一旦收到去激活MBMS上下文相应消息或由于其他原因,SGSN向GGSN发送一个删除MBMS上下文请求。

⑩ GGSN删除此MBMS UE上下文,并向BM-SC发送去激活指示来表明去激活成功。BM-SC接收到去激活指示后删除MBMS UE上下文并向GGSN发送一个确认信息。

⑪ 如果GGSN不再有对该多播业务感兴趣的用户,且对应此MBMS承载上下文的下行节点列表为空时,GGSN向BM-SC发送MBMS注销请求,BM-SC做出应答,并将对应此MBMS承载上下文的下行节点列表中的GGSN ID删除。

⑫ GGSN通过向SGSN发送一个删除MBMS上下文应答,确认已对MBMS UE上下文取消激活,SGSN则删除MBMS UE上下文。

⑬ 如果SGSN不再有对该多播业务感兴趣的用户,且对应此MBMS承载上下文的下行节点列表变为空时,SGSN向GGSN发送MBMS注销请求。GGSN做出应答,并将对应此MBMS承载上下文的下行节点列表中的此SGSN ID删除。

对于广播业务来说,激活与去激活都是UE本地的处理,而不会发生UE与网络之间的交互。

2.6.2 会话管理

1. 会话开始

BM-SC触发MBMS会话开始过程(图2-16),从而为要传输的MBMS数据激活所有需要的承载资源,并通知对此业务感兴趣的用户传输即将开始。通过此过程,把MBMS的会话属性(如QoS、会话持续时间、MBMS数据传输时间等)传送到已经注册到该 MBMS 承载服务的 SGSN、GGSN，以及连接到注册 SGSN 的所有 BSC/RNC。BM-SC 在发出会话开始请求消息后，需要等待一段时间才能发送 MBMS 数据，以保证会话建立完毕。

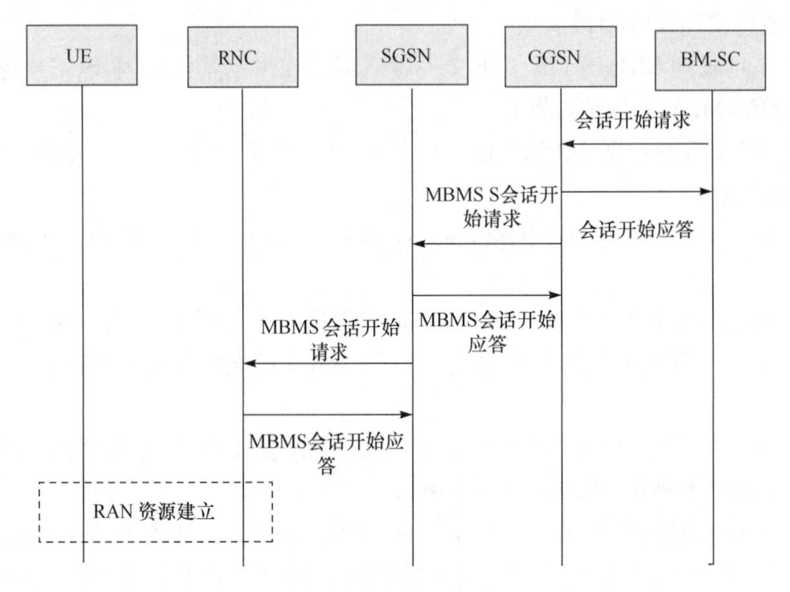

图 2-16　会话开始过程

① BM-SC 向所对应 MBMS 承载上下文的下行节点列表中的所有 GGSN 发送会话开始请求消息，来表明数据传输即将开始，并提供会话属性（如 TMGI、QoS、MBMS 服务区域、会话标识、广播/多播、GGSN 的下行节点列表（仅对广播模式而言）、会话持续时间，数据传输开始时间等）。BM-SC 将自己的 MBMS 承载上下文状态设置为活跃。如果是一个广播模式的 MBMS 承载服务，GGSN 新创建一个 MBMS 承载上下文。GGSN 将会话属性以及下行节点列表存储在它的 MBMS 承载上下文中，将其状态设置为活跃，并向 BM-SC 发送会话开始请求应答。

② GGSN 向对应此 MBMS 承载上下文的下行节点列表中的所有 SGSN 发送会话开始请求，消息包括会话属性（如 TMGI、QoS、MBMS 服务区域、会话标识、广播/多播、会话持续时间，数据传输开始时间等）。如果是一个广播模式的 MBMS 承载服务，SGSN 将新创建一个 MBMS 承载上下文。SGSN 将会话属性以及下行节点列表存储在它的 MBMS 承载上下文中，将其状态设置为活跃，并向 GGSN 发送会话开始请求应答，在这个应答中提供承载面的隧道终点标志，用于 GGSN 传送 MBMS 数据。对 MBMS 承载服务而言，一个接收到多个会话开始请求消息的 SGSN 与一个 GGSN 之间只建立一个承载来接收消息。

③ SGSN 向连接到此 SGSN 每个 RNC 发送 MBMS 会话开始请求消息，消息中包括会话相关属性。如果是一个广播模式的 MBMS 承载服务，RNC 创建一个 MBMS 承载上下文。RNC 将会话属性存储在 MBMS 承载上下文中，将 MBMS 服务上下文状态设置为活跃，并向 GGSN 发送会话开始请求应答，应答中包括用于承载的隧道终点标志。一个接收多个会话开始请求消息的 BSC 与一个 SGSN 之间只建立一个承载来接收消息。

④ BSC 为对此业务感兴趣的 UE 创建必要的无线资源，以传输 MBMS 数据。

2. 会话结束

当一段足够长的时间内没有 MBMS 数据传输时，由 BM-SC 发起 MBMS 会话结束过程，来释放网络中的承载资源。该过程涉及注册此 MBMS 承载服务的所有 SGSN 和 GGSN，以及已经和 SGSN 建立承载的 RNCs。如图 2-17 所示，会话结束的步骤如下。

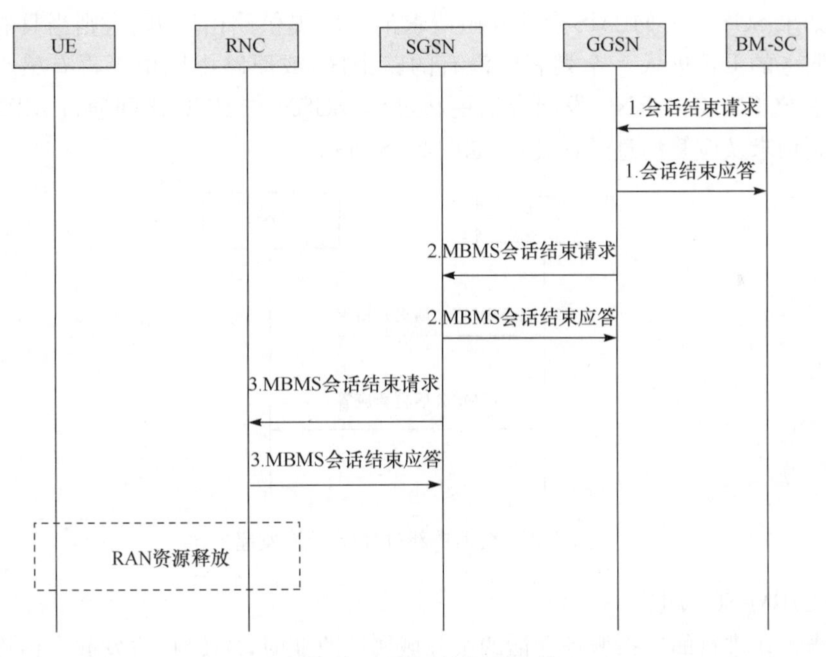

图 2-17　会话结束过程

① BM-SC 向对应 MBMS 承载上下文的下行节点列表中的所有 GGSN 发送会话结束请求消息，表明 MBMS 会话停止，可以释放承载资源。BM-SC 将自己的 MBMS 承载上下文设为备用状态。GGSN 通过会话结束应答消息进行反馈。

② GGSN 向与之建立承载连接的所有 SGSN 发送 MBMS 会话停止请求消息，释放与这些 SGSN 对应的所有承载资源，并将自己的承载上下文设为备用状

态。如果是广播 MBMS 承载服务，GGSN 删除 MBMS 承载上下文。

③ SGSN 释放隧道终点标志和其与 GGSN 之间的承载资源，向与之建有承载的 RNC 发送 MBMS 会话停止请求消息。如果是广播 MBMS 承载服务，SGSN 将删除 MBMS 承载上下文。

④ RNC 释放对应的无线承载和资源，如果是广播 MBMS 承载服务，RNC 将释放 MBMS 承载上下文。

3. 会话更新

会话更新过程可以由 BM-SC 或者 SGSN 发起。当需要为一个正在进行的 MBMS 广播服务会话更新服务域属性时，BM-SC 将发起会话更过程。当需要为一个正在进行的 MBMS 多播服务会话更新路由区列表时，SGSN 将发起更新过程。下面分别进行介绍。

(1) SGSN 发起

如果 SGSN 在 MBMS 会话开始请求消息中提供路由区列表，则当具有某个激活服务的 UE 进入一个列表中没有的路由区，或原路由区中不再有感兴趣的 UE 时，SGSN 将向 RNC 发起会话更新过程，SGSN 与 RNC 之间通过 MBMS 会话更新请求及应答消息进行交互，如图 2-18 所示。

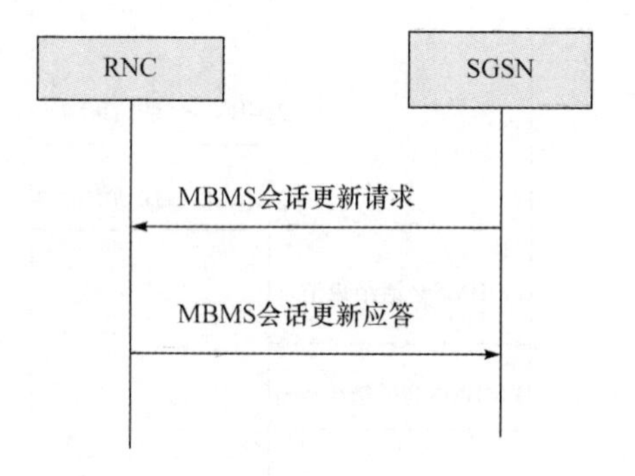

图 2-18　会话更新过程(SGSN 发起)

(2)BM-SC 发起

当正在进行的广播服务会话的服务域属性改变时，BM-SC 将发起会话更新过程，如图 2-19 所示。

① BM-SC 向对应 MBMS 承载上下文的下行节点列表中的所有 GGSN 发送会话更新请求消息，其中包括新的服务域属性，即新的下行节点列表及服务域。GGSN 将新的会话属性存储在 MBMS 承载上下文中，并向 BM-SC 发送会话更新应答消息。

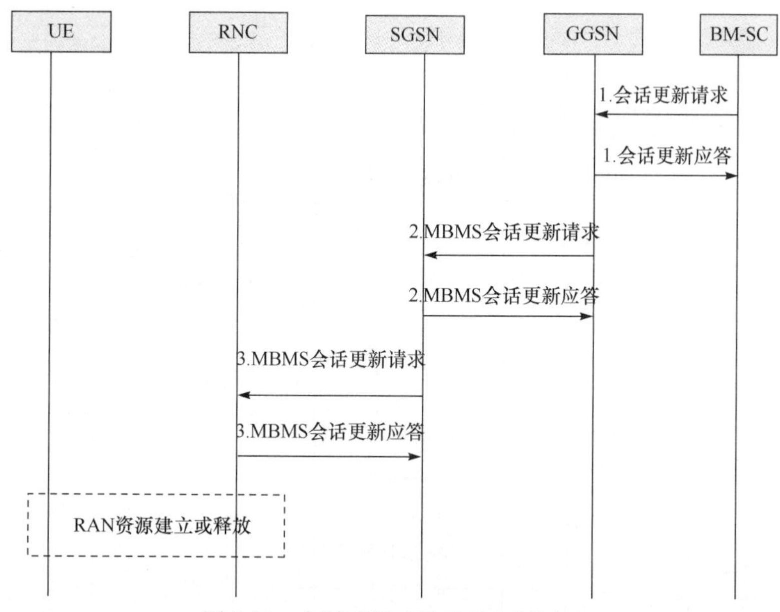

图 2-19　会话更新过程(BM-SC 发起)

② GGSN 将新的下行节点列表与原来的列表进行比较,将 MBMS 会话开始请求消息发送给每个新加入的 SGSN,将 MBMS 会话结束请求消息发送给每个移除的 SGSN,将 MBMS 会话更新请求消息发给新旧列表中均存在的 SGSN。

③ SGSN 收到 MBMS 会话更新请求消息后,向与之建有承载的 RNC 发送 MBMS 会话更新请求消息。

④ RNC 建立或释放用于对应 MBMS 数据传输的无线资源。

2.6.3　注册与注销

1. 注册

MBMS 注册过程将建立一个 MBMS 多播分发树,用于从 BM-SC 向 UE 传输会话属性和业务数据。分发树的每一个节点上将建立相应的 MBMS 承载上下文,但并不建立承载面,承载面将由会话开始过程来建立。图 2-20 给出了 MBMS 注册过程。

① 当 RNC 检测到有终端对 MBMS 承载服务感兴趣,但还没有建立 MBMS 承载上下文时,RNC 向它所属的 SGSN 发送 MBMS 注册请求消息。

② 如果 SGSN 收到 MBMS 注册消息,但没有对应该 MBMS 承载服务的上下文,或者在 SGSN 处对应该 MBMS 承载服务的第一个 MBMS UE 上下文被建立,但没有相应的 MBMS 承载上下文时,SGSN 创建一个处于备用状态的 MBMS 承载上下文,并向 GGSN 发送一个 MBMS 注册请求信息。

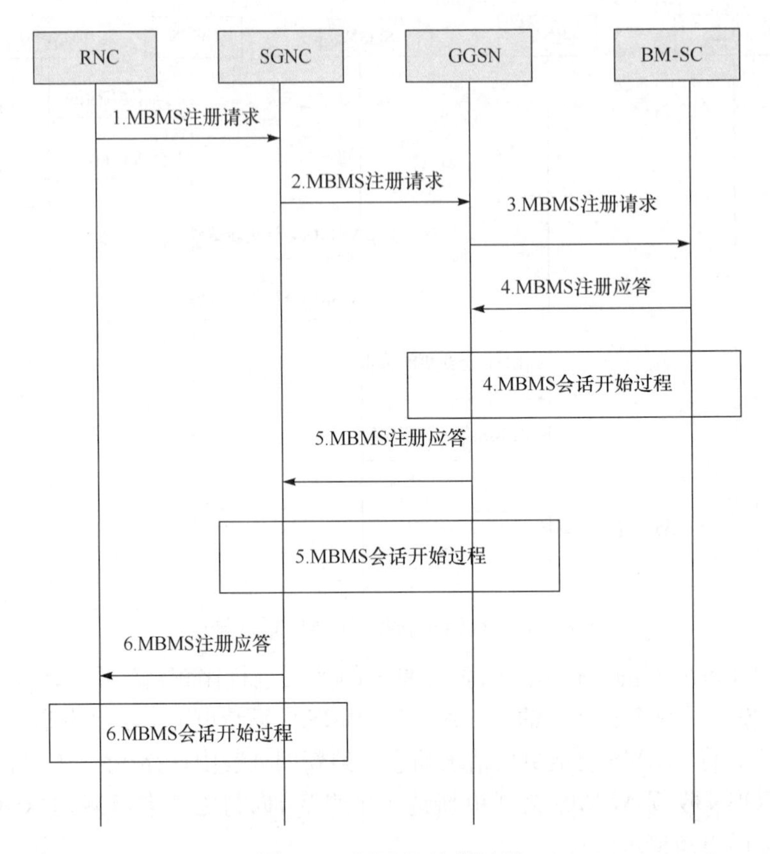

图 2-20　MBMS 注册过程

③ 如果 GGSN 收到 MBMS 注册消息，但没有对应该 MBMS 承载服务的上下文，或者在 GGSN 处对应该 MBMS 承载服务的第一个 MBMS UE 上下文被建立，但没有相应的 MBMS 承载上下文时，则 GGSN 创建一个处于备用状态的 MBMS 承载上下文，并向 BM-SC 发送一个 MBMS 注册请求信息。

④ 接收到 GGSN 的 MBMS 注册请求消息后，BM-SC 将 GGSN 的标志添加到 MBMS 承载上下文的下行节点列表中，并发送应答消息。如果 MBMS 承载上下文处于激活状态，BM-SC 将发起会话开始过程。

⑤ GGSN 将发起注册请求的 SGSN 的标志添加到 MBMS 承载上下文的下行节点列表中，并做出应答。如果 MBMS 承载上下文处于激活状态，则 GGSN 发起会话开始过程。

⑥ SGSN 将 RNC 的标志添加到 MBMS 承载上下文的下行节点列表中，并做出应答。如果 MBMS 承载上下文处于激活状态，SGSN 将发起会话开始过程。

2. 注销

MBMS 注销过程将 MBMS 分发树的分支及所有在 MBMS 注册过程建立的 MBMS 承载上下文均删除。MBMS 注销过程分为普通 MBMS 注销和 BM-SC 发起的注销。普通 MBMS 注销分为以下三类情况。

① 当注册到 SGSN 上的 RNC 中不再有对此 MBMS 承载服务感兴趣的 UE 时,RNC 发出注销请求。SGSN 将 RNC 标志从相应 MBMS 承载上下文的下行节点列表中移除,并发送 MBMS 注销应答消息做出确认。RNC 和 SGSN 之间的该 MBMS 承载服务对应的承载面资源将被释放(图 2-21)。

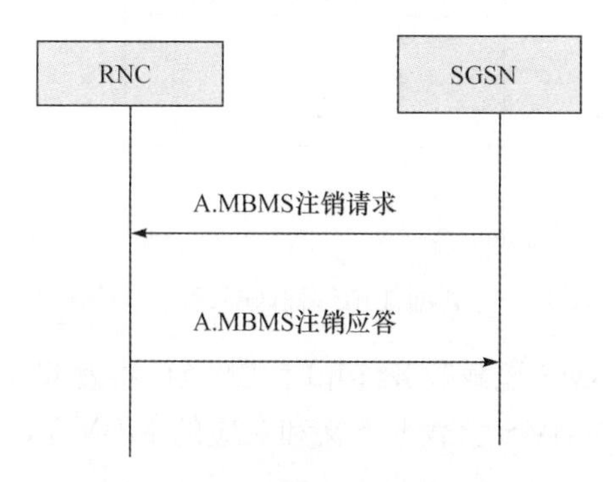

图 2-21　普通注销过程(RNC→SGSN)

② 当一个 SGSN 处某个 MBMS 承载上下文的下行节点列表变为空,并且 SGSN 没有 MBMS UE 上下文连接到此 MBMS 承载上下文,则 SGSN 向与此 MBMS 承载上下文相关的 GGSN 发送注销请求,GGSN 从相应的 MBMS 承载上下文的下行节点列表中移除此 SGSN 标志,并向 SGSN 发送注销应答消息。GGSN 与 SGSN 之间对应该 MBMS 承载服务的承载面资源将被释放(图 2-22)。

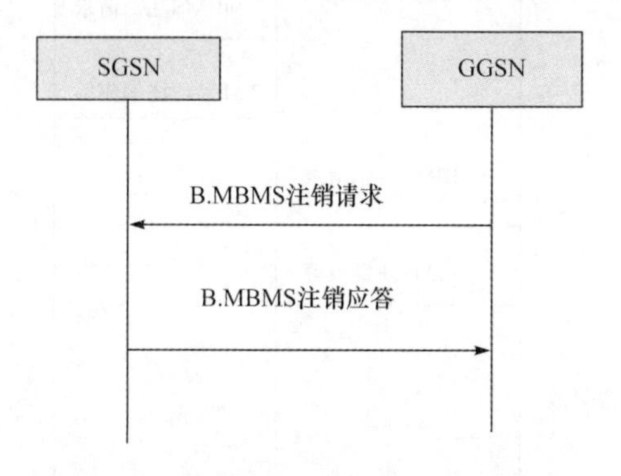

图 2-22　普通注销过程(SGSN→GGSN)

③ 当一个 GGSN 处某个 MBMS 承载上下文的下行节点列表变为空，并且 GGSN 没有 MBMS UE 上下文连接到此 MBMS 承载上下文，则 GGSN 向 BM-SC 发送注销请求，BM-SC 从相应的 MBMS 承载上下文的下行节点列表中移除此 GGSN 标志，并向 GGSN 发送 MBMS 注销应答消息。同时，释放面向 BM-SC 建立的与该 MBMS 承载服务对应的承载面资源。该过程如图 2-23 所示。

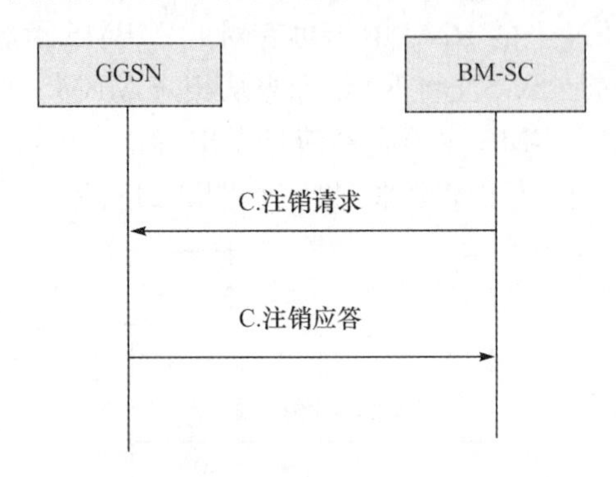

图 2-23 普通注销过程(GGSN→BM-SC)

当一个特定的 MBMS 承载服务终止时，BM-SC 将发起注销过程，释放 MBMS 分发树上所有节点的 MBMS 承载上下文和对应的 MBMS UE 上下文。该过程如图 2-24 所示。

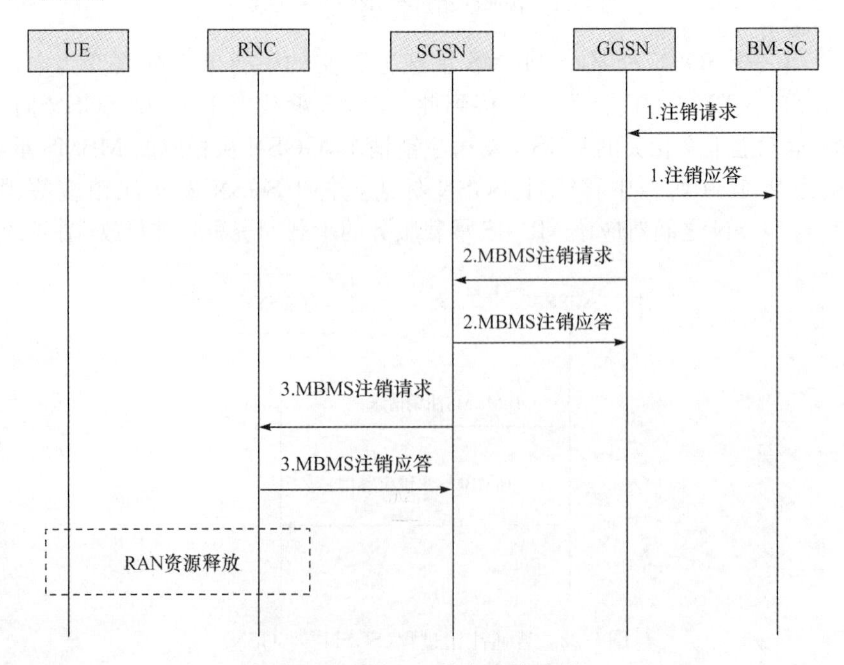

图 2-24 BM-SC 发起注销过程

① BM-SC 向 MBMS 承载上下文的下行节点列表中所有的 GGSN 发送注销请求消息，通知 GGSN 该会话结束，释放相关的承载资源。GGSN 做出应答，BM-SC 释放所有的 MBMS UE 上下文和相对应的 MBMS 承载上下文。

② GGSN 向 MBMS 承载上下文的下行节点列表中所有的 SGSN 发送注销请求消息，SGSN 做出应答，GGSN 释放所有的 MBMS UE 上下文和相对应的 MBMS 承载上下文。

③ SGSN 向连接到自己的所有 RNC 发送注销请求消息，RNC 做出应答，并释放所有承载资源。SGSN 释放所有的 MBMS UE 上下文和相对应的 MBMS 承载上下文。

④ RNC 释放相关的无线资源、MBMS UE 上下文和相对应的 MBMS 承载上下文。RNC 可能通知其所属的 UE 这个 MBMS 承载服务已经停止，从而 UE 可以将它的 MBMS UE 上下文去激活。

2.7　MBMS 系统实践

如表 2-3 所示[15]，MBMS 可以支持多种新型应用，如多媒体广播、文件下载、视频会议等。其中，手机电视业务是最有吸引力的一个。因此，各大企业都以此作为部署 MBMS 的首要需求。

表 2-3　MBMS 业务与潜在应用

QoS 类别	业务	应用举例
数据流级	视频流、音频流、时控文本（timed text）	直播：体育赛事、新闻、娱乐节目、交通信息；音乐广播；旅游信息；广告
背景级	广播多播文件分发，如视频文件、音频文件、软件	体育、新闻等节目集锦；短视频；游戏；旅游信息；广告

图 2-25 给出基于 MBMS 实现手机电视的一种典型架构[16]。为支持手机电视业务，BM-SC 增加了相关的功能模块，包括 TV 服务器、ESG（电子服务指南）生成器、媒体控制器、加密器、广播控制器、直播编码器、交互服务器等。其中，TV 服务器是终端与手机电视中心控制单元的桥梁；ESG 生成器将从内容提供商处获得的节目信息进行翻译和合并，并插入到 ESG 中；媒体控制器通过单播或广播方式将内容分发给终端；加密器在服务接入保护部件的控制下将广播流进行加密，单播流不需要加密；广播控制器负责核心网及无线接入网中 MBMS 承载的建立和释放；直播编码器、节目推送服务器、节目点播服务器等将电视节目内容编码为适合移动终端的形式，并打包为合适的协议进行分发；交互服务器产生交互文件，通过反馈

收集器处理终端用户的反馈。

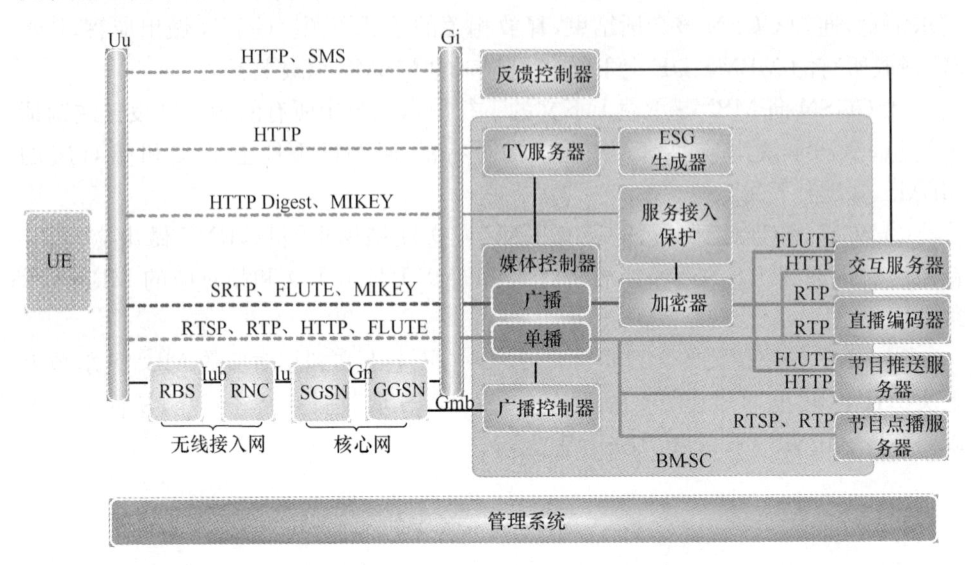

图 2-25　基于 MBMS 的手机电视架构

在 MBMS 标准制定的过程中，华为技术有限公司发布了小区多媒体广播(cellular multimedia broadcast，CMB)解决方案，并于 2006 年在香港电信运营商——电讯盈科的 3G 网络中得到应用，电讯盈科通过该技术为 3G 用户提供财经频道和新闻频道的电视节目。CMB 可以说是 MBMS 的一个简化的实现方案。

随着 MBMS 标准(R6 版本)的冻结，国内外通信企业很快就在其网络设备、终端和芯片上实现了 MBMS 功能，华为、中兴通信股份有限公司、大唐移动通信设备有限公司、爱立信、摩托罗拉等公司纷纷推出了系统解决方案。2007 年 10 月，在北京国际通信展上首次演示了基于 TD-MBMS 的手机电视业务。在 2008 年奥运会期间，手机电视业务得到了大力推广。2008 年 8 月 19 日的统计数据显示，超过 100 万人使用中国移动的手机电视业务收看奥运赛事，节目点击次数近 700 万，累计播放时长 30 余万小时。

2.8　小　结

本章以 MBMS 为例，介绍了 3G 系统中用于传输广播多播业务的协议与机制。

MBMS 支持广播和多播两种服务模式。多播服务提供流程包括订阅服务、服务声明、加入会话、会话开始、MBMS 通知、数据传输、会话结束、离开会话等主要过程，由于广播服务不针对特定的用户组，因此在流程中省去了订阅服务、加入会话和离开会话这几个过程。为了支持广播和多播服务，在网络架构上增加了广播多播业务中心实体(BM-SC)，定义 MCCH、MTCH、MSCH 等新的逻辑信道及相应的信令流程。虽然通过系统实践发现，MBMS 存在频谱效率低等问题，但其提供了一套完整的广播多播实现协议，为后续的技术演进，如第四代移动通信系统中 e-MBMS 协议的制定奠定了基础。

参考文献

[1] ITU-R. Detailed specification of the radio interfaces of IMT-2000[S]. 1999.

[2] 彭木根，王文博. TD-SCDMA 移动通信系统[M]. 北京：机械工业出版社，2005.

[3] ITU-R M. 1457. Detailed specification of the radio interfaces of IMT-2000[S]. 2000.

[4] 中国通信标准化协会. 未来十年 IMT 业务市场预测[R]. 杭州：CCSA TC5 WG6 第 26 次会议，2011.

[5] 3GPP TS 22. 146. Multimedia Broadcast/Multicast Service; Stage 1(Release 6)[S]. 2006.

[6] 3GPP TS 22. 246. Multimedia Broadcast/Multicast Service User services; Stage 1(Release 6)[S]. 2006.

[7] TELIASONERA. White Paper: Mobile Broadcast/Multicast Services (MBMS) [J/OL]. http://www. medialab. sonera. fi [2004-8-20].

[8] 3GPP TS 23. 246 v. 7. 0. 0. Multimedia Broadcast Multicast Service; Architecture and Functional Description[S]. 2006.

[9] 3GPP TS 23. 107 v. 6. 4. 0. Quality of Service (QoS) concept and architecture (Release 6)[S]. 2006.

[10] 张鸿涛，王晓湘，等. 第三代移动网络中的多播通信：服务、机制、性能[M]. 北京：机械工业出版社，2011.

[11] 3GPP TS 25. 346 v. 9. 1. 0. Introduction of the Multimedia Broadcast Multicast Service (MBMS) in the Radio Access Network (RAN); Stage 2 (Release 6)[S]. 2010.

[12] 3GPP TS 25. 301 v. 8. 7. 0. Radio Interface Protocol Architecture[S]. 2010.

[13] 3GPP TS 25. 211 v. 10. 0. 0. Physical channels and mapping of transport channels onto physical channels (FDD)[S]. 2011.

[14] 3GPP TS 25. 221 v. 7. 7. 0. Physical channels and mapping of transport channels onto physical channels (TDD)[S]. 2008.

[15] MOTOROLA. White Paper: Motorola's MBMS Solutions: An End-to-End perspective [J/OL]. http://www. motorola. com/networkservice providers[2007-6-23].

[16] Ibanez J, Lohmar T, et al. Mobile TV over 3G networks-enablers and service evolution [J/OL]. http://www. ericsson. com/ericsson/corpinfo /publications/review/[2008-1-6].

第 3 章　第四代移动通信系统中的广播多播协议

为提高 3G 中 MBMS 的性能，3GPP 在第四代移动通信标准的制定过程中，继续对 MBMS 进行改进，形成了 E-MBMS 协议。E-MBMS 与 MBMS 的核心区别在于，MBMS 采用单小区广播多播方式，而 E-MBMS 采用多媒体广播单频网(multimedia broadcast service single frequency network，MBSFN)技术，即多个互相同步的小区在同一频率上发送相同的 MBMS 信号，从而减少了小区间干扰，提高了广播多播业务的传输效率。此外，由于 4G 系统与 3G 系统在网络架构、传输技术等方面的本质区别，E-MBMS 协议也需要基于 4G 系统进行专门设计。因此，本章在介绍 4G 标准的基础上，对 E-MBMS 不同于 MBMS 的部分进行详细阐述，包括网络架构、物理层协议与高层协议等，并通过系统仿真对 E-MBMS 和 MBMS 的性能进行比较与分析。

3.1　第四代移动通信标准简介

按照 ITU 的计划，第四代移动通信标准(international mobile telecommunication-advanced，IMT-Advanced)的制定将于 2008 年开始。然而，从 2004 年开始，IEEE 颁布的 802.16 d/e 等系列宽带无线城域网标准[1]，大大加快了 4G 标准的研究进展。以 OFDM/MIMO 技术为核心的 IEEE 802.16 标准可支持高达 75Mb/s 的吞吐量，支持数据、语音、视频等不同类型的业务，并提供了很好的服务质量保证接口。为应对 IEEE 802.16 标准的市场竞争，作为移动通信主流标准化组织的 3GPP，不得不迅速跟进，于 2004 年 11 月启动了通用移动通信系统(UMTS)的长期演进(long term evolution，LTE)项目。LTE 采用 OFDM 技术，替代 3G 系统的 CDMA，取消了 3G 中的无线网络控制器(RNC)和电路交换域，推出了全新的分组系统架构。因此，LTE 本质上是一次革命，而不是 3G 技术的演进，它已经具备了某些 4G 系统的特征，可以被看为准 4G 技术[2]。2008 年 3 月，在 LTE 标准即将完成之际，3GPP 启动了先进的 LTE 项目，将形成真正的 4G 标准，满足 ITU 4G 技术征集的需求。LTE-Advanced 标准是在 LTE 的基础上继续演进，支持原有 LTE 的全部功能，更多的技术增强集中在 RRM 和网络层优化等方面。因此，我们首先以 LTE 为基础对 4G 标准进行概述，然后介绍 LTE-Advanced 标准引入的主要增强技术。

3.1.1　LTE 系统概述

LTE 系统的需求可简要总结如下[3]。

① 支持多种频带尺寸，从 1.25MHz、2.5MHz、5.0MHz、10.0MHz 到 20.0MHz。

② 峰值数据速率。

第一，在 20 MHz 系统带宽下，下行链路(2 信道 MIMO)峰值速率为 100Mb/s。

第二，在 20 MHz 系统带宽下，上行链路(单信道)峰值速率为 50Mb/s。

③ 支持的天线配置。

第一，下行链路，4x2，2x2，1x2，1x1。

第二，上行链路，1x2，1x1。

④ 频谱效率。

第一，下行链路，HSDPA (Rel. 6)的 3～4 倍。

第二，上行链路，HSUPA (Rel. 6)的 2～3 倍。

⑤ 时延。

第一，控制面延迟≤100ms(从驻留状态转换到激活状态)。

第二，用户面延迟≤5ms(从 UE 到服务器，单用户，单数据流)。

⑥ 移动性。

第一，为低速率(<15 km/hr)进行优化。

第二，速率在 15～120 km/hr 时实现高性能。

第三，在 350 km/hr 时保持链路。

⑦ 覆盖。

第一，半径为 5km 以下的小区应全面满足峰值速率、频谱效率、移动性等性能指标。

第二，半径为 5km～30km 的小区，性能可稍有下降。

第三，标准不排除半径高达 100km 的小区。

⑧ 增强 MBMS。

第一，和单播操作采用相同的调制、编码和多址方法。

第二，可同时向用户提供 MBMS 业务与专用话音业务。

3.1.2　多址方式

LTE 在下行链路采用基于循环前缀(cyclic prefix，CP)的正交频分复用(orthogonal frequency division multiplexing，OFDM)，在上行链路上采用基于循环前缀的单载波频分多址接入(SC-FDMA)。OFDM 技术在 20 世纪 60 年代中期首次提出，但在之后相当长的一段时间，OFDM 技术一直没有形成大规模的应用。20

世纪 80 年代以来，大规模集成电路技术的发展解决了快速傅里叶变换的实现问题。OFDM 技术凭借其固有的对时延扩展较强的抵抗力和较高的频谱效率两大优势迅速成为研究的焦点，并被多个国际规范采用，如欧洲的数字音频广播、数字视频广播、IEEE 802.11a、IEEE 802.16，以及 3GPP LTE 等。由于 OFDM 各子载波相互正交，因此允许子载波频谱混叠，这样就充分利用了有限的频谱资源，使得其频带利用率高于传统的频分复用 FDM 等调制方式。此外，每个子载波上的信号带宽小于信道的相关带宽，因此每个子载波可以看成平坦性衰落，从而可以消除信道波形间的干扰。SC-FDMA 是近年来提出的一种单载波 OFDM 技术。与 OFDM 相比，SC-FDMA 不存在多个子载波在频域相互叠加的特性，因此 SC-FDMA 系统有效降低了峰均功率比(peak to average power ratio，PAPR)，同时降低了终端的功率损耗率。

OFDM 技术的基本原理是在频分复用的基础上，使各个子载波满足两两正交。在信号发送端，高速串行数据经过串/并变换，形成 N 路并行信号，信号持续时间扩大 N 倍，每一路信号按照一定的星座图映射到一个复数点。对这 N 个复数点，用符合正交条件的 N 路子载波分别进行调制、求和，形成 OFDM 信号 $x(t)$，其系统如图 3-1 所示。

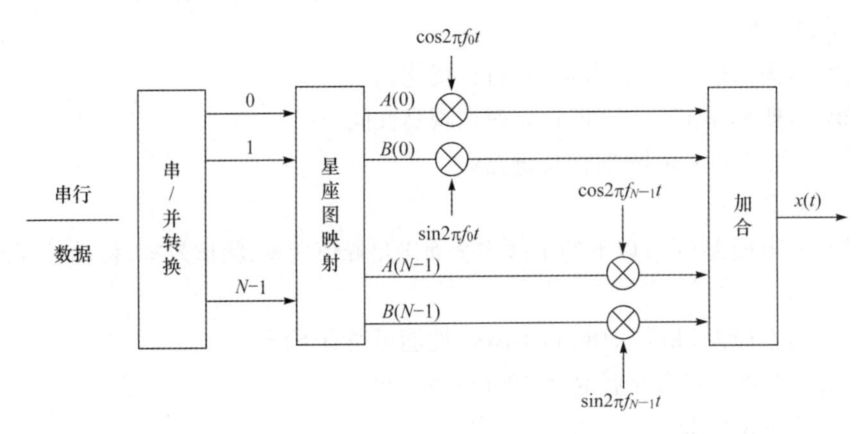

图 3-1　OFDM 系统发送端框图

在信号接收端，采用与发送端完全同步的 N 路子载波进行解调，由于子载波两两正交，就能够从接收信号中解调出 N 个复信号点，分别对这 N 路复信号进行反映射，就得到了 N 路比特信号，通过并/串变换，最终得到信息比特流。

OFDMA 是一种基于 OFDM 的频分多址接入技术，每个时隙在频域上被分成多个相互正交的子载波。每个子载波在同一个时隙中只能分配给一个用户，每个用户在一个时隙中可以占用多个子载波。因为在不同子载波上的数据是并行传输的，所以 OFDMA 也是一种频分复用接入方式。

3.1.3　MIMO 技术

为实现高数据速率的性能需求，LTE 系统支持多输入多输出(multiple input multiple output，MIMO)技术，又称为多天线技术。MIMO 技术可以在不增加频谱带宽的前提下大幅度提高信道容量和频谱利用率，因此近年来受到广泛青睐。MIMO 技术的核心是利用多根发射天线及接收天线，在空域将信道分成多个并行子信道进行信号传输。MIMO 系统如图 3-2 所示。根据收发天线的数量，单输入多输出(SIMO)系统和多输入单输出(MISO)系统可以作为 MIMO 系统的特例。

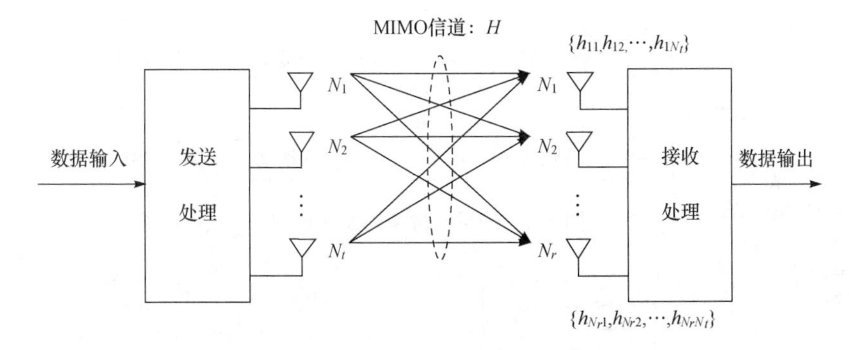

图 3-2　MIMO 系统框图

假设 MIMO 系统的发射天线和接收天线数目分别为 N_t 和 N_r。发射信号使用 $N_t\times1$ 维的向量矩阵 $x=[x_1,x_2,\cdots,x_{N_t}]^{\mathrm{T}}$ 表示。$[\ ]^{\mathrm{T}}$表示矩阵转置。x 的第 i 个元素表示第 i 根天线在每个符号周期内发送的信号。接收信号使用 $N_r\times1$ 维的向量矩阵 $y=[y_1,y_2,\cdots,y_{N_r}]^{\mathrm{T}}$表示，其中 y 的第 i 个元素表示第 i 根天线在每个符号周期内接收的信号。接收信号 y 与发射信号 x 之间的关系为

$$y=Hx+n \tag{3.1}$$

其中，n 是 $N_r\times1$ 维加性白高斯噪声矩阵，矩阵具有零均值，其方差为 $\sigma^2 I_{Nr}$，I_{Nr} 为一个 $N_r\times1$ 维矩阵；H 是表征 MIMO 信道的 $N_r\times N_t$维信道矩阵，矩阵第(i,j)项表示第 j 根发射天线到第 i 根接收天线的信道衰落因子，即

$$H=\begin{bmatrix} h_{11} & h_{12} & \cdots & h_{1N_t} \\ h_{21} & h_{22} & \cdots & h_{2N_t} \\ \vdots & \vdots & & \vdots \\ h_{N_r1} & h_{N_r2} & \cdots & h_{N_rN_t} \end{bmatrix} \tag{3.2}$$

与单天线相比，多天线技术具有阵列增益和分集增益的优势。由部署在接收端和发送端的多根天线带来的传输信号功率增益，称为阵列增益。分集增益是通过利用多径来获得的，可以体现在空间(天线)、时域(时间)和频域(频率)三个维度

上。MIMO 系统的传输机制一般分为空间复用、空间分集和波束赋形三种类型，下面分别对这些传输技术进行分析。

(1) 空间复用

空间复用是指在发射端各天线发射相互独立的信号，目前比较通用的空间复用技术是 Foschini 提出的分层空时码技术（layered space-time code，LST）。分层空时码最早应用到 Lucent 公司的贝尔实验室分层空时（bell laboratory layered space-time，BLAST）系统中，包括水平分层空时码、垂直分层空时码和对角分层空时码。如图 3-3 和图 3-4表示 BLAST 系统发射和接收译码原理框图。

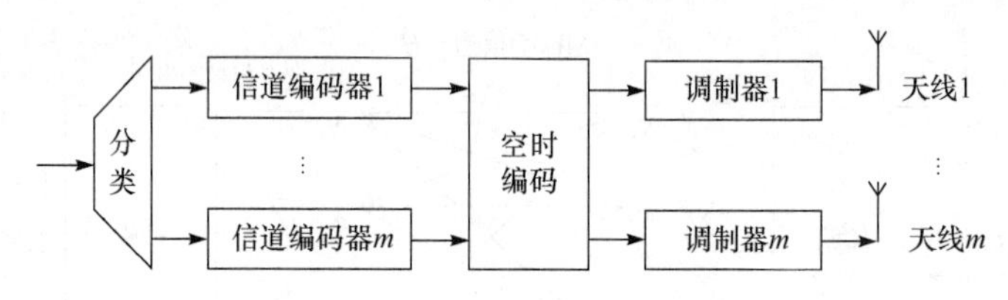

图 3-3　分层空时编码发送框图

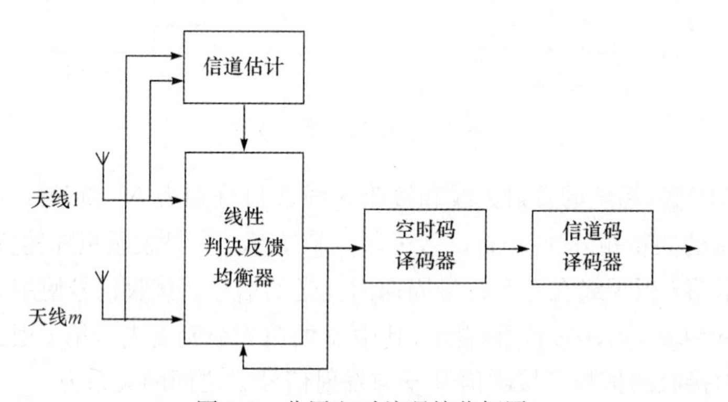

图 3-4　分层空时编码接收框图

(2) 空间分集

空间分集是指利用空间多样性，接收端能够获得发送信号的多个副本，使得接收机获得分集增益。目前主要的空间分集技术是空时编码技术，在发射端对数据流进行联合编码以减小由于信道衰落和噪声所导致的符号错误率。空时编码主要分为空时格码和空时块码。

① 空时格码(STTC)是 Tarokh 等在 1998 年提出的，它将格形编码调制与多天线发射系统有机地融合起来，是传输分集方式的一种改进。如图 3-5 所示，空时格码的编码过程可以分为星座图映射和空时格码编码两部分，下面以正交相移键控(QPSK)调制方式为例介绍空时格码的编码过程。

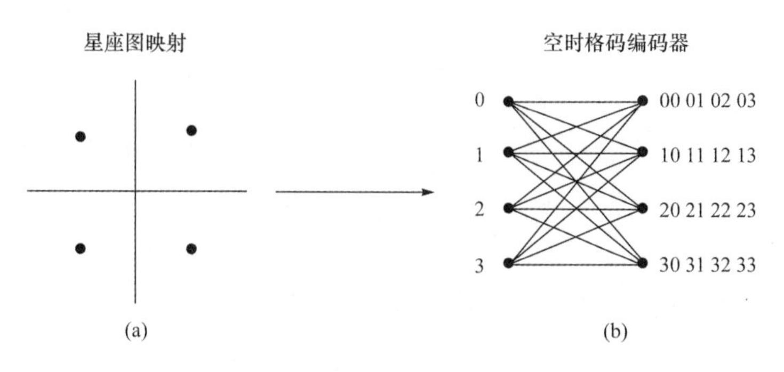

图 3-5　空时格码编码网格图

对于 QPSK 调制,空时编码器的输入中每 2 比特分成一组,每组被映射到 4 个星座点中的一点,如图 3-5(a)所示。例如,比特 01 被映射为状态 2,用复数表示为 $a-i\times a$,其中 a 是归一化因子。空时格码编码器如图 3-5(b)所示,左边一列数字表示编码器状态,右边每行数字表示从前一状态转换到本状态后编码器输出。假设编码器的初始状态为 0,要发送的信息符号是(2,1,3,0),因为初始状态是 0,发送的第一个符号是 2,从编码图可以看出,这对应于图中从状态 0 出发的第三条线,下一个时刻转移到状态 2,编码器的输出是右边的 20,即两个天线分别发射 2 和 0;发送的第二个符号是 1,对应于图中从状态 2 出发的第二条线,下一时刻转移到状态 1,编码器输出是 12,即两个天线分别发射 1 和 2。依此类推,可以得到状态变化:(0,2,1,3,0),编码器输出:(20,12,31,03),从而完成了空时格码的编码过程。

由于空时格码采用网格编码的方法,因此在接收端可以采用 Viterbi 译码来实现。与传统的 Viterbi 译码算法不同的是它的分支量需要考虑信道增益的信息。设译码的差矩阵的秩为 r,空时格码的传输速率是 b,则该空时格码的复杂度至少是 $2^{b(r-1)}$,可见空时格码的译码复杂度与分集度 r 和传输速率 b 成指数关系。当分集度 r 和传输速率 b 增大时,空时格码的译码将变得非常复杂,以至于难以实现。这是空时格码的一个主要缺点,同时也是限制空时格码在实际通信系统中应用的一个关键。

② 空时格码的解码复杂度随着分集程度和数据速率的增加呈指数增加。为了解决译码复杂度的问题,Alamouti 提出两发射天线的空时块码发射方案。这种方案只需在接收端进行简单的线性处理,大大简化了接收机的结构。在文献[4]中,这种两天线的方案被扩展到任意数目天线。

空时块码(STBC)传输系统由两个发射天线和一个接收天线组成。发射端在连续两个符号中发送数据 $\begin{bmatrix} c_1 \\ c_2 \end{bmatrix}$ 和 $\begin{bmatrix} -c_2^* \\ c_1^* \end{bmatrix}$,则接收端在连续两个符号接收到的信

号为

$$\begin{aligned} \boldsymbol{r} &= \begin{bmatrix} r_1 \\ r_2^* \end{bmatrix} \\ &= \boldsymbol{Hc}+\boldsymbol{n} \\ &= \begin{bmatrix} h_1 & h_2 \\ h_2^* & -h_1^* \end{bmatrix}\begin{bmatrix} c_1 \\ c_2 \end{bmatrix}+\begin{bmatrix} n_1 \\ n_2^* \end{bmatrix} \end{aligned} \tag{3.3}$$

由于 $\boldsymbol{H}$ 矩阵的正交性，接收端译码为

$$\begin{aligned} \tilde{\boldsymbol{r}} &= \boldsymbol{H}^{\mathrm{H}}\boldsymbol{r} \\ &= \begin{bmatrix} |h_1|^2+|h_2|^2 & 0 \\ 0 & |h_1|^2+|h_2|^2 \end{bmatrix}\begin{bmatrix} c_1 \\ c_2 \end{bmatrix}+\tilde{\boldsymbol{n}} \end{aligned} \tag{3.4}$$

根据式(3.4)，接收端通过简单的线性处理，就可以完成接收信号的译码操作，并获得相应的分集增益。

(3) 波束赋形

波束赋形是指通过调整阵列天线各阵元的接收和发射权值，来使天线波束方向变为指定的波束形状，从而提高目标用户的信噪比、降低误码率的技术。在MIMO系统中，发射端已知信道状态信息(CSI)的情况下，可以利用信道矩阵的奇异值分解(SVD)获得特征波束赋形进行传输。对信道矩阵 $\boldsymbol{H}$ 进行奇异值分解 $\boldsymbol{H}=\boldsymbol{UD}\,\boldsymbol{V}^{\mathrm{H}}$，令发射端波束成型矩阵 $\boldsymbol{W}=\boldsymbol{V}$，则接收端接收信号可以表示为

$$\boldsymbol{r}=\boldsymbol{U}^{\mathrm{H}}\boldsymbol{UD}\,\boldsymbol{V}^{\mathrm{H}}\boldsymbol{Wc}+\boldsymbol{U}^{\mathrm{H}}\boldsymbol{n}=\boldsymbol{Dc}+\tilde{\boldsymbol{n}} \tag{3.5}$$

根据式(3.5)，通过发射端的特征波束成形和接收端的线性处理，可以将MIMO信道转化为多个平行无干扰的空间子信道，分别进行数据编码、调制与发送。

LTE系统中下行MIMO基本天线配置为2*2，即2天线发送和2天线接收，支持空间复用、波束赋形和空间分集；上行MIMO基本天线配置为1*2，即1天线发送和2天线接收，支持空间复用和空间分集。

MIMO技术通常与正交频分复用(orthogonal frequency division multiplexing，OFDM)技术或者单载波频分多址(single carrier frequency division multiple access，SC-FDMA)技术相结合，对抗无线多径衰落信道的影响并提高频谱效率。将MIMO与OFDM或者SC-FDMA技术相结合，优点存在于三个方面。

① 通过空间复用增益，系统具有很高的传输速率。

② 通过分集增益，系统可以增强数据传输可靠性。

③ 在MIMO-OFDM系统或者MIMO-SC-FDMA系统中加入合适的数字信号处理算法能够增强系统稳定性。

OFDM-MIMO系统的发射机原理如图3-6所示。在发射机，信源先经过前向纠错(forward error correction，FEC)编码器的编码。随后，经过FEC编码的比特流通过数字调制器映射到星座图上，并完成空时编码。从空时编码器输出的每个

并行的符号流分别对应到不同的发射天线。在OFDM信号处理过程中，系统首先根据导频类型插入导频符号，将频域的符号序列经过反快速傅里叶变换(inverse fast Fourier transform，IFFT)调制成OFDM符号序列。其次，在每一个OFDM符号前面添加循环前缀(cycle prefix，CP)以降低信道时延扩展带来的影响。最后，将构造的OFDM物理帧输入到射频(radio frequency，RF)模块进行处理，并将信号从天线上发射出去。

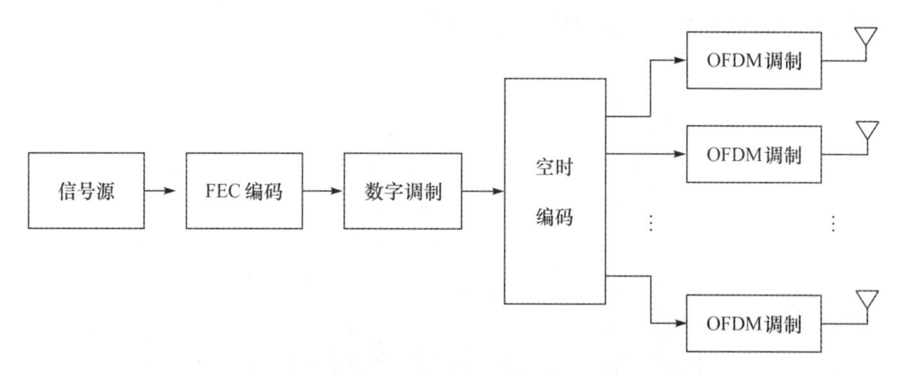

图3-6　MIMO-OFDM发射机原理框图

无线MIMO接收机原理框图如图3-7所示。经过接收天线，从RF模块接收的符号流首先需要进行同步操作，包括前导头协助的频域和时域粗同步。随后，系统从接收的符号流中提取前导头和循环前缀，将剩下的OFDM符号经过快速傅里叶变换(fast Fourier transform，FFT)解调。从被解调的OFDM符号中提取出导频信号，根据导频执行频域和时域细同步，使后续信号处理过程能够准确地提取出导频和数据符号。每根接收天线接收的精确频率导频信号都被用作信道估计。信道估计矩阵可以帮助MIMO解码器精确地解调OFDM符号。经过估计的OFDM符号被解调和FEC解码，最终还原成原始比特流。

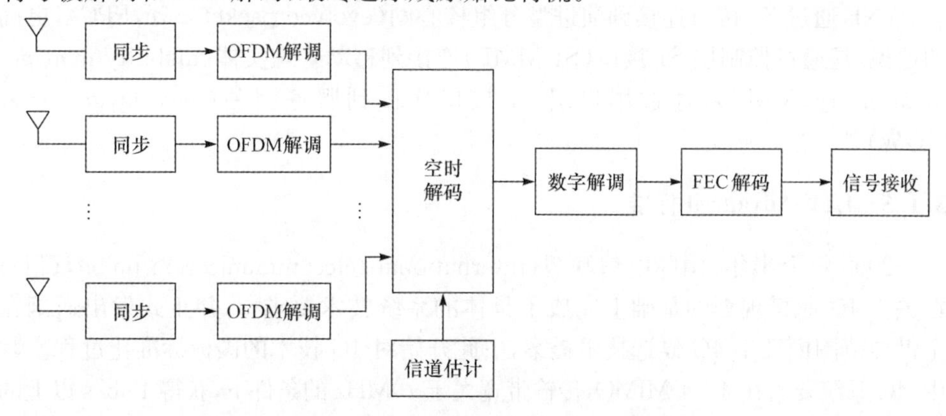

图3-7　MIMO-OFDM接收机原理框图

3.1.4 系统架构

为了实现 3G LTE 系统的目标性能，需要改进现有 3G 系统的网络结构。2006 年 3 月的会议上，3GPP 确定了 E-UTRAN 的结构，接入网主要由演进型 eNodeB(eNB)构成，eNodeB 是在 NodeB 原有功能的基础上，增加了 RNC 的物理层、MAC 层、RRC 层、调度、接入控制、承载控制、移动性管理和小区间无线资源管理等功能。E-UTRAN 系统架构如图 3-8 所示。

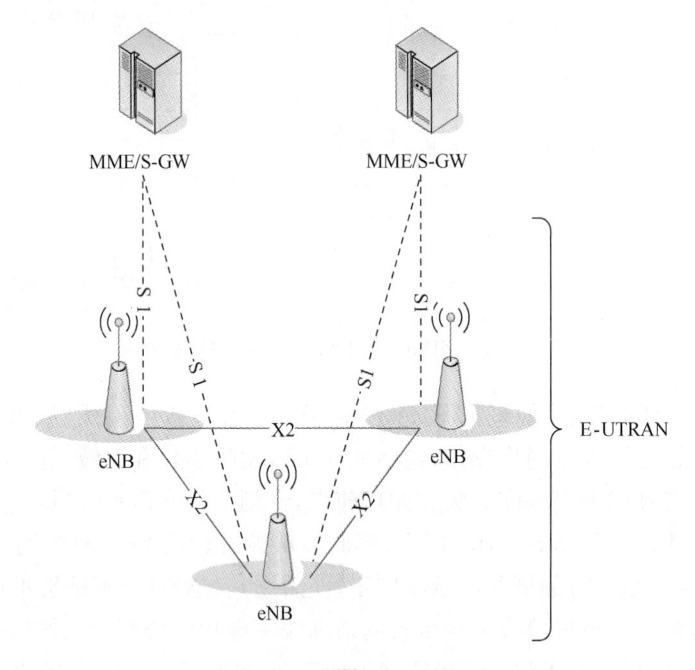

图 3-8　LTE 系统架构

eNB 通过 S1 接口连接到演进型分组核心网(evolved packet core，EPC)，更确切地说，是通过控制层 S1 接口(S1-MME)连接到移动管理实体(mobility management entity，MME)，通过用户层 S1 接口连接到服务网关(serving gateway，S-GW)。

3.1.5 LTE-Advanced 标准

2008 年上半年，国际电信联盟(international telecommunication union，ITU)在关于 4G 愿景规划的基础上完成了具体的系统技术要求[5]，并正式发出通函在全世界范围内征集 4G 候选技术提案，由此开始对 4G 技术的国标标准化过程。其中，4G 系统要求在 4×4 MIMO，传输带宽大于 70MHz 的条件下，获得 1Gb/s 以上的峰值速率；在峰值频谱效率方面，下行要求达到 15b/s/Hz，上行达到 7.5b/s/Hz。

需要说明的是，4G对峰值速率更准确的要求是高速移动场景达到100Mb/s，低速移动场景为1Gb/s。

2012年1月18日，ITU在2012年无线电通信全会上，正式审议通过将LTE-Advanced和WirelessMAN-Advanced(802.16m)技术规范确立为IMT-Advanced(4G)国际标准，中国主导制定的TD-LTE-Advanced同时成为IMT-Advanced国际标准。为了满足IMT-Advanced需求，3GPP提出的LTE-Advanced在LTE基础上引入了四大类增强技术，分别是载波聚合(carrier aggregation)、增强MIMO、协作多点传输与接收(coordinated multiple point transmission and reception, CoMP)和中继(Relay)[6]。

1. 载波聚合

ITU要求4G系统的最大带宽不小于40MHz，基于WRC07会议的结论，LTE-A的潜在部署频段包括450MHz-470MHz、698MHz-862MHz、790MHz-862MHz、2.3GHz-2.4GHz、3.4GHz-4.2GHz、4.4GHz-4.99 GHz等，除了2.3GHz-2.4GHz位于传统蜂窝系统常用的频段外，新的频段呈高、低分化的趋势，考虑到现有频谱分配方式和规划，很难找到足以承载4G系统带宽的整段频带，因此3GPP确定采用载波聚合技术，聚合两个或更多的基本载波，从而解决4G系统对频带资源的需求。载波聚合的基本频率块称为单元载波，除了优先支持连续频谱聚合外，同时也支持非连续频谱聚合。

2. 增强MIMO技术

为满足4G对峰值频谱效率和平均频谱效率的要求，多天线增强是LTE-A采用的关键技术之一。LTE-A的前身LTE下行支持1、2或4根天线发射，终端侧支持2或4根天线接收，下行可支持最大4层传输。上行只支持终端侧单天线发送，基站侧最多4天线接收。LTE的多天线发射模式包括开环MIMO、闭环MIMO、波束赋形，以及发射分集，都采用预编码的方式实现。LTE-A在LTE的基础上，上下行都扩充了发射/接收支持的最大天线个数，允许上行最多4天线4层发送，下行最多8天线8层发送，从而LTE-A中需要考虑更多天线数配置下的多天线发送方式。

3. CoMP

CoMP将作为LTE-A中提高小区吞吐量尤其是小区边缘吞吐量的重要手段。一个CoMP协作簇包括不同地理位置的多个基站，彼此之间共享信道和调度信息。通过簇内基站之间的协作，可以建立一个多小区的虚拟MIMO网络，使用现有的MIMO检测算法进行干扰消除。CoMP技术分为协作调度(coordinated scheduling,CS)和联合处理(joint processing,JP)两大类。在协作调度方式下,基站共享信道和调度信息,进行联合调度。在联合处理方式下,基站通过共享的信息,将小区间干扰作为有用信号进行联合处理。这两种方式能提高小区边缘用户的服务质量和吞吐量,使得整个网络用户感受速率更为平均。

4. 中继

LTE-A 引入 Relay 来增加覆盖,提高小区边缘吞吐量。Relay 主要分为层 1 中继(L1 relay)、层 2 中继(L2 relay)和层 3 中继(L3 relay)。L1 relay 是一个增强的直放站,实现物理层的放大转发功能。L2 relay 实现解码转发功能,转发 PDCP PDU、RLC PDU、MAC PDU 和传输块,介于 L1 和 L3 之间,比无线回传的基站简单、价格低廉,但比直放站复杂,从协议功能上讲,L2 中继节点有一定的资源分配功能,但没有完整的层三资源管理功能。L3 relay 是一个使用无线回传链路的基站,包含完整的三层协议,转发 IP 包。目前,在 3GPP 定义了类型 1 Relay(相对于 L3 Relay)和类型 2 Relay(相当于 L2 Relay),如图 3-9 所示。

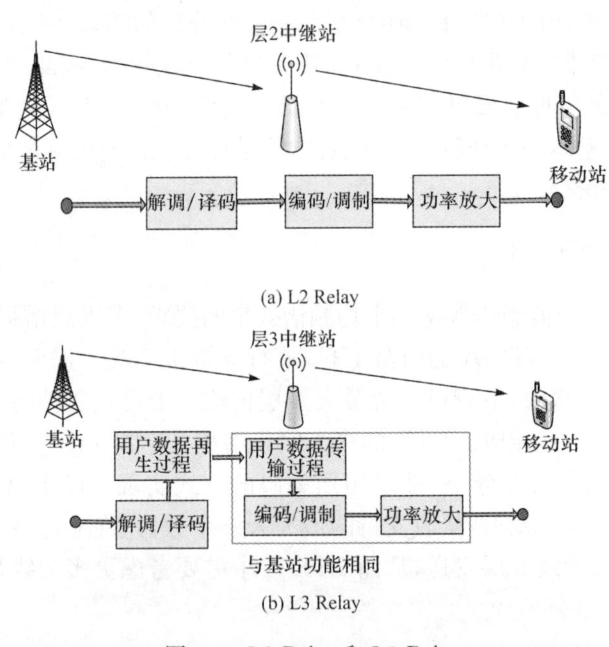

图 3-9　L2 Relay 和 L3 Relay

3.2　E-MBMS 技术演进

3GPP 标准化组织最早在 UMTS R6 中引入了 MBMS 技术支持在蜂窝系统

中传输广播多播业务,从而实现在单个网络中同时有效提供多播和单播业务。从 MBMS 技术提出至今,其标准已从 R6 演进到 R11。在演进过程中,MBMS 的技术特性和网络部署都经历了很大的变化。UMTS R6 支持单小区 MBMS 传输,不同小区的 MBMS 使用不同的扰码加扰传输。如果相邻小区传输同一个 MBMS 业务,接收端可以通过先进的信号处理合并不同小区的信号来增加接收增益。R7 进一步增强了对 MBMS 的支持,允许多个小区以同步方式使用相同的扰码传输相同的 MBMS 业务。这样,UE 接收机就可以进行多小区传输的联合均衡。这种机制在某种程度上类似于 LTE R8 E-MBMS 传输采用的单频网方式,只不过 R7 的空中接口采用码分多址(CDMA)技术,而 R8 则采用正交频分多址(OFDM)技术。为了加速商业部署,在 LTE R8 中只定义了 E-MBMS 的基本特性,尚未完成整体的标准化。直到 LTE R9 标准才真正支持 E-MBMS 技术。R9 不仅详细定义 E-MBMS 涉及的每个实体的功能,还制定了接口之间的消息交互过程。R10 版本在 R9 的基础上增加了额外的计数功能。LTE R9 和 R10 中没有考虑在移动过程中 MBMS 接收的连续性问题,因此 LTE R11 的 E-MBMS 在 R10 的基础上增强了 MBMS 服务连续性的保障。

从 E-MBMS 的演进过程可以看出,E-MBMS 与 MBMS 的核心区别是采用多媒体广播单频网(multimedia broadcast service single frequency network, MBSFN)技术。MBSFN 传输允许多个互相同步的小区在同一频率上发送相同的 MBMS 信号,利用多小区单频网操作可以从根本上提高 MBMS 业务的传输效率,改善业务覆盖。在单频网传输模式下,多个基站发出的信号均是有用信号。为了避免 OFDM 的符号间干扰,循环前缀(CP)需要覆盖多个小区信号的时延扩展,因此需要对单小区下的 CP 长度进行适当的增加。这样,在用户端看来,从多个小区接收到的信号如同从一个小区发送过来的多径信号,就可以按照单播信号的接收方法接收来自多小区的 MBMS 信号,无需增加任何额外复杂度,如图 3-10 所示。

MBSFN 传输需要确定由哪些小区来参与,因此涉及以下几个重要的概念[7]。

① MBMS 服务区域。特定的 MBMS 服务可以被传送的一组小区。

② MBSFN 同步区域(MBSFN synchronization area)。该网络区域内的所有基站(eNB)可以同步及进行 MBSFN 传输的地理区域称为 MBSFN 同步区域。一个 MBSFN 同步区域可以支持一个或多个 MBSFN 区域。多个 MBSFN 区域可以同时属于同一个 MBSFN 同步区域。在给定的一个频率上,eNB 和 MBSFN 同步区域是一一对应关系。MBMS 服务区域和 MBSFN 同步区域是两个不同的概念。

③ MBSFN 区域(MBSFN area)。一个 MBSFN 区域包含一个网络中一个 MBSFN 同步区域中的一组小区,这些小区协同实现 MBSFN 传输。除了 MBSFN 预留小区,在一个 MBSFN 区域内的所有小区都用于 MBSFN 传输和通告。MBSFN 同步区域中的一个小区和 MBSFN 区域可以是一对多的关系。

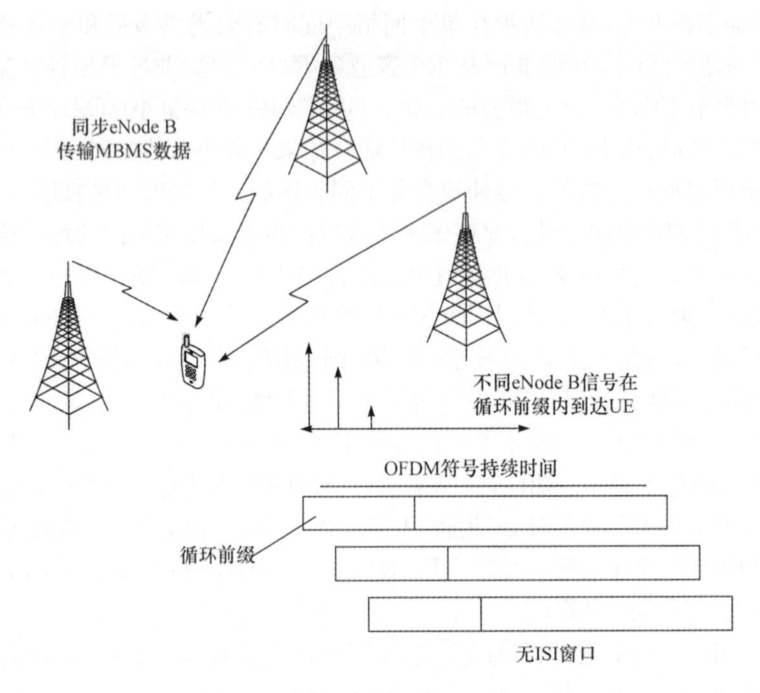

图 3-10 MBSFN 传输

④ MBSFN 区域保留小区（MBSFN area reserved cell）。在 MBSFN 区域中，但不进行 MBSFN 传输的小区。这些小区可以传输其他业务，但在分配给 MBSFN 传输的时频资源上只能以很低的限定功率进行传输。

不同 MBSFN 区域内可以传输相同的 MBMS 业务，即不同的 MBSFN 区域可以属于同一 MBMS 服务区域，如图 3-11 所示。不同 MBSFN 区域之间可以交叠，但需要在无线资源上进行区分，需要分离的资源分配和信令来支持重叠区内同时传输不同的 MBMS 业务。

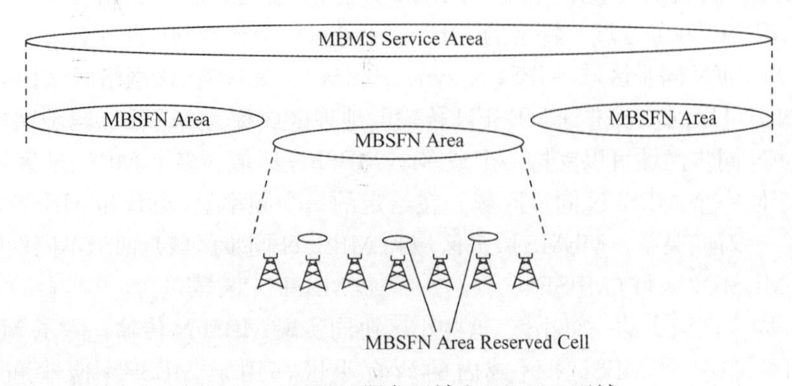

图 3-11 MBSFN 服务区域和 MBSFN 区域

3.3　E-MBMS 架构

3.3.1　网络架构

E-MBMS 网络架构如图 3-12 所示。MME 是移动性管理实体，主要负责 NAS 层（非接入层）安全控制、空闲状态移动性处理，以及 EPS 承载管理等。为支持 E-MBMS 机制，LTE 系统引入两个新的实体，多小区/多播协调实体（multicell/multicast coordination entity，MCE）与 MBMS 网关（MBMS GW）[7]，下面分别对新实体和相关接口进行介绍。

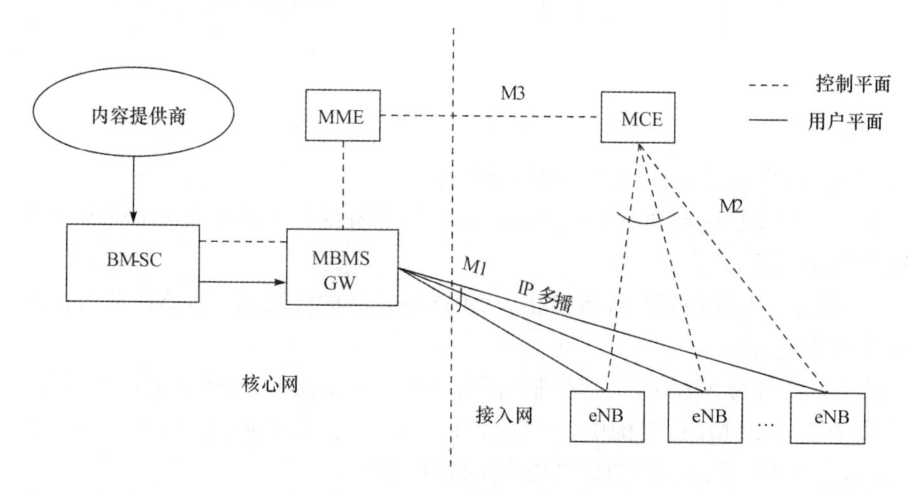

图 3-12　E-MBMS 网络架构

（1）多小区/多播协调实体（multicell/multicast coordination entity，MCE）

MCE 是一个逻辑实体，因此不排除它可能是其他网络实体的一部分，如 eNB。如图 3-13(a)所示，MCE 作为独立的实体存在，图 3-13(b)中 MCE 包含在 eNB 中，一个 MCE 服务一个 eNB。由于在 LTE 中取消了无线网络控制节点（radio network control，RNC），因此引入 MCE 用于协调实现多个小区在 LTE 扁平的网络结构上的 MBMS 传输。

MCE 的主要包括如下功能。

① 为在 MBSFN 区域内采用 MBSFN 传输方式的所有 eNB 做准入控制和无线资源分配。MCE 根据是否有足够的资源确定是否为新的 MBMS 业务建立无线承载或者根据分配和预留优先（ARP）机制抢占其他正在传输的 MBMS 业务无线承载的无线资源。除了分配时/频无线资源外还包括详细的无线配置，如调制编码机制（modulation and coding scheme，MCS）。

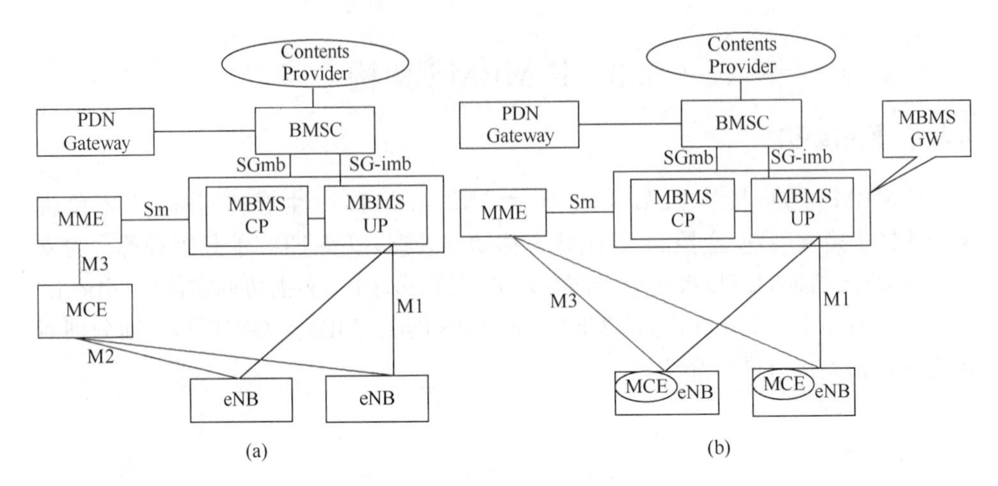

图 3-13　MCE 逻辑实体组织方式

② 对 MBMS 业务计数并获取计数结果。

③ 基于 ARP 机制和/或者对相应 MBMS 业务的计数结果在 MBSFN 区域内继续 MBMS 会话。

④ 基于 ARP 机制和/或者对相应 MBMS 业务的计数结果在 MBSFN 区域内挂起 MBMS 会话。

⑤ MCE 参与 MBMS 会话控制信令。MCE 不支持 UE-MCE 的信令过程。

⑥ 在分布式 MCE 架构中，一个 MCE 管理一个 MBSFN 区域中的对应的一个 eNB，多个 MCE 之间的协作功能由 OAM 提供。

(2) MBMS 网关(MBMS GW)

MBMS 网关也是一个逻辑实体。MBMS GW 位于广播多播业务中心(broadcast and multicast service center，BM-SC)和 eNB 之间，其主要功能是为传输 MBMS 业务的各个 eNB 发送 MBMS 分组。MBMS GW 采用 IP 多播方式向 eNB 传送 MBMS 用户数据。MBMS GW 通过 MME 实现和接入网之间的会话控制信令。

(3) M1 接口

MBMS GW 与 eNB 之间的用户平面接口，使用 IP 多播进行点到多点的用户分组传输，由于用户面数据不像控制面数据那样要求严格保证可靠传输，因此 M1 接口在 eNB 和 MBMS GW 之间提供了不可靠传输机制，即采用用户数据报协议(UDP)传输用户面数据。图 3-14 为 M1 接口协议栈，其中 GTP-U 位于 UDP/IP 层之上，在 eNB 和 MBMS GW 之间承载用户面数据 PDU。GTU-U TE ID 和 IP 多播地址用来标识一条传输承载。

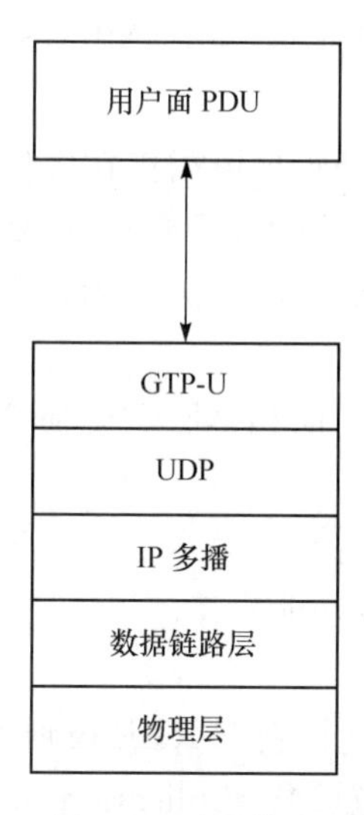

图 3-14　M1 接口

（4）M2 接口

位于 MCE 与 eNB 之间，在 M2 接口上定义了相应的应用协议功能 M2AP（M2 application protocol）[8]，用于多小区传输模式的 eNB 传送必要的无线配置数据和会话控制信令。由于无线配置的数据及控制信令需要保证成功传输到 eNB，因此 M2 接口采用流控制传输协议（SCTP）保证可靠传输，同时采用 IP 点对点方式传输。M2 接口协议栈如图 3-15 所示。

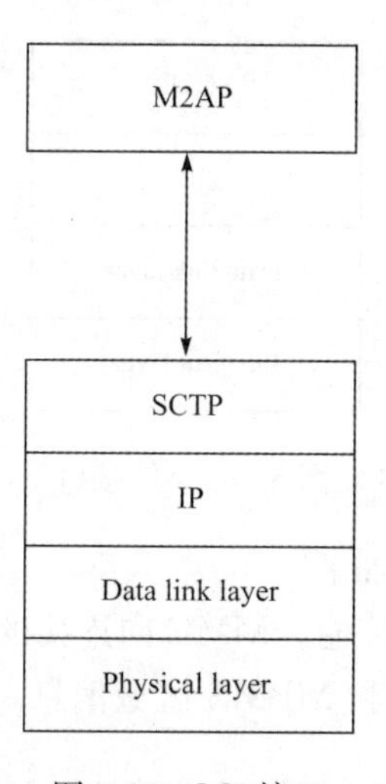

图 3-15　M2 接口

M2 接口可以提供以下功能。

① MBMS 会话管理消息传输。包括 MBMS 会话开始、MBMS 会话结束、MBMS会话更新。

② MBMS 调度信息传输。MCE 根据正在提供的 MBMS 业务及将要进行的MBMS业务配置 MCCH 内容。如 MCE 管理 MBMS 业务复用，即决定哪些业务复用到哪个 MCH 上，MCE 为复用后的业务分配资源及顺序。

③ M2 接口管理功能。

④ M2 接口配置功能。eNB 和 MCE 交换 M2 接口必需的配置信息、与MCCH 相关的 BCCH 信息。

⑤ MBMS 业务计数功能支持。

⑥ MBMS 业务挂起和恢复功能支持。

(5) M3 接口

MME 和 MCE 间的接口，允许在 E-RAB 级别进行 MBMS 会话控制信令。在M3 接口上定义相关的应用协议(M3 application protocol，M3AP)[9]。M3 接口采用 SCTP 协议严格保证控制信令的可靠传输，网络层采用 IP 点到点传输方式。M3 接口如图 3-16 所示。

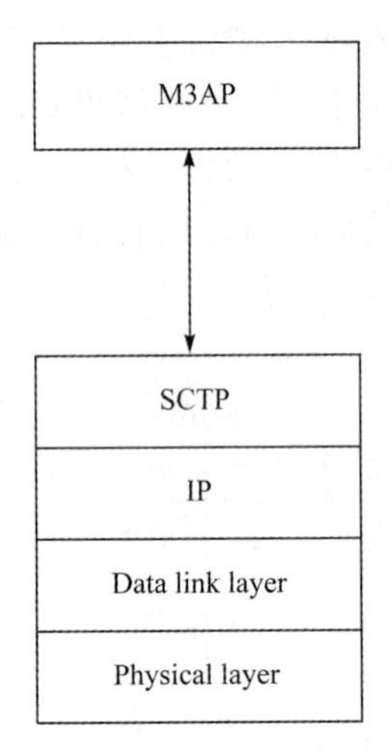

图 3-16 M3 接口

M3 接口应用层协议功能如下。

① MBMS 会话管理消息传输。MME 向连接的 MCE 提供 MBMS 会话开始、结束、更新消息及相关的 QoS 和 MBMS 区域消息。

② M3 接口管理功能。

③ M3 接口配置功能。M3 建立、MCE 配置信息更新。

3.3.2　协议架构

（1）用户平面协议架构

E-MBMS 用户面协议架构如图 3-17 所示[7]，MBMS 用户平面数据的传输路径为 BM-SC→MBMS GW→eNB→UE。为实现 MBSFN 传输，同一 MBSFN 区域中的各 eNB 间及 eNB 内的各小区之间发送的 MBMS 内容需要进行同步传输。eNB 间的内容同步通过同步(SYNC)协议实现，而 eNB 内各小区间的内容同步通过内部实现机制来解决。SYNC 协议用于下行链路，终止于 BM-SC，其中携带的信息能使 eNB 进行无线帧传输定时和检测分组丢失。

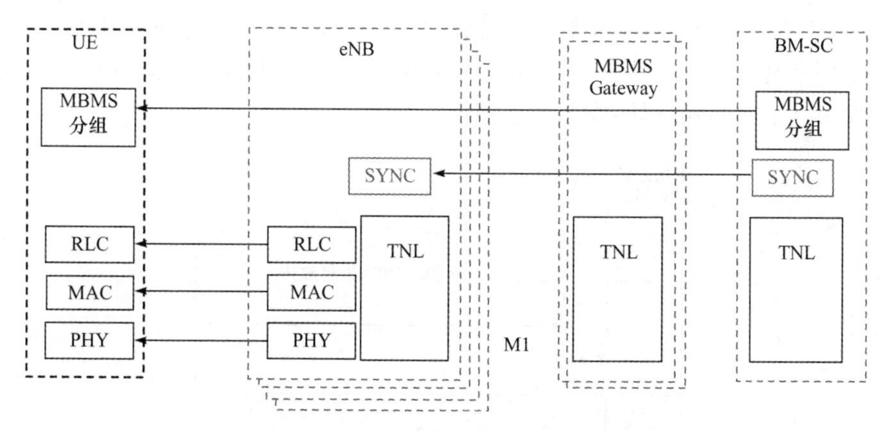

图 3-17　E-MBMS 用户平面协议架构

（2）控制平面协议架构

E-MBMS 控制平面架构如图 3-18 所示[7]，MBMS 控制平面数据的传输路径为 MME→MCE→eNB→UE。

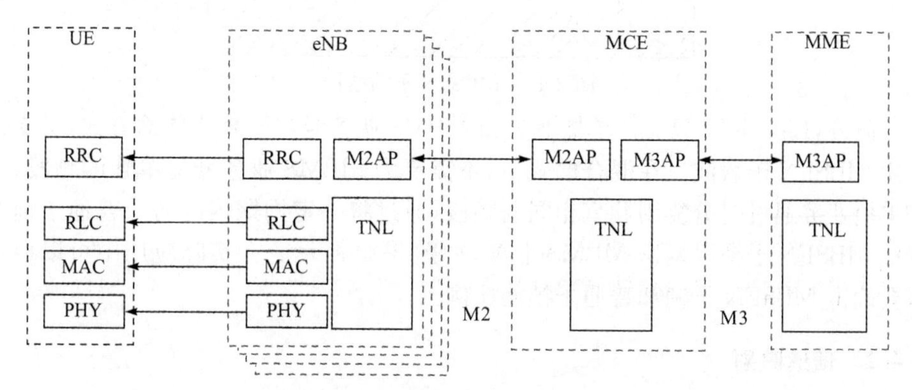

图 3-18　E-MBMS 控制平面协议架构

3.4 E-MBMS 物理层协议

3.4.1 子帧结构

为支持 MBSFN 传输,LTE 物理层引入了 MBSFN 子帧[10]。支持物理下行共享信道 PDSCH 的无线帧的某些子帧集合可以被上层配置成 MBSFN 子帧。MBSFN 子帧中可以划分为 MBSFN 区域和非 MBSFN 区域。非 MBSFN 区域占一个 MBSFN 子帧的前一个或两个 OFDM 符号。MBSFN 子帧与通常的单播子帧不同,这类子帧的前一个或前两个 OFDM 符号仍然作为单播控制区域,而后面的 OFDM 符号用于 MBSFN 数据的传输,如图 3-19 所示。由于前一部分 OFDM 符号采用常规 CP,后一部分 OFDM 符号采用扩展 CP,因此两部分 OFDM 符号之间需要引入空闲间隔,以匹配原有子帧长度。

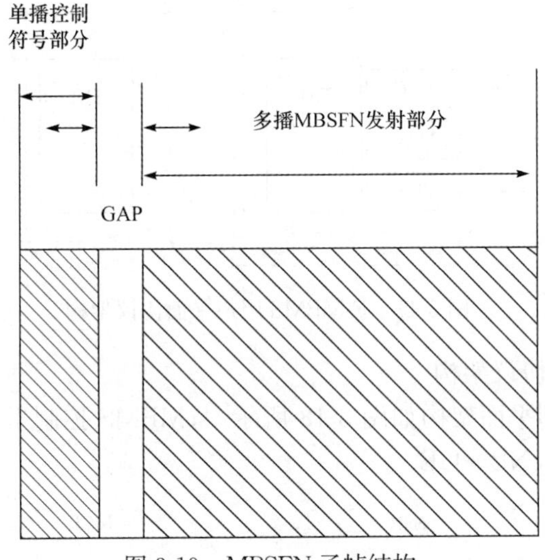

图 3-19 MBSFN 子帧结构

此外,LTE R11 只支持单播业务和 MBMS 业务混合子载波传输方式,不支持专用 MBSFN 子载波。在混合模式下,不需要为 MBMS 业务分配单独的频段,其和单播业务通过时分复用共享相同的频段,通过将一定周期内的若干普通子帧配置成 MBSFN 子帧以发送 MBMS 业务,如图 3-20 所示。在实际应用中可以根据需要确定 MBSFN 子帧和普通子帧的比例。

3.4.2 信道映射

为了满足 E-MBMS 在空中接口传输,LTE 定义了专用的逻辑信道、传输信道和物理信道[7]。信道之间的映射关系如图 3-21 所示。

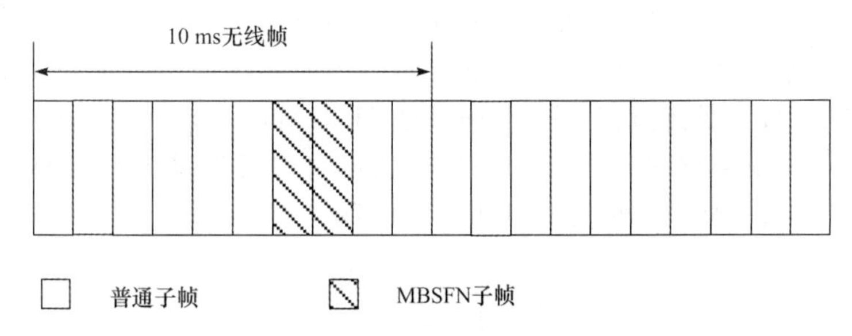

图 3-20　MBSFN 子帧和普通子帧共享载波

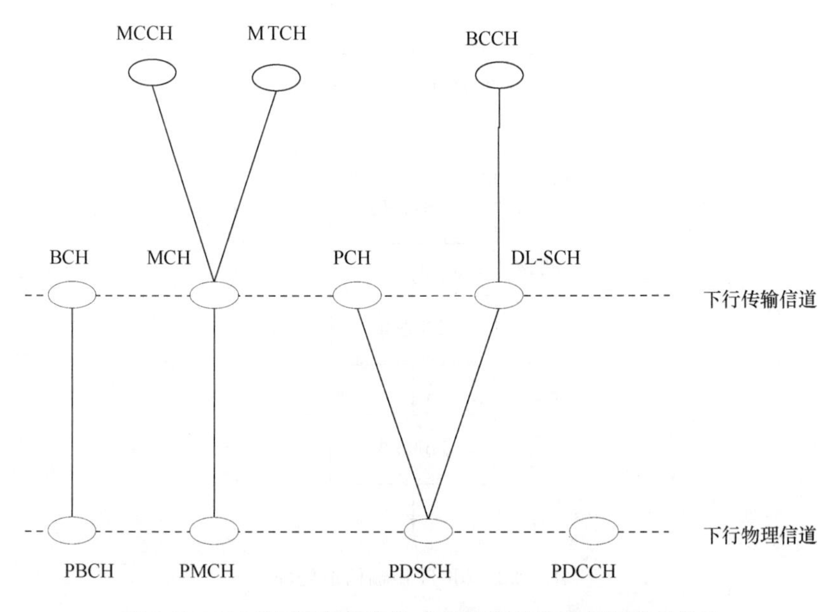

图 3-21　E-MBMS 逻辑信道、传输信道及物理信道映射关系

E-MBMS 的逻辑信道包括多播业务信道(multicast traffic channel,MTCH)和多播控制信道(multicast control channel,MCCH),传输信道对应的是多播信道(multicast channel,MCH)。其中,MTCH 是从网络到 UE 传输数据业务的点对多点下行链路信道;MCCH 是针对一个或多个 MTCH,从网络到 UE 传输 MBMS 控制信息的点对多点下行链路信息。MCCH 和 MTCH 都被映射到 MBSFN 模式的 MCH 传输信道上。对 MCH 上传输的不同的 MTCH,eNB 进行 MAC 级的复用。传输信道 MCH 进一步映射到物理多播信道(physical multicast channel,PMCH)上。多个 MBMS 业务可以映射到一个 MCH 上,但一个 MCH 中只能传输一个 MBSFN 区域中的业务,一个 MBSFN 区域可以对应一个或多个 PMCH,但只能对应一个 MCCH。由于一个单频网区域可以同时支持多个广播多播业务,而不同的广播或多播业务基于其服务特性,会有不同的 QoS、误块率(block error rate,BLER)等需求,因此一个单频网区域内可以有多个 MCH。不同的 MCH 通过采用不同的调制编码机制,以满足不同广播或多播服务的需求。本节介绍 MCH 与 PMCH 的处理过程,逻辑信道 MCCH 与 MTCH 将在 3.5 节介绍。

用于承载 MBMS 业务的 MCH 传输信道可以看做是下行共享信道(DL-SCH)的一种简化,MCH 处理结构如图 3-22 所示[2]。

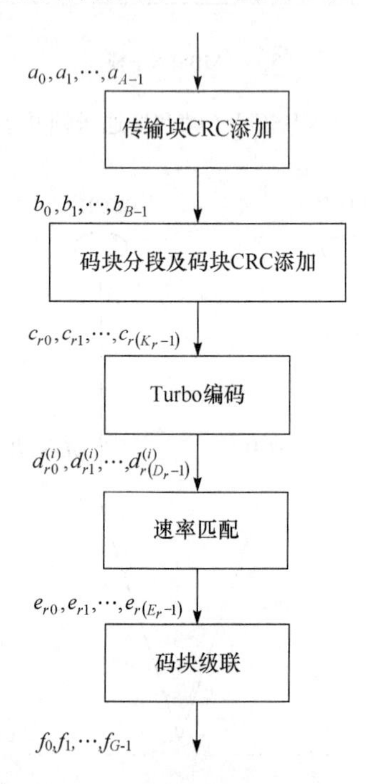

图 3-22　MCH 传输信道处理

① CRC 添加单元的输入比特为 $a_0, a_1, \cdots, a_{A-1}$,奇偶校验比特为 $p_0, p_1, \cdots, p_{L-1}$。$A$ 是输入序列的长度,L 是校验比特的数目。MCH 传输块的 CRC 校验比特由如下循环生成多项式产生,$g_{\mathrm{CRC24A}}(D)=[D^{24}+D^{23}+D^{18}+D^{17}+D^{14}+D^{11}+D^{10}+D^{7}+D^{6}+D^{5}+D^{4}+D^{3}+D+1]$,$L=24$。添加 CRC 之后的比特表示为 $b_0, b_1, \cdots, b_{B-1}$,其中 $B=A+L$。a_k 和 b_k 的关系为

$$b_k=a_k,\quad k=0,1,\cdots,A-1$$
$$b_k=p_{k-A},\quad k=A,A+1,\cdots,A+L-1$$

② 码块分段及码块 CRC 添加。输入码块分段的比特序列为 $b_0, b_1, \cdots, b_{B-1}$,$B>0$。如果 B 大于最大码块大小 Z,将对输入比特进行分段操作,并且每个分段码块被附上一个长度为 $L=24$ 的 CRC 序列,由 $g_{\mathrm{CRC24B}}(D)=[D^{24}+D^{23}+D^{6}+D^{5}+D+1]$循环多项式产生。

③ 信道编码使用 Turbo 编码。Turbo 编码器采用并行级联卷积编码(parallel concatenated convolutional code，PCCC)，它使用两个 8 状态子编码器和一个 Turbo 码内交织器，编码速率为 1/3(图 3-23)。

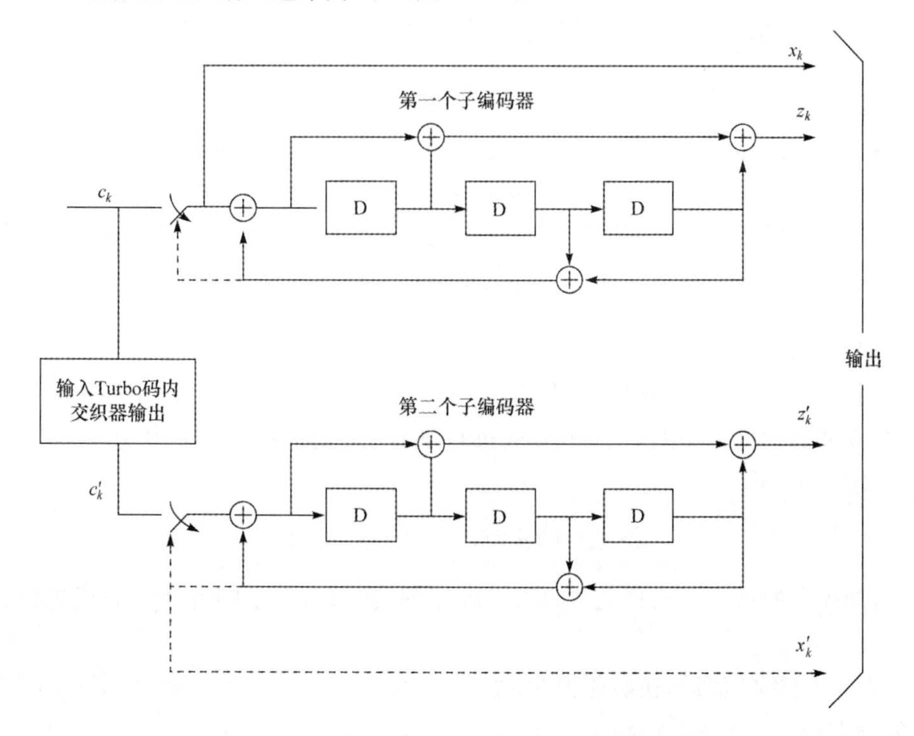

图 3-23　编码速率为 1/3 的 Turbo 编码器结构

④ 速率匹配。如图 3-24 所示，针对使用 Turbo 编码的传输信道，每个编码块分别定义速率匹配，包括三个信息比特流 $d_k^{(0)}$，$d_k^{(1)}$，$d_k^{(2)}$ 的交织，然后经过比特收集，进行循环缓冲器生成。

⑤ 码块级联包括依次级联不同码块的速率匹配输出。

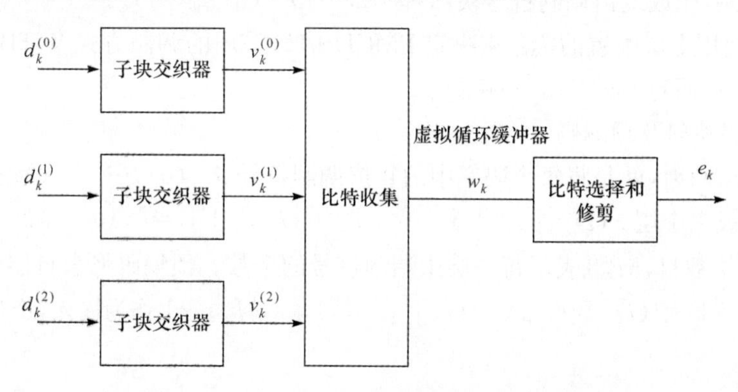

图 3-24　针对进行 Turbo 编码的传输信道的速率匹配

3.4.3 物理信道与调制

物理多播信道 PMCH 的基带信号处理过程如图 3-25 所示[10]。

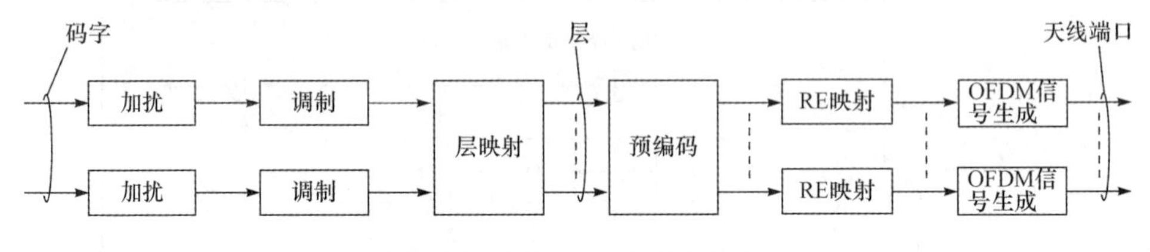

图 3-25　PMCH 基带信号处理

(1) 加扰

对于每一个码字 q,比特块 $b^{(q)}(0),\cdots,b^{(q)}(M_{\text{bit}}^{(q)}-1)$,$M_{\text{bit}}^{(q)}$ 是码字 q 中的比特数目,在调制之前需要按照以下方式进行加扰,生成加扰的比特块 $\tilde{b}^{(q)}(0),\cdots,\tilde{b}^{(q)}(M_{\text{bit}}^{(q)}-1)$,即

$$\tilde{b}^{(q)}(i)=(b^{(q)}(i)+c^{(q)}(i))\bmod 2$$

其中,加扰序列是一个长度为 31 的 Gold 序列,在每一个子帧开始的时候进行初始化。

对于 PMCH 信道,初始化值为 $c_{\text{init}}=\lfloor n_s/2\rfloor\cdot 2^9+N_{\text{ID}}^{\text{MBSFN}}$($N_{\text{ID}}^{\text{MBSFN}}$ 即 MBSFN 区域标志)。

一个子帧中最多可以传输两个码字,即 $q\in\{0,1\}$,若只传输一个码字,q 为 0。

(2) 调制

对于每一个码字 q,加扰的比特块 $\tilde{b}^{(q)}(0),\cdots,\tilde{b}^{(q)}(M_{\text{bit}}^{(q)}-1)$ 可以使用 QPSK/16QAM/64QAM(quadratune amplitude modulation,正交调幅)三种调制方式之一进行调制,生成复值调制符号块:$d^{(q)}(0),\cdots,d^{(q)}(M_{\text{symb}}^{(q)}-1)$。

UE 使用上层配置的 I_{MCS} 来决定 PMCH 信号采用的调制方式及 TBS 传输块大小索引,从而对 PMCH 进行解码。

(3) 层映射及预编码

所谓层映射,就是将每个码字中的复值调制符号 $d^{(q)}(0),\cdots,d^{(q)}(M_{\text{symb}}^{(q)}-1)$ 映射到一个或多个层 $x(i)=[x^{(0)}(i)\quad\cdots\quad x^{(\upsilon-1)}(i)]^{\text{T}}$ 上,$i=0,1,\cdots,M_{\text{symb}}^{\text{layer}}-1$。其中,$\upsilon$ 表示层数目,$M_{\text{symb}}^{\text{layer}}$ 表示每一层中调制符号的个数。预编码将来自层映射的向量块 $x(i)=[x^{(0)}(i)\quad\cdots\quad x^{(\upsilon-1)}(i)]^{\text{T}}$,$i=0,1,\cdots,M_{\text{symb}}^{\text{layer}}-1$ 作为输入,产生映射到

每个天线端口资源上的向量块 $y(i)=[\cdots \quad y^{(p)}(i) \quad \cdots]^{\mathrm{T}} i=0,1,\cdots,M_{\mathrm{symb}}^{\mathrm{ap}}-1$，包括单天线端口的预编码、空间复用的预编码和空间分集的预编码，其中 $y^{(p)}(i)$ 代表天线端口 p 上的信号。PMCH 的层映射和预编码均按照单天线端口进行。

(4) RE 映射

LTE 传输资源可以按照时间和频率二维划分为如下结构，最大的时间单元是 10ms 的无线帧，被分成 10 个 1ms 的子帧，每个子帧又被分为两个 0.5ms 的时隙(slot)。对常规循环前缀(CP)长度，每个时隙由 7 个 OFDM 符号组成，若小区上配置的是扩展循环前缀，那么每个时隙由 6 个 OFDM 符号组成。PMCH 使用扩展循环前缀。根据物理层使用带宽的大小，在频率上每个时隙可以包含 6-110 资源块(resource block，RB)，每个资源块由 12 个子载波组成(随循环前缀长度和子载波间隔的不同有变化)，每个子载波占用 15kHz 的频率资源(总共占用 180kHz 带宽)。RB 是 MAC 进行资源分配的最小单位。

下行传输使用的最小资源单位叫做资源单元(resource element，RE)，通过序号对 (k,l) 来标志，其中 k 表示频域的序号，l 表示时域的序号。RE 是物理层进行信号映射的最小单位，它是由频率上的一个子载波和时间上的一个 OFDM 符号持续时间组成。每个 RE 可以承载一个星座图中的复数。对常规循环前缀长度，1 个 RB 由 84 个 RE 构成；对扩展循环前缀长度，RB 由 72 个 RE 构成。

PMCH 上复值符号块只能映射到天线端口 4 上的 MBSFN 子帧中的 MBSFN 区域，从一个子帧的第一个时隙开始，按递增顺序优考虑频域，再考虑时域。同时，不可以映射到用于 PBCH、MBSFN 参考信号、同步信号、UE 专用参考信号、小区专用参考信号等资源上。

3.4.4 参考信号

参考信号(reference signal，RS)即常说的导频信号，是由发射端提供给接收端，用于信道估计或信道探测的一种已知信号。由于单频网合并大大增加了多径的数量，使得 MBSFN 信号的频率选择性远远大于单播信号，因此需要更大的 RS 频域密度[2]。图 3-26 给出了在子载波间隔 $\Delta f=15$ kHz 情况下，MBSFN 参考信号的结构[10]。如图 3-26 所示，频域每两个子载波插入一个 RS，时域每 4 个 OFDM 符号插入一列导频。MBSFN 参考信号在天线端口 4 上传输，采用扩展 CP。

以上是混合载波 MBSFN RS 的设计，在专用载波 MBSFN 中，采用子载波间隔为 7.5kHz，其参考信号资源如图 3-27 所示[10]。

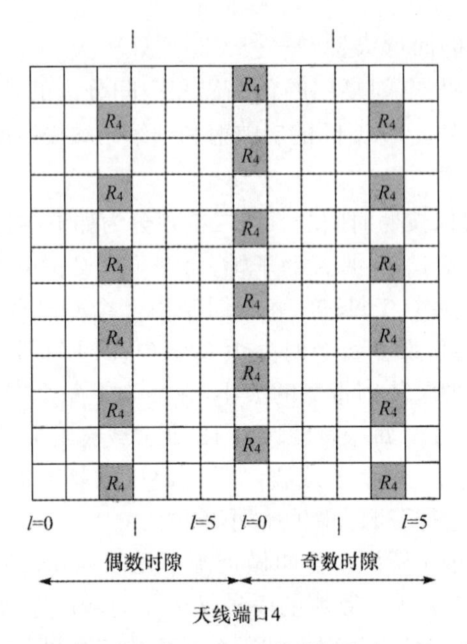

图 3-26　MBSFN 参考信号 RE 映射(扩展 CP,Δf=15 kHz)

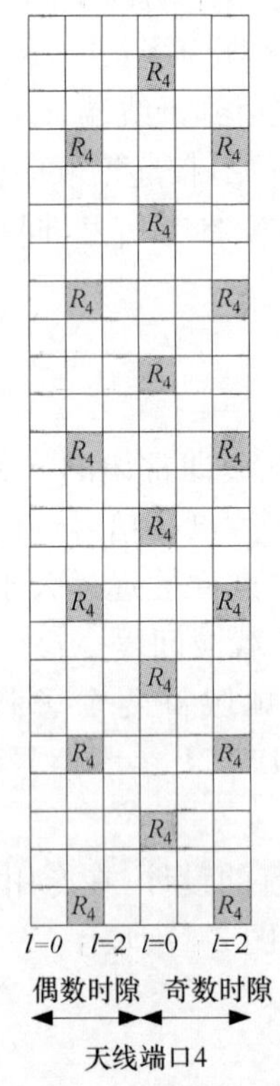

图 3-27　MBSFN 参考信号 RE 映射(扩展 CP,Δf=7.5 kHz)

1. 参考信号序列生成[10]

MBSFN 参考信号序列 $r_{l,n_s}(m)$定义为

$$r_{l,n_s}(m)=\frac{1}{\sqrt{2}}(1-2\cdot c(2m))+j\frac{1}{\sqrt{2}}(1-2\cdot c(2m+1)),\quad m=0,1,\cdots,6N_{\text{RB}}^{\max,\text{DL}}-1$$

其中，n_s 是无线帧的时隙号；l 是在该时隙的 OFDM 符号数。

伪随机序列 $c(i)$是一个长度为 31 的 Gold 序列，在每一个 OFDM 符号开始的时候进行初始化，初始化值为 $c_{\text{init}}=2^9\cdot(7\cdot(n_s+1)+l+1)\cdot(2\cdot N_{\text{ID}}^{\text{MBSFN}}+1)+N_{\text{ID}}^{\text{MBSFN}}$。

2. MBSFN 参考信号的 RE 映射[10]

在 OFDM 符号 l 中，参考信号序列 $r_{l,n_s}(m')$按照如下方式映射到复值调制符号 $a_{k,l}^{(p)}$ 上，并且 $p=4$

$$a_{k,l}^{(p)}=r_{l,n_s}(m'),\quad p=4$$

$$k=\begin{cases}2m, & l\neq 0,\Delta f=15\ \text{kHz}\\ 2m+1, & l=0,\Delta f=15\ \text{kHz}\\ 4m, & l\neq 0,\Delta f=7.5\ \text{kHz}\\ 4m+2, & l=0,\Delta f=7.5\ \text{kHz}\end{cases}$$

$$l=\begin{cases}2, & n_s\bmod 2=0,\Delta f=15\ \text{kHz}\\ 0,4, & n_s\bmod 2=1,\Delta f=15\ \text{kHz}\\ 1, & n_s\bmod 2=0,\Delta f=7.5\ \text{kHz}\\ 0,2, & n_s\bmod 2=1,\Delta f=7.5\ \text{kHz}\end{cases}$$

$$m=0,1,\cdots,6N_{\text{RB}}^{\text{DL}}-1$$

$$m'=m+3(N_{\text{RB}}^{\max,\text{DL}}-N_{\text{RB}}^{\text{DL}})$$

3.5 E-MBMS 高层协议

3.5.1 多播控制信道结构

一个 MBSFN 区域有一个 MCCH，MCCH 也与一个 MBSFN 区域对应。当一个基站同时被多个单频网区域覆盖时，该基站将会有多个 MCCH。MCCH 将在 MBSFN 区域内的所有小区传输(除 MBSFN 区域预留小区)。

MCCH 携带一个 RRC 消息——MBSFN 区域配置消息，指示当前小区正在进行的 MBMS 业务信息，以及对应的无线资源配置。当 E-UTRAN 希望统计针对一个或多个特定的 MBMS 业务感兴趣的处于 RRC 连接状态的 UE 的数量时，

MCCH 也可以携带 UE 计数请求信息(MBMS counting request)。MBSFN 区域配置消息主要包括公共子帧分配图案(CSAP,common subframe allocation pattern)、公共子帧分配周期(common subframe allocation pattern)、PMCH 信息列表。公共子帧分配图案 CSAP 是一个 MBSFN 的所有 MCH 占用的 MBMS 子帧集合,CSAP 中的子帧按照公共子帧分配周期重复,但在时间上不一定是连续子帧。MSA(MCH subframe allocation)用于指示每一个 MCH 实际被分配的 MBMS 子帧。MSA 通过 CSAP、CSAP 周期、MSA 结束点确定。MSA 结束点指的是 CSAP 中对应 MCH 的最后一个子帧。不同 MCH 通过时分复用方式占用 CSAP 中的子帧,并且不同 MCH 的子帧相互交错。PMCH 信息列表包括 PMCH 配置和 MBMS 会话信息两部分内容。前者包括 PMCH 的子帧分配结束点、采用的 MCS、MCH 调度周期(MCH scheduling period),后者包括 MBMS 业务 ID、会话 ID、PLMN ID。

MCCH 更新只发生在特定无线帧,即在一个 MCCH 修改周期内,相同 MCCH 内容按 MCCH 重复周期发送多次,只有在 MCCH 修改周期边界 MCCH 才更新。MCCH 修改周期边界定义为 SFN 值,SFN mod $m=0$。其中,m 为 MCCH 修改周期所包含的无线帧个数,由 SIB13(系统信息块 13)配置[11]。

当网络更新 MCCH 消息时,eNB 在第一个 MCCH 修改周期通知 UE,此时仍发送未更新的 MCCH 信息,在下一个 MCCH 修改周期发送已更新的 MCCH 信息,如图 3-28 所示(不同的深浅代表不同的 MCCH 信息)。如果收到了 MBMS 变化通知,对该 MBMS 业务感兴趣的 UE 将从下一个修改周期开始获取新的 MCCH 信息。在 UE 获取新的 MCCH 信息之前,仍使用之前收到的 MCCH 信息。

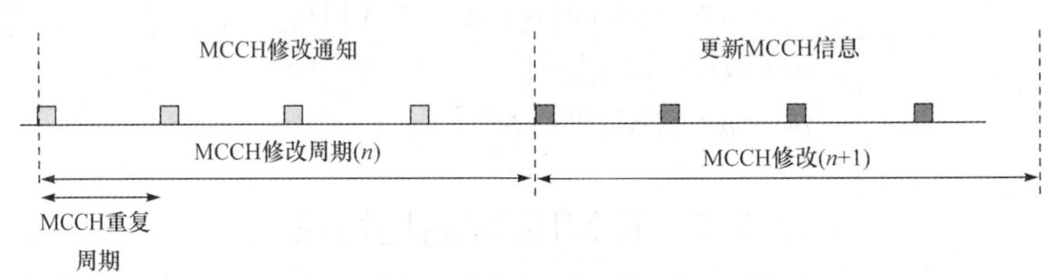

图 3-28　MCCH 更新机制

MBMS 变化通知的作用是当 MCCH 信道更新时,通知 UE 获取新的 MCCH 信息,避免 UE 频繁地读取 MCCH。具体实现方式是定义一种新的 PDCCH 格式来通知 MCCH 改变,该 PDCCH 采用下行控制信息(downlink control information,DCI)格式 1C,并利用 M-RNTI 加扰,其中携带多个 MBSFN 区域的通知指示,可以一次指示多个 MBSFN 区域的 MCCH 更新,DCI 格式 1C 共 8 比特指示位,采用位图方式。当某比特为'1'时,相应的 MCCH 将改变,若为'0'则表示

MCCH不变。如果UE被高层通知去解码被M-RNTI加扰的PDCCH，那么UE在公共搜索空间对PDCCH进行盲解码。

MBMS变化通知指示的MCCH更新，仅包括新的MBMS业务开始和进行UE计数两类情况，对于其他原因导致的MCCH更新，因为不需要尽快通知UE，所以不会触发发送MBMS变化通知。

3.5.2　MBMS相关控制信息

1. SIB2与SIB13[11]

接收广播或多播业务的用户初始通过系统信息（system information，SI）获取MCCH信道的位置信息，从而获取MCCH中相关的控制信息。系统信息块SIB2（system information block type 2）指示了下行链路预留给MBSFN的子帧，但这些子帧不一定真正用于MBMS业务，也可以用于定位、无线中继回程链路等其他目的。在SIB2指示MBMS子帧的基础上，LTE引入MBMS专用SIB，即SIB13，其内容包括如下参数。

① 单频网区域ID（MBSFN Area ID），用来识别单频网区域，同时亦隐含物理层采用的参考信号与扰码序列等参数信息。

② MCCH配置信息，包括MCCH重复周期（MCCH repetition period）、MCCH偏移量（MCCH offset）、MCCH修改周期（MCCH modification period）、子帧配置（subframe allocation information）及MCS，用于指示MCCH信道的调度，确定出现MCCH的子帧。

MCCH重复周期，用来定义该多播控制信道MCCH将每隔几个帧出现一次。

MCCH偏移量，定义该多播控制信道的帧位置偏移量，即SFN mod MCCH Repetition Period＝MCCH Offset，在满足此条件的无线帧上传输MCCH。

子帧配置，采用位图方式，指示出一个帧中哪些子帧用于传输MCCH。

MCS，用于MCCH传输的调制编码格式，如果该子帧上MCCH与MTCH同时出现，则统一采用MCCH的MCS。

③ MBMS通知配置信息，用于指示MBMS通知出现的子帧位置，包括MCCH修改周期（MCCH modification period）、通知指示（Notification indicator）等。

MCCH修改周期（MCCH modification period），定义MBMS通知周期出现的边界，即发生MBMS通知的无线帧为SFN mod MCCH Modification Period＝0。

通知指示（notification indicator），指示PDCCH DCI格式1C中的第几个比特用来通知UE当前MBSFN区域的MCCH发生变化。

④ 单播控制区域的OFDM符号数，单播控制区域OFDM符号数是指MBSFN子帧中用于单播业务调度的OFDM符号数，具有MBMS能力的UE获

知该信息之后，可以避免再解析该子帧上的PCFICH（物理控制格式指示信道）。

2. MSI

MCH调度信息（MSI）在MAC层中的MSI MAC CE（control element，控制单元）中携带，其结构如图3-29所示。MSI MAC CE通过LCID（逻辑信道ID）（如表3-1所示）来标识多播信道调度周期（MCH scheduling period，MSP）中发送的MTCH，通过给出每个MTCH在MSP结束的最后一个MBSFN子帧编号来提供对应MTCH在该MSP中所占用的MBSFN子帧信息。MSI MAC CE在每个MSP的第一个子帧中发送。MCCH会紧接着MSI MAC CE进行发送，第一个被调度的MTCH的数据紧接着MCCH发送，后续被调度的MTCH数据会紧接前一个被调度的MTCH发送。

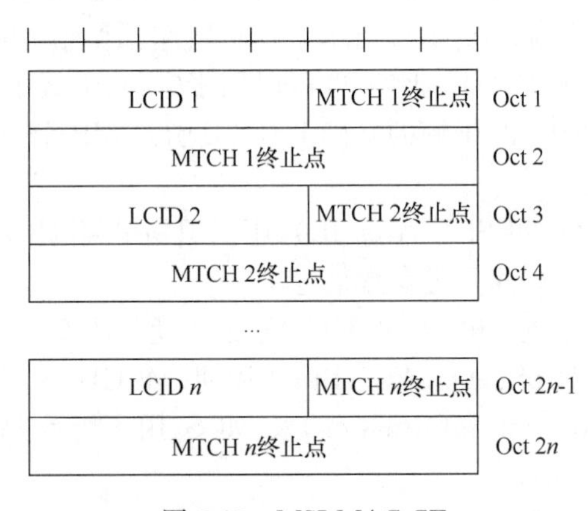

图3-29　MSI MAC CE

表3-1　MCH的LCID

Index	LCID values
00000	MCCH
00001-11100	MTCH
11101	保留
11110	MCH调用信息
11111	填充

注：如果MCH没有携带MCCH，那么MTCH占用MCCH的LCID

图3-30对与MBMS相关的SIB2、SIB13、MCCH、MSI中的各控制信息进行了一个简单的总结：希望接收广播多播业务的用户，可以通过SIB2获知相应的MBSFN子帧配置信息，然后通过SIB13获知MCCH出现的位置信息，MCCH信道中包含接收MCH信道所需要的参数及物理层采用的调制编码方式、通用子帧分配模式（CSA）等。

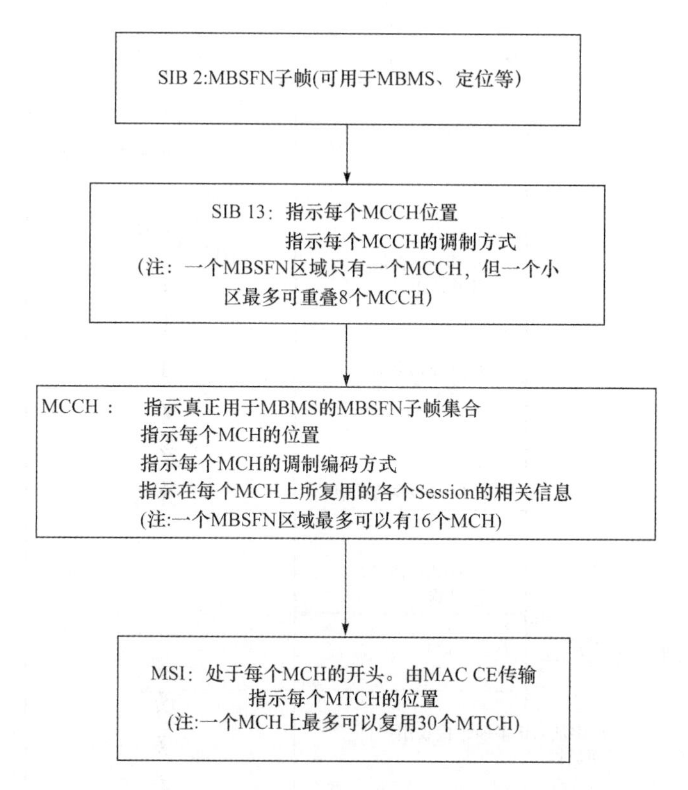

图 3-30　MBSFN 子帧配置、MCCH、MTCH、MCH 及 MSI 的逻辑关系

3.5.3　信令流程

(1) MBMS 会话开始过程[7]

MBMS 会话开始过程是为了请求 E-UTRAN 通知 UE 即将开始的 MBMS 业务,具体流程如图 3-31 所示。

MME 通过 M3 接口向控制着目标 MBMS 服务区域小区的 MCE 发送 MBMS 会话请求消息。该消息包含 IP 多播地址、会话属性和分发第一个数据包前最小等待时间。

① MME 首先向目标 MBMS 业务区域内控制相应 eNBs 的 MCEs 发送会话开始请求消息;MCE 检查在它控制下的区域内是否有充足的资源用于新 MBMS 业务的建立。如果没有,MCE 确定不建立相应 MBMS 业务的承载,或者不向它控制下的 eNBs 发送 MBMS 会话开始请求消息,或者根据 ARP(分配和预留优先)机制从其他正在进行的 MBMS 业务的无线承载那里抢占无线资源。

② MCE 向 MME 确认会话开始请求。

③ MCE 向目标 MBMS 业务区域内的 eNBs 发送会话开始消息。

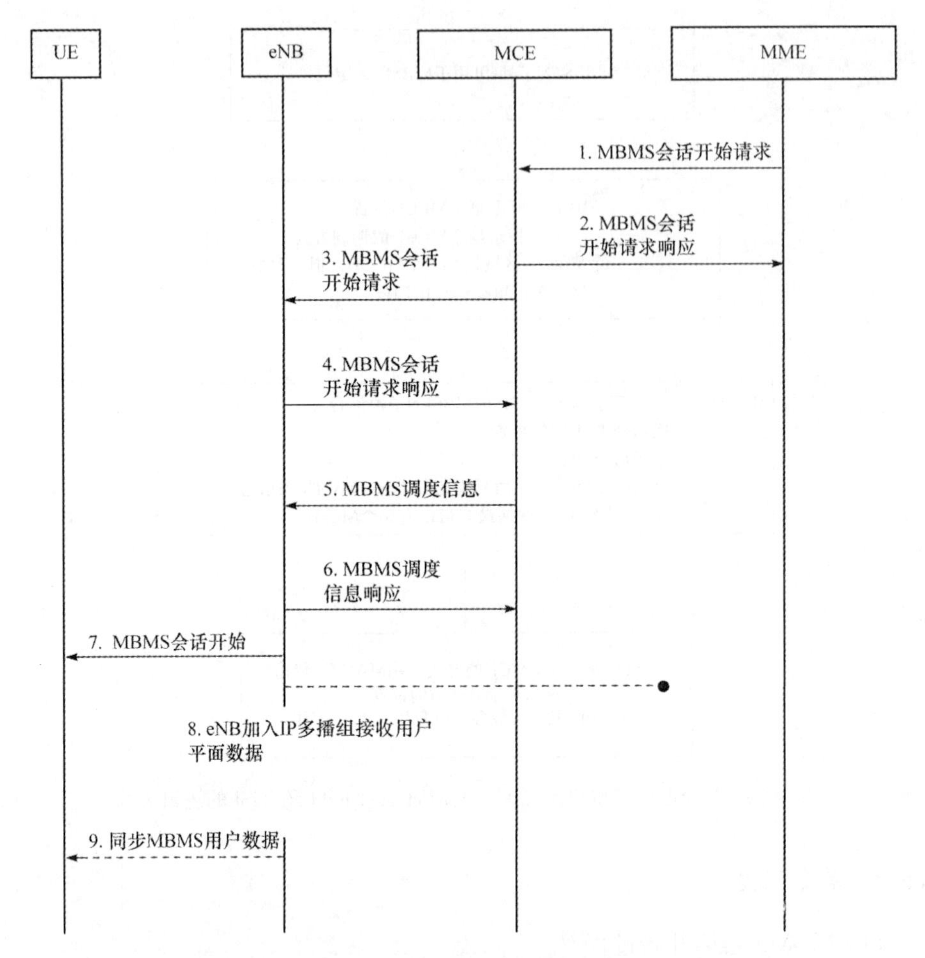

图 3-31　MBMS 会话开始过程

④ eNB 向 MCE 发送 MBMS 会话请求响应消息。

⑤ MCE 向目标 MBMS 服务区域的 eNB 发送 MBMS 调度消息，该调度消息中包括更新后的携带有 MBMS 服务配置消息的 MCCH 信息。

⑥ eNB 向 MCE 发送 MBMS 调度消息响应消息。

⑦ eNB 通过 MCCH 改变通知和更新后的包含 MBMS 服务配置消息的 MCCH 消息来通知 UE 会话开始。

⑧ eNB 加入 IP 多播组来接收 MBMS 用户面数据。

⑨ eNB 在确定时间在空中接口上发送 MBMS 数据(该时间与 SFN 同步有关)。

(2) MBMS 会话结束过程[7]

MBMS 会话结束过程是为了请求 E-UTRAN 通知 UE 某 MBMS 会话结束，

并释放相关的 MBMS 承载资源。流程如图 3-32 所示。

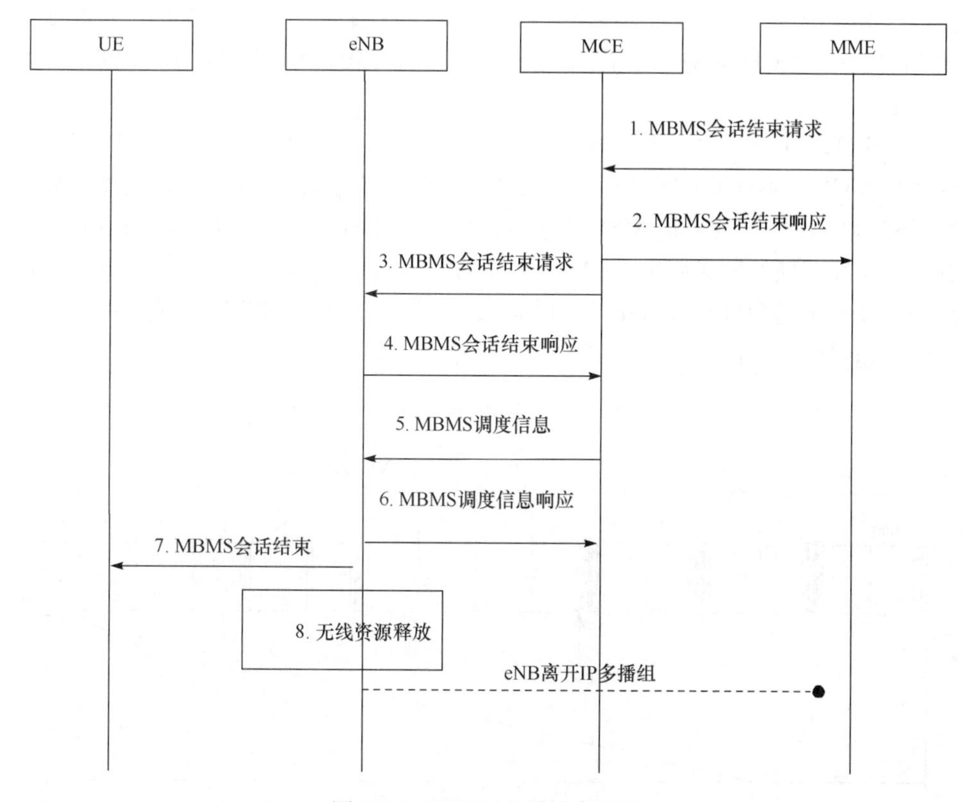

图 3-32　MBMS 会话结束过程

① MME 通过 M3 接口向控制着目标 MBMS 服务区域小区的 MCE 发送 MBMS 会话结束消息。

② MCE 向 MME 发送 MBMS 会话结束响应消息。

③ MCE 向目标 MBMS 服务区域的 eNB 发送 MBMS 会话结束消息。

④ eNB 向 MCE 发送 MBMS 会话结束响应消息。

⑤ MCE 向目标 MBMS 服务区域的 eNB 发送 MBMS 调度消息，该调度消息中包括更新后的携带有 MBMS 服务配置消息的 MCCH 信息。

⑥ eNB 向 MCE 发送 MBMS 调度消息响应消息。

⑦ eNB 向 UE 发送 MBMS 会话结束消息。

⑧ MCE 和 eNB 释放相关无线资源，eNB 离开 IP 多播组。

3.5.4　业务调度

小区传输 MBMS 业务数据的周期为多播信道调度周期 MSP，每个 MCH 配置一个 MSP。每个 MCH 中 MBMS 业务连续占用 MSP 中的多个 MBSFN 子帧。在进行 MBMS 数据传输时，在 MSP 的第一个子帧首先发送每个 MCH 的调度信息 MSI，一个 MCH 对应一个 MSI，MSI 用于指示 MCH 中的 MTCH 在哪个子帧上传输。

一个 MCH 只包含一个 MBSFN 区域的数据，一个 MBSFN 区域可以有一个或多个 MCH。不同 MCH 通过时分复用方式进行传输，这是通过采用公共子帧分配 CSA 和 MCH 调度周期 MSP 实现的。同一个 MBSFN 区域内的所有 MCH 占有 MBSFN 子帧的模式称为 CSA，CSA 周期如图 3-33 所示。显然，用于 MCH 传输的子帧必须是配置的 MBSFN 子帧，反之不成立，因为 MBSFN 子帧也可以用于其他用途，如中继等。

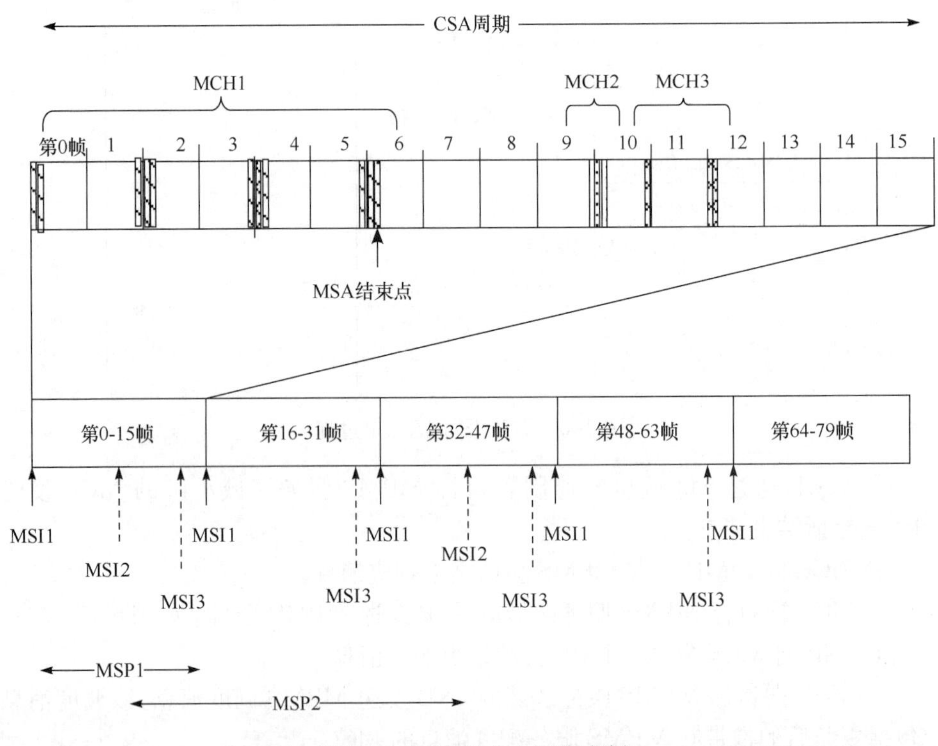

图 3-33　MBMS 业务调度实例

多种 MBMS 业务可以复用到相同的 MCH 上，由 MCE 进行管理。MCE 决定何种 MBMS 业务复用到哪个 MCH 上，并分配最优数量的资源给复用后的业务。同时，MCE 为 MCH 选择 CSA 及不同业务出现在 MCCH 上的优先级。每个 MCH 中的 MBMS 业务连续占用 MSP 中的多个 MBSFN 子帧，在进行 MBMS 业务传输时，需要在 MSP 的第一个子帧首先发送 MSI，MSI 用于指示 MCH 中传输的 MTCH，即对应 MBMS 业务。UE 通过接收 MSI 确定自己感兴趣的 MBMS 业务,从而有选择地接受特定的 MBMS 业务,达到节电效果。

3.5.5 计数过程

UE 计数是 MCE 发起对控制的 MBSFN 区域内正在接收特定 MBMS 业务或对特定 MBMS 业务感兴趣的处于 RRC_CONNECTED 状态的 UE 数目进行统计,运营商可以根据计数结果决定是否使用 MBSFN 方式传输 MBMS 业务。计数过程由网络发起。首先会让 MBSFN 区域内的 eNB 发送一个计数请求(包含在直接扩展的 MCCH 消息中),该消息包含需要 UE 反馈的临时移动组标识(TMGI)列表。然后,连接模式下的 UE 会通过 RRC 计数响应消息反馈它正在接收或在列表中感兴趣的业务。该消息包含短的 MBMS 业务标识(在 MBSFN 区域内是唯一的),也可能选择性地包含标识 MBSFN 区域的信息(如 MBSFN 区域重叠时)。

计数过程满足如下基本原则。

① 网络可以控制 UE 是否对每个业务计数。

② UE 通过单个计数响应消息可以报告多个 MBMS 业务。

③ 当 UE 在同一个 MBSFN 区域内移动时,不用重传计数结果。

④ 网络从一个 UE 相应的一个计数请求消息只获得一个响应,该计数请求消息是在一个修改周期广播的。

⑤ UE 不能主动告诉网络它接收 MBMS 业务兴趣的改变。

⑥ 网络对 UE 感兴趣的每个业务进行计数。

3.5.6 E-MBMS 服务连续性

MBMS 业务是以多播形式向一个 MBSFN 区域内的 UEs 提供服务的,网络并不知道 UE 的状态,例如 UE 是正在接收 MBMS 业务,还是在等待接收 MBMS 业务,以及正在接收或期望的是哪个 MBMS 业务。因此,若按照 3GPP R10 中 LTE 小区切换的准则,eNB 不一定会将 UE 切换到提供其期望的 MBMS 业务的小区,因为信号强度最好的小区不一定提供 UE 感兴趣的 MBMS 业务。处于 RRC_IDLE 状态下的 UE 也可以接收到 MBMS 多播消息,对于网络来说,网络不知道 UE 的接收状态,对于正在接收 MBMS 业务的 UE 或者其感兴趣的 MBMS 业务即将开始的 UE,需要设计相应的机制或提供信息保证其移动时的服务连续性;对于其驻留小区未提供其感兴趣的 MBMS 业务的 UE,要尽量保证 RRC_IDLE UE 在进行小区重选的时候驻留在合适的小区,使其接收到期望的 MBMS 业务。

因此,为了保证 MBMS 的服务连续性,3GPP R11 版本增加相关机制,使得 MBMS UEs 在服务小区改变或在 MBMS 兴趣发生改变时,都能尽可能的保障 MBMS UEs 能够接收到其期望接收的感兴趣的 MBMS 业务。

LTE R11 中规定的 MBMS 接收移动性过程允许 UE 在一个 MBSFN 区域移动时开始或继续接收 MBMS 业务，E-UTRAN 对 UE 在同一 MBSFN 区域的移动性提供业务连续性的支持。在相同地理区域，可以在一个或多个载频上提供 MBMS 业务。在同一 PLMN 中，随着地理位置的不同，提供 MBMS 的频率也可能会发生相应的变化。E-UTRAN 支持的服务连续性保障是针对 UE 在一个相同的 MBSFN 区域中移动的场景。让网络获知 UE 正在接收的 MBMS 业务或者感兴趣的 MBMS 业务，当发生切换或小区重选时，网络可以做出适当的操作，确定 UE 单播业务连续性和期望的多播业务的连续性。一个处于 RRC_IDLE 状态的 UE 必须能够选择或者重选小区以确保能够接收到期望中的业务。

UE 在 RRC_IDLE 状态下进行小区重选时，除了采用原来的小区重选规则外，允许其预占提供 MBMS 业务的频率，并设置为最高优先级。当 UE 对 MBMS 业务不再感兴趣或者会话结束，则停止将 MBMS 业务的频率设置为最高优先级。

UE 在 RRC_CONNECTED 状态下通过 RRC 消息通知网络其感兴趣 MBMS 业务，网络根据 UE 能力尽可能使 UE 能同时接收 MBMS 业务和单播业务。UE 在 MBMS 兴趣指示(MBMS Interest Indication)消息中指示提供其感兴趣或正在接收的 MBMS 业务所在的频率，发送给 E-UTRAN。E-UTRAN 利用 Supported Band Combination IE，从中得到与 UE MBMS 接收相关的 UE 能力。

为了避免读取相邻频率上的 MBMS 系统信息及 MCCH，UE 通过 USD(user service description)及 SIB15 获得 MBSFN 区域中所提供的 MBMS 业务及其所占用的频率，进而发送 MBMS Interest Indication 消息给 E-UTRAN，指示其感兴趣的 MBMS 业务及频率。

① USD(user service description)，包括 MBMS 业务区域的 TMGI、会话开始及结束时间、MBMS 频率及 MBMS 服务区域 ID。

② SIB15，MBMS 小区和非 MBMS 小区的当前频率及相邻频率上的 MBMS 服务区域 2D。

另外，UE 在 MBMS Interest Indication 消息中加入 1 比特指示 UE 是要优先 MBMS 接收，还是优先单播接收。若 UE 优先了 MBMS 接收，那么在 MBMS 频率上发生拥塞的时候，网络有可能会释放其单播连接，从而 UE 会进入 RRC_IDLE状态继续接收 MBMS 业务。

3.5.7　MBSFN 区域配置

MBSFN 区域的配置有静态配置、半静态配置及动态配置。

① 静态配置是在 MBSFN 服务建立时进行的配置。在该配置中，MBSFN 业务、区域和小区的映射关系是固定的，不会随着业务的开始和结束发生改变。

② 半静态配置是通过 RRC 信令实现的，为运营商管理 MBSFN 区域提供了

灵活性。MBSFN 区域的分配通常在会话开始和结束时修改，在业务声明周期内可能有很小的变化。

③ 动态配置的特点是根据 MBMS 业务的需要，可随时进行 MBSFN 区域配置的更改。尽管动态配置允许无线资源有效支持特定小区的用户数，但实际上频繁重配置带来的频谱增益是非常有限的，因为它本身需要通过 MBSFN 区域的计数程序对 MBSFN 区域内接收 MBMS 业务的用户信息进行收集统计，以决定哪些小区 MBSFN 传输应该关或开或是否触发额外的邻小区。这些信令交互占据了一定的频谱资源，限制了动态配置带来的增益。此外，动态配置需要对目前网络资源管理机制进行比较大的改动。

在目前标准 R9/R10 中，只采用利用 RRC 信令实现的半静态 MBSFN 区域配置方式。这种方式存在的一个问题是不支持 MBMS 业务的连续性。因此，MBMS 服务连续性是 R11 中讨论的一个热点，是否通过动态配置实现 MBMS 服务连续性保障还有待进一步研究。

3.6　E-MBMS 系统仿真

为进行 E-MBMS 技术验证与分析，与国内外同行共同推动该领域的研究，中国科学院计算技术研究所研制了 E-MBMS 系统仿真平台。该平台基于 LTE 标准，通过对无线信道、链路、系统的精确仿真，可以为 E-MBMS 技术方案和理论成果提供验证平台，是进行 E-MBMS 系统研究及教学实验的基础平台。

3.6.1　平台概述

E-MBMS 系统仿真平台基于 Matlab 软件开发，以场景为线索，实现了单链路、单基站、多基站等环境下的仿真，同时在业务流特性和链路特性等方面，参照现有的 LTE 标准进行实现，融入了 LTE-A 中的 CoMP、增强 MIMO 等技术。在系统仿真时，采用链路抽取的方法，达到了准确性和高效性的良好折中。图 3-34 是仿真平台架构示意图，主要包括用户界面、流程控制、结果统计、业务层、传输层、链路层、链路抽取、物理层，以及物理信道等部分。用户界面提供用户操作接口，获取用户输入，并将仿真结果信息以用户定义的方式进行显示；流程控制模块控制链路级或系统级仿真模式，根据不同模式选择运行部件和流程；业务层产生包括 HTTP、FTP、IP 话音（VOIP）等协议的应用层数据流，管理业务流通信事务；链路层支持 LTE 标准定义的入网管理、数据调度、切换控制、混合自动重传请求（HARQ）等功能，提供无线资源管理算法的可替换接口；链路抽取模块提供有效信干噪比（signal to interference plus noise ratio，SINR）功能映射和 SINR-BLER 查询，支持的调制方式为 QPSK/16QAM/64QAM/256QAM，码率为 1/3，1/2，2/3，3/4，4/5；物理层基于 MIMO 和 OFDM 技术，实现了信道编码、交织、速率匹配、星座图映射、层映射、预编码、串并转换、导频插入、信道估计及其相应逆过程子模块；物理信道模块在支持 3GPP 推荐的 SCM 信道基础上，还提供瑞利、莱斯、典型城市等信道的支持接口。

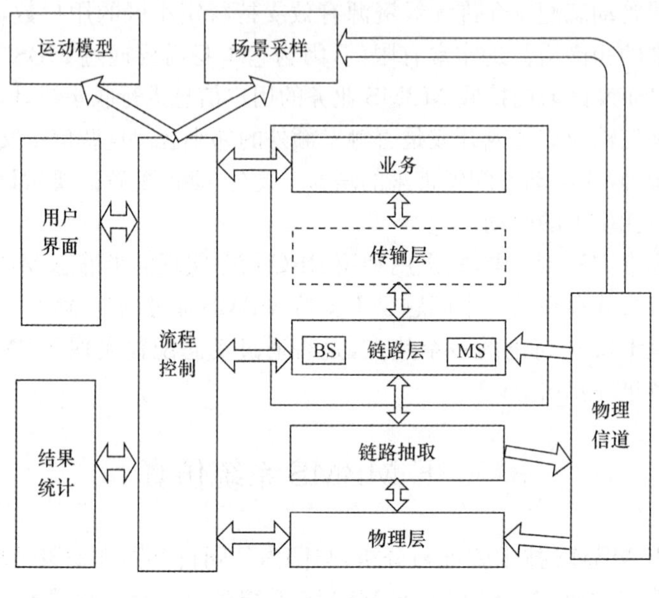

图 3-34　平台架构图

1. 小区模型

在该平台中，MBSFN 区域采用静态配置方式，假设 MBSFN 区域内的所有基站能同步发送。图 3-35 是将 19 个宏小区构成一个 MBSFN 区域，区域内的所有基站同时同频同步发送相同的业务数据，以 RB 作为资源分配的单位，TTI(1ms)作为资源调度的时间单位。

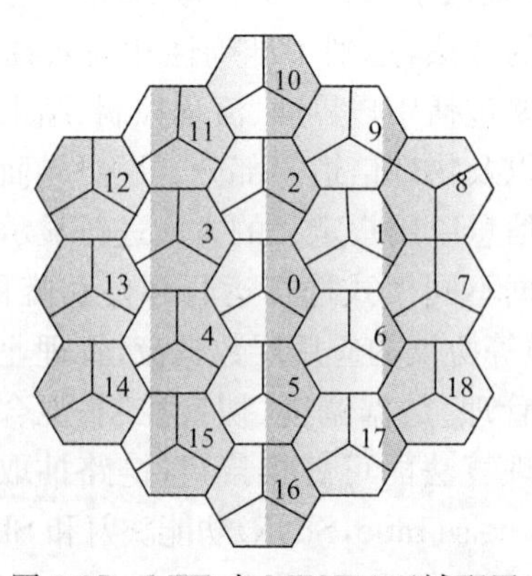

图 3-35　LTE 中 MBSFN 区域配置

2. 业务模型

对于E-MBMS业务的仿真,可以采用Full Buffer模型或视频流模型[12],基站给每个用户维护一个单播业务缓存队列和多播业务缓存队列。根据上一个TTI调度情况分别对用户的单播缓存和多播缓存进行更新,每一个TTI进行一次更新。

3. 资源分配

在MBMS业务和单播业务混合载波模式中,采用TDM方式为MBMS业务和单播业务分配资源,因此本仿真平台采用TDM方式复用单播业务和多播业务,即两种业务可以使用全部可用的频率资源,通过不同时隙来区分。单播业务的调度对象是用户,多播业务的调度对象是MBMS业务。调度过程首先判断当前时隙是单播时隙还是多播时隙,如果是单播时隙,eNB采用相关资源分配算法为每个RB选择合适的用户;如果是多播时隙,对于不重叠的MBSFN区域可分配相同的时频资源,在每个MBSFN区域内,MCE对不同MBMS业务根据其QoS进行资源分配。

表3-2给出了其他主要的仿真参数。

表3-2　仿真主要参数表

参数		仿真值
小区部署		六边形,19小区,每小区3扇区
基站间距离		500米
路径损耗		$L=128.1+37.6\log_{10}R$,R单位为千米
阴影衰落		对数正态分布随机变量
阴影衰落标准差		8 dB
阴影衰落相关距离		50m
阴影衰落相关性	小区间	0.5
	扇区间	1.0
穿透损耗		20dB
热噪声功率谱		−174 dBm/Hz
2D天线增益(水平)		=70度,A_m=25 dB
载频/带宽		2GHz/10MHz
信道模型		SCM
UE速度		3km/h
基站发射功率		46dBm

续表

参数	仿真值
UE分布	随机均匀分布
UE和基站的最小距离	>=35 m
自适应调制方式1～15	QPSK 1/3、1/2、2/3、3/4、4/5，16QAM 1/2、2/3、3/4、4/5，64QAM 2/3、3/4、4/5，256QAM 2/3、3/4、4/5

3.6.2 性能比较与分析

图3-36～图3-38分别给出了基于E-MBMS仿真平台统计出的传统多播(单小区多播)、单播(下行)和单频网三种传输方式在不同情况下的系统频谱效率。系统频谱效率计算公式为

$$系统频谱效率 = \sum 用户吞吐量 / 系统带宽 / 持续时间 / 扇区数$$

单播场景采用自适应调制编码方式，根据信道情况为每个分配的RB选择相应的调制编码方式(MCS)。在传统多播场景中，基站向一组用户广播信息，组内用户共享所有的时频资源，采用相同的调制编码方式；在MBSFN场景中，若干个相邻基站构成MBSFN区域，共同向区域内的用户广播信息，组内用户共享所有的时频资源，采用相同的调制编码方式。图3-36～图3-38给出的即为在传统多播与MBSFN采用(QPSK，1/3)、(16QAM ，1/2)、(256QAM ，4/5)三种调制编码方式下的仿真结果。

可以看出，当系统中用户较少时，单播自适应调制增益明显，单播频谱效率最高；随着用户数目的增加，多播与MBSFN系统通过多用户共享资源带来的增益逐渐明显，频谱效率高于单播系统。MBSFN系统中邻小区干扰小，因此频谱效率最高。由于多播与MBSFN系统采用固定的MCS方式，当MCS方式设置较低时，虽然大多数用户能够接收数据，但对于信道条件较好的用户来说，造成了资源的浪费；当MCS方式设置较高时，虽然信道较好用户传输速率很高，但信道较差用户的误码率将很高，从而造成系统频谱效率降低。如图3-38所示，若为传统多播采用(256QAM ，4/5)，将造成系统频谱效率的急剧下降。因此，在多播系统和MBSFN系统中，MCS方式的设置将直接影响系统的频谱效率。

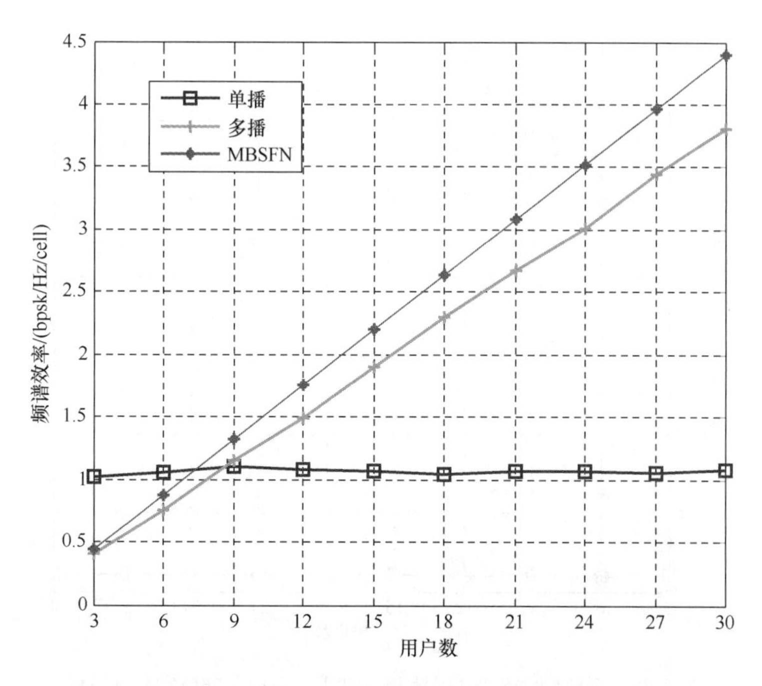

图 3-36　系统频谱效率(多播与 MBSFN 采用(QPSK,1/3))

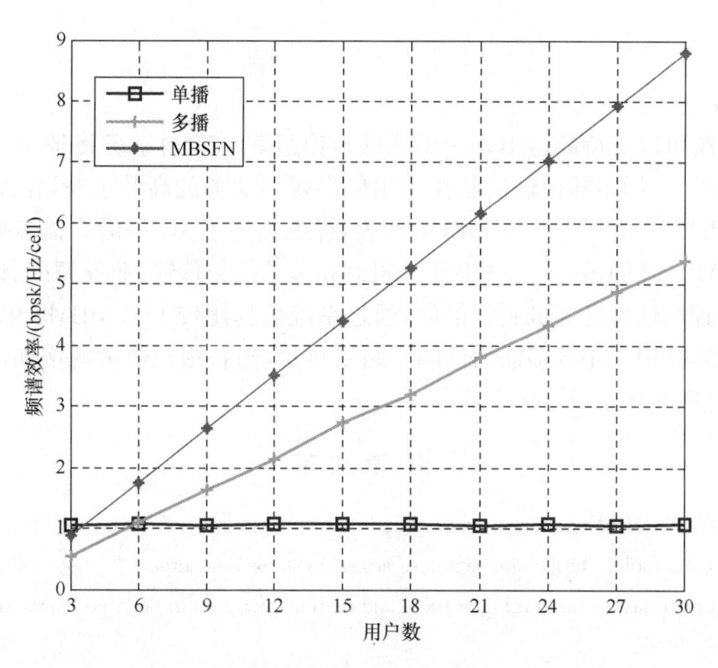

图 3-37　系统频谱效率(多播与 MBSFN 采用(16QAM ,1/2))

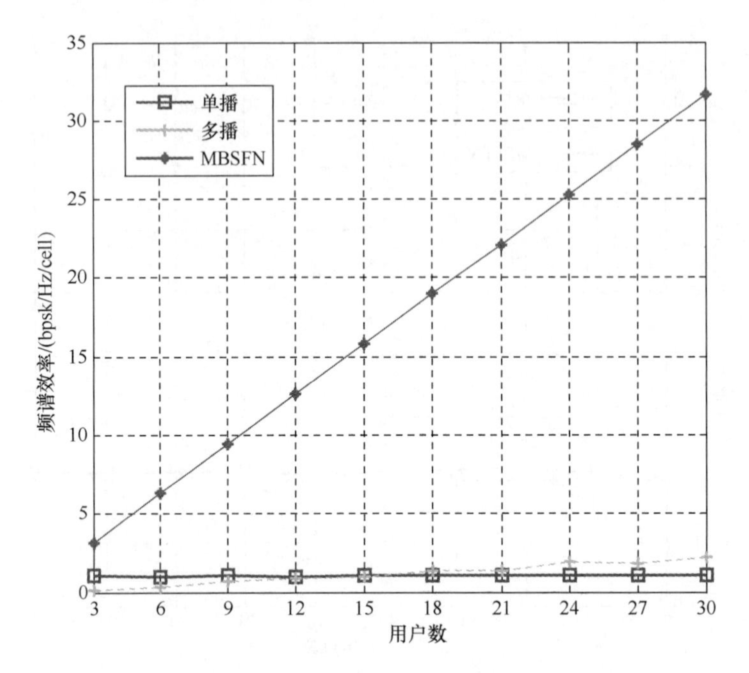

图 3-38　系统频谱效率(多播与 MBSFN 采用(256QAM ,4/5))

3.7　小　　结

4G 系统可以支持高达 1Gb/s 的无线传输速率,多媒体业务将是 4G 网络提供的核心服务。广播多播传输机制作为提供多媒体业务的高效手段,在 4G 系统中显得尤为重要。本章以 E-MBMS 为代表,详细描述了 4G 中的广播多播协议,重点介绍 E-MBMS 的核心——MBSFN 机制相关的信号传输、业务调度、计数、区域配置、服务连续性保证等机制。最后,通过系统仿真比较了 E-MBMS 中的单频网传输与 MBMS 中单小区多播的性能。结果显示,随着用户数量的增加,单频网传输的吞吐量明显优于单小区多播。

参 考 文 献

[1] IEEE 802.16e. IEEE standard for local and metropolitan area networks part 16: air interface for fixed and mobile broadband wireless access systems amendment 2: physical and medium access control layers for combined fixed and mobile operation in licensed bands and corrigendum 1[S]. 2005.

[2] 沈嘉,索士强,等. 3GPP 长期演进(LTE)技术原理与系统设计[M]. 北京:人民邮电出版社,2008.

[3] 3GPP TR 25. 913 v. 7. 3. 0. Requirements for evolved UTRA(E-UTRA) and evolved UTRAN(E-UTRAN)[S]. 2006.

[4] Calderbank A R, Tarokh V, Jafarkhani H. Space-time block codes from orthogonal designs [J]. IEEE Trans. inform. theory, 1999, 45(5): 1456-1467.

[5] ITU-R M. 2134. Requirements related to technical performance for IMT-Advanced radio interface[S]. 2008.

[6] 3GPP TR 36. 814 v. 2. 0. 0. Further advancements for E-UTRA physical layer aspects [S]. 2010.

[7] 3GPP TS 36. 300 v. 10. 0. 0. E-UTRA and E-UTRAN, over description (Stage 2)[S]. 2010.

[8] 3GPP TS 36. 443 v. 9. 2. 0. Evolved universal terrestrial radio access network (E-UTRAN); M2 application protocol (M2AP)[S]. 2010.

[9] 3GPP TS 36. 444 v. 9. 2. 0. Evolved universal terrestrial radio access network (E-UTRAN); M3 application protocol (M3AP)[S]. 2010.

[10] 3GPP TS 36. 211 v. 10. 0. 0. Evolved universal terrestrial radio access (E-UTRA); physical channels and modulation[S]. 2010.

[11] 3GPP TS 36. 331 v. 9. 8. 0. Evolved universal terrestrial radio access (E-UTRA); radio resource control[S]. 2011.

[12] 3GPP TR 25. 892 v. 6. 0. 0. Feasibility study for orthogonal frequency division multiplexing (OFDM) for UTRAN enhancement[S]. 2004.

第 4 章　广播多播无线传输技术

4.1　引　　言

面向 3G、4G 系统的广播多播协议已经形成,可以支持相应系统中广播多播业务的提供。在此基础上,需要针对新型物理层传输技术,如正交频分复用(OFDM)、多天线收发(MIMO)、协同多点传输等,对多媒体广播多播物理层进行优化,才能使广播多播服务充分发挥出支持用户量大、频谱效率高的优势。因此,如何基于多播传输方式、新型信源编码等,将 OFDM/MIMO 等技术有机地融入多媒体多播系统,提高系统容量和传输质量,是广播多播无线传输领域的研究热点。

本章将介绍广播多播无线传输领域的主要研究方向,详细阐述每个方向的研究现状与主要方法。首先,本章给出单天线系统和多天线系统下的多播容量分析与仿真,总结出影响多播传输容量的主要因素。然后,围绕多媒体多播传输优化的重要思想——多分辨率,介绍三类主要实现方案——分层调制,多编码以及多播 MIMO 技术增强,将多播组中信道条件不同的用户区别对待,充分利用不同用户的信道资源,提高系统吞吐量。最后,描述可以提高单频网传输性能的多基站协同分集机制。通过本章的阅读,可以对广播多播无线传输领域的研究情况形成一个较为全面的认识,并为进一步开展该领域的研究奠定基础。

4.2　传输容量分析

容量分析是系统性能分析的重要技术之一。为了分析影响多播传输容量的主要因素,目前已有研究者采用仿真[1-3]或理论分析[4-6]的方法对多播传输容量进行研究。本节将分别介绍单天线系统与多天线系统中的多播容量分析方法。

4.2.1　单天线系统多播传输容量

在单天线系统多播容量分析中[4,5],一般都假设信道符合独立同分布的瑞利衰落模型,即只考虑了无线电传输过程中经历小尺度衰落。文献[4]给出了基于最低速率法的多播传输机制的遍历容量定义,如式(4.1)所示。所谓最低速率法,就是为了保证所有用户的正确接收,多播传输速率默认由信道条件最差的用户确定,系统中信道质量好的用户也必须采用与信道质量最差的用户相同的调制编码方式,即

$$E[C_{MC}]=E\left[K\cdot\min_{1\leqslant k\leqslant K}\log_2\left(1+\frac{P}{\sigma^2}X_k\right)\right] \tag{4.1}$$

其中，K 为多播组中的用户数；X_k 代表用户 k 的信道增益；P 代表传输功率；σ^2 代表噪声。

文献[4]假设用户间的信道增益 X_k 是如下所示的独立的指数分布，即

$$X_k\sim\frac{1}{\alpha_k^2}\mathrm{e}^{-\frac{x}{\alpha_k^2}} \tag{4.2}$$

不失一般性，文献[4]假设 $Y_{(1)}$ 为 K 个用户中的信道增益最小值，对应的参数为 $\alpha_{(1)}$。最终得出在用户数趋于无穷大时，系统容量表达式为

$$\lim_{K\to\infty}E[C_{MC}]=\log_2\mathrm{e}\frac{P\alpha_{(1)}^2}{\sigma^2} \tag{4.3}$$

从式(4.3)可以看出，随着用户数的增加，系统容量趋于饱和，不再增加。图 4-1通过仿真实验也验证了以上的推导[4]。

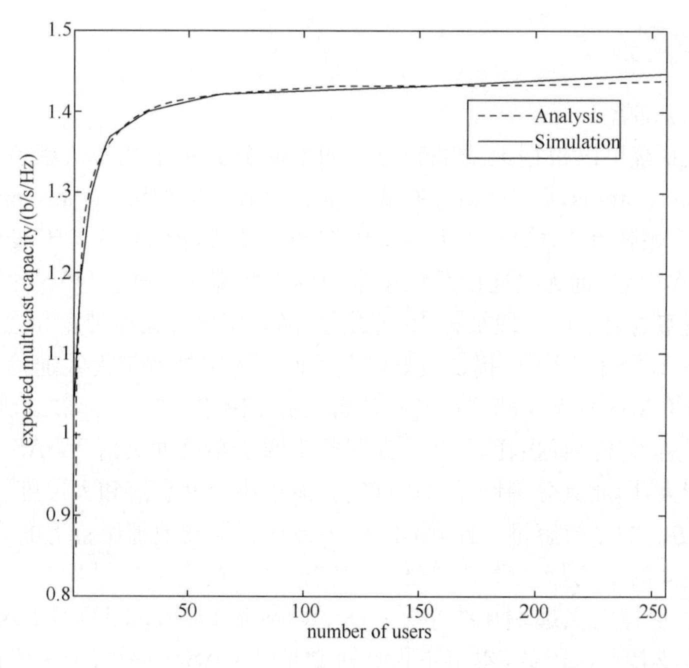

图 4-1　系统容量与用户数的关系

此外，文献[5]也推导出瑞利衰落信道下，单天线系统中基于最低速率法的多播传输机制的容量上限，并从理论上分析出接近容量上限时多播组中的用户数表达式，即

$$\delta(\varepsilon)=\left[\left(\sqrt{1+\frac{B}{\varepsilon\ln2}}-1\right)\gamma_t\right] \tag{4.4}$$

其中，B 为子载波带宽；γ_t 为平均信噪比 SNR；ε 为多播容量的导数，当 ε 接近于 0 时，多播容量将接近其上限值。

从式(4.4)可以看出，当 ε 一定时，接近容量上限时的多播组用户数与平均 SNR 成正比。

4.2.2 多天线系统多播传输容量

多天线系统中的多播容量并不是单天线系统中多播容量的简单加和，需要进行专门的研究。主要原因是在多天线系统中，尤其是分布式多天线系统中，终端与不同天线之间的信道将经历不同的多径衰落、阴影衰落及路径损耗，而单天线系统的分析[4,5]往往不考虑阴影衰落与路径损耗，只考虑多径衰落。复合衰落信道模型[7]可以综合反映出多径衰落(小尺度衰落)、阴影衰落(大尺度衰落)及路径损耗对信道质量的影响，因此我们基于复合衰落信道对多天线系统的多播容量进行分析。

1. 系统模型

(1) 天线部署

多天线系统可以根据天线部署方式的不同分为集中式多天线系统(centralized antenna systems，CAS)和分布式多天线系统(distributed antenna systems，DAS)两类。顾名思义，CAS 的天线集中在同一位置，而 DAS 的天线分布在不同的位置。CAS 是当前无线通信系统中常用的天线部署方式。DAS 的概念最先作为一种提高室内覆盖的手段被提出，近几年，随着用户对无线带宽和通信质量的要求越来越高，DAS 由于可以提供良好的覆盖而成为室外宽带无线通信系统的重要技术[8]。在 CAS 中，天线部署在同一位置，因此不同天线与终端之间的信道经历相同的阴影衰落和路径损耗，分集增益只能来源于小尺度衰落。DAS 中的天线之间的距离较大，因此其分集增益可以同时来源于小尺度衰落和大尺度衰落，从而获得比 CAS 更高的系统容量。此外，由于 DAS 中天线在地理位置上的分布，减小了终端与天线间的平均接入距离，降低了发射功率，提高了信号质量。目前，3GPP LTE 标准也通过定义远端无线单元(remote radio head，RRH)对 DAS 这种部署方式进行了支持[9]。因此，本节不仅针对常见的 CAS，还针对未来将广泛应用的 DAS 分析多播传输的容量问题。

分布式天线系统和集中式天线系统的小区结构如图 4-2(a)和图 4-2(b)所示，小区半径为 R。分布式天线系统的天线位置按照文献[10]的方法部署，天线在以 R/2 为半径的圆上均匀分布，图 4-2 给出的是 4 根天线的部署方式。由于我们分析的是多播容量，因此只考虑下行传输。每个基站(BS)配置 M 个发送天线，每个终端配置 1 个接收天线。此外，假设整个带宽被分为 N 个子载波，多播组中包括

K 个用户。

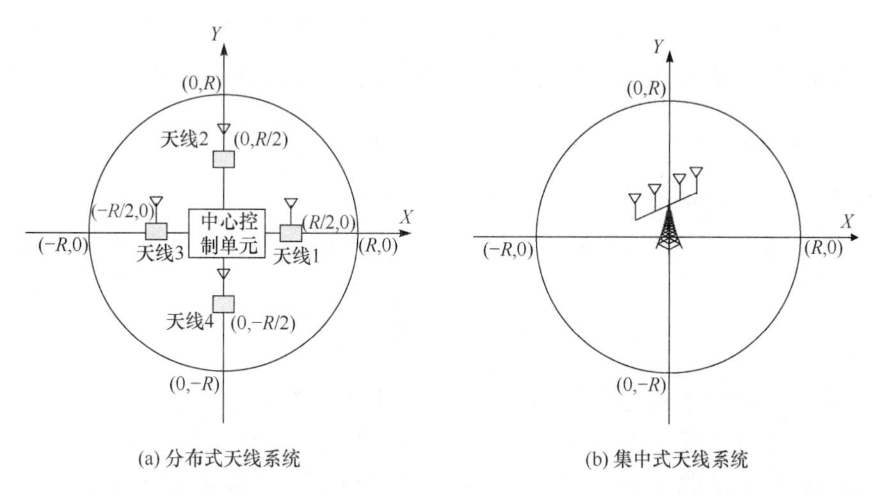

(a) 分布式天线系统　　(b) 集中式天线系统

图 4-2　小区结构图

(2) 信道模型

本节将建立一个包含大尺度衰落及小尺度衰落的复合衰落信道模型,作为后续多播容量分析的基础。设 $H_{k,n,m}$ 为用户 $k(k=1,2,\cdots,K)$ 在子载波 $n(n=1,2,\cdots,N)$ 和天线 $m(m=1,2,\cdots,M)$ 上的信道增益,则 $H_{k,n,m}$ 可以表示为

$$H_{k,n,m}=pl_{k,m}sh_{k,m}X_{k,n,m} \tag{4.5}$$

其中,$pl_{k,m}^2=A\cdot D_{k,m}^{-\gamma}$ 代表路径损耗,A 是常数,$D_{k,m}$ 是用户 k 到天线 m 的距离,γ 是路损系数;$sh_{k,m}^2$ 代表阴影衰落,呈对数正态分布[11];$X_{k,n,m}$ 代表多径瑞利衰落,它服从均值为 0 的复高斯分布,$E(|X_{k,n,m}|^2)=1$。

基于式(4.5)可以看出,$H_{k,n,m}$ 是一个复合衰落信道,既包括路径损耗与阴影衰落等大尺度衰落,又包括瑞利衰落等小尺度衰落。

由于 $X_{k,n,m}$ 服从均值为 0 的复高斯分布,因此 $|H_{k,n,m}|^2$ 服从 χ_2^2 分布,其均值为 $(pl_{k,m}sh_{k,m})^2$[12]。其中,$(pl_{k,m}sh_{k,m})^2$ 服从对数正态分布,它的均值为天线 m 到用户 k 的路径损耗 $pl_{k,m}^2$。令 $\mu_{k,m}=10\lg_{10}(A\cdot D_{k,m}^{-\gamma})$ 与 $\sigma_{k,m}$ 分别代表路径损耗与阴影衰落标准差的分贝值,文献[13]推导出 $|H_{k,n,m}|^2$ 的概率密度函数为

$$P_{H,k,m}(x|\mu_{k,m},\sigma_{k,m})=\frac{2}{\Gamma(n_{k,m})}(\chi_{k,m})^{\frac{-n_{k,m}-1}{2}}x^{\frac{n_{k,m}^{-1}}{2}}K_{n_{k,m}-1}(2\sqrt{x/\chi_{k,m}}) \tag{4.6}$$

其中,$K_{n_{k,m}-1}(\cdot)$ 代表 $n_{k,m}-1$ 阶修正贝塞尔(Bessel)函数。

由于同一多播数据同步从基站的所有天线上进行传输,因此用户 k 在子载波 n 上的信道增益 $H_{k,n}$ 为 $H_{k,n,m}(m=1,2,\cdots,M)$ 之和。对于分布式天线系统,由于天

线部署在小区的不同位置，因此每个天线的信道经历不同的路径损耗与阴影衰落。对于 $m \in [1,M]$，$H_{k,n,m}$ 之间独立，并且具有不同的分布。既然服从高斯分布的变量之和仍然服从高斯分布，因此 $H_{k,n}$ 也服从 χ_2^2 分布，其均值 $E(|H_{k,n}|^2) = \sum_{m=1}^{M}(pl_{k,m}sh_{k,m})^2$。其中，$(pl_{k,m}sh_{k,m})^2$ 服从对数正态分布，可以近似为一个新的对数正态分布，其方差和均值如式(4.7)和(4.8)所示，即

$$\sigma_{\text{mean},k}^2 = \ln\Big[\sum_{m=1}^{M} e^{2\mu_{k,m}+\sigma_{k,m}^2}(e^{\sigma_{k,m}^2}-1)\Big(\sum_{m=1}^{M} e^{\mu_{k,m}+\sigma_{k,m}^2/2}\Big)^{-2}+1\Big] \tag{4.7}$$

$$\mu_{\text{mean},k} = \ln\Big[\sum_{m=1}^{M} e^{\mu_{k,m}+\sigma_{k,m}^2/2}\Big] - \frac{\sigma_{\text{mean},k}^2}{2} \tag{4.8}$$

因此，$|H_{k,n}|^2$ 的概率密度函数可以根据式(4.6)表示为 $P_{H,k}(x|\mu_{\text{mean},k},\sigma_{\text{mean},k})$。

对于集中式天线系统，由于天线部署在相同的位置，因此可以认为从不同的发射天线到终端接收天线之间的路径损耗与阴影衰落都相同。由 $H_{k,n} = \sum_{m=1}^{M} pl_{k,m}sh_{k,m}X_{k,n,m}$ 可得，$|H_{k,n}|^2$ 的概率密度函数为 $P_{H,k}(x|\mu_{\text{CAS},k},\sigma)$，其中 $\mu_{\text{CAS},k} = 10\lg(m\cdot A\cdot D_k^{-\gamma})$。

2. 多天线系统容量

在传统多播传输中，每个子载波由多播组中的所有用户共享，子载波的数据速率由多播组中在该子载波上所能取得的数据速率最小的用户决定。因此，子载波 n 的多播吞吐量为

$$\text{Th}_n = K\cdot\min_{1\leqslant k\leqslant K} c_{k,n} \tag{4.9}$$

其中，$c_{k,n}$代表用户 k 在子载波 n 上所能达到的数据速率。

根据文献[14]，可以通过式(4.10)计算，即

$$c_{k,n} = \frac{B}{N}\log_2\left(1+\frac{S_{k,n}}{\phi}\right) \tag{4.10}$$

其中，B 为系统总带宽；$S_{k,n}$代表用户 k 在子载波 n 上的接收信噪比(SNR)；ϕ 代表 SNR 距离，以 $-\ln(5BER)/1.5$ 表示。

定义 P_d 为每个子载波上的传输功率，则 $S_{k,n}$可以表示为

$$S_{k,n} = \frac{P_d|H_{k,n}|^2}{\sigma_{\text{noi}}^2} \tag{4.11}$$

其中，σ_{noi}^2表示高斯白噪声。

基于式(4.9)～式(4.11)，子载波 n 的吞吐量 Th_n 可以表示为

$$\text{Th}_n = K\cdot\min_{1\leqslant k\leqslant K} c_{k,n} = K\cdot\frac{B}{N}\log_2\left(1+\frac{P_d}{\sigma_{\text{noi}}^2\phi}\min_{1\leqslant k,K}|H_{k,n}|^2\right) \tag{4.12}$$

设 $Z_0=\min\limits_{1\leqslant k,K}|H_{k,n}|^2$，根据信道模型分析及顺序统计量的分布函数[15]，可得其概率密度函数表达式，即

$$P_{\min}(x)=\sum_{k=1}^{K}P_{H,k}(x\mid\mu_{\text{mean},k},\sigma_{\text{mean},k})\prod_{j=0,j\neq k}^{K}(1-F_{H,j}(x)) \tag{4.13}$$

其中，$F_{H,j}(x)=\int_{-\infty}^{x}P_{H,j}(t\mid\mu_{\text{mean},j},\sigma_{\text{mean},j})\mathrm{d}t$。

因此，对于给定的多播组中的 K 个用户，可得子载波 n 的平均吞吐量，即

$$E(\text{Th}_n)=K\cdot\frac{B}{N}\int_{0}^{\infty}\log_2\left(1+\frac{P_d}{\sigma_{\text{noi}}^2\phi}x\right)P_{\min}(x)\mathrm{d}x \tag{4.14}$$

与瑞利衰落信道相比，复合衰落信道中路径损耗对接收信号的信噪比起到决定性的影响，因此在以下的分析中将只考虑瑞利衰落与路径损耗。

当忽略阴影衰落时，用户 k 在子载波 n 上的信道增益 $H_{k,n}$ 表示为

分布式天线系统

$$H_{k,n}=\sum_{m=1}^{M}\sqrt{A\cdot D_{k,m}^{-\gamma}}X_{k,n,m} \tag{4.15}$$

集中式天线系统

$$H_{k,n}=\sqrt{A\cdot D_k^{-\gamma}}\sum_{m=1}^{M}X_{k,n,m} \tag{4.16}$$

从式(4.15)和式(4.16)可得，在两种情况下，$|H_{k,n}|^2$ 都服从指数分布，概率密度函数为 $P_{H,k}(x)=\frac{1}{\sigma_{H,k}^2}\mathrm{e}^{-\frac{1}{\sigma_{H,k}^2}}$。对于分布式天线系统，$\sigma_{H,k}^2=A\sum\limits_{k=1}^{M}D_{k,m}^{-\gamma}$；对于集中式天线系统，$\sigma_{H,k}^2=A\cdot M\cdot D_k^{-\gamma}$。设 $\beta=\sum\limits_{k=1}^{K}\frac{1}{\sigma_{H,k}^2}$，我们可以得到 $\min\limits_{1\leqslant k\leqslant K}|H_{k,n}|^2$ 的概率密度函数的闭式表达式为[4]

$$P_{\min}(x)=\beta\mathrm{e}^{-x\beta} \tag{4.17}$$

结合式(4.17)与式(4.14)，可得子载波 n 的平均吞吐量为

$$E(\text{Th}_n)=K\cdot\frac{B}{N}\log_2\mathrm{e}\cdot\mathrm{e}^{\beta\frac{\sigma_{\text{noi}}^2\phi}{P_d}}\left(-Ei\left(-\beta\frac{\sigma_{\text{noi}}^2\phi}{P_d}\right)\right) \tag{4.18}$$

其中，对于 $x>0$，$Ei(-x)=-\int_{x}^{\infty}\frac{\mathrm{e}^{-t}}{t}\mathrm{d}t$。

(1) 单用户平均吞吐量

对于单用户来说，无论传输方式是单播还是多播，其吞吐量是相同的。假设用户的位置和 DAS 中天线位置的坐标分别为 (x,y) 和 (x_m,y_m)，$m\in[1,M]$，则 β 可以表示为

$$\beta=\sum_{k=1}^{K}\left(A\cdot\sum_{m=1}^{M}D_{k,m}^{-\gamma}\right)^{-1}=A^{-1}\left(\sum_{m=1}^{M}\left[(x-x_m)^2+(y-y_m)^2\right]^{-\frac{\gamma}{2}}\right)^{-1} \tag{4.19}$$

令 $C_{\mathrm{DAS}}=\sigma_{\mathrm{noi}}^2\phi/(P_d\cdot A)$，则可以得到用户平均吞吐量为

$$\begin{aligned}\mathrm{Th}_{\mathrm{DAS},1}&=\frac{B}{N}\log_2\mathrm{e}\cdot\int_{-R}^{R}\int_{-\sqrt{R^2-x^2}}^{\sqrt{R^2-x^2}}\mathrm{d}y\mathrm{d}x\\&\quad\times\left(\frac{1}{\pi R^2}\exp\left(C_{\mathrm{DAS}}\left(\sum_{m=1}^{M}\left[(x-x_m)^2+(y-y_m)^2\right]^{-\frac{\gamma}{2}}\right)^{-1}\right)\right.\\&\quad\left.\times\left(-Ei\left(-C_{\mathrm{DAS}}\left(\sum_{m=1}^{M}\left[(x-x_m)^2+(y-y_m)^2\right]^{-\frac{\gamma}{2}}\right)^{-1}\right)\right)\right)\end{aligned} \tag{4.20}$$

对于CAS，假设 $C_{\mathrm{CAS}}=\sigma_{\mathrm{noi}}^2\phi/(P_d\cdot A\cdot M)$，则可得单用户平均吞吐量为

$$\mathrm{Th}_{\mathrm{DAS},1}=\frac{B}{N}\log_2\mathrm{e}\cdot\int_0^R\frac{2x}{R^2}\exp(C_{\mathrm{CAS}}x^{\gamma})(-Ei(C_{\mathrm{CAS}}x^{\gamma}))\mathrm{d}x \tag{4.21}$$

其中，x 代表CAS下用户与基站之间的距离，其分布函数为 $P_{\mathrm{dis},R}(x)=\frac{2x}{R^2}$。

由式(4.20)和式(4.21)可以看出，CAS与DAS下的单用户平均吞吐量都没有闭式表达式，可以通过数值计算来确定。

(2) 遍历容量

遍历容量(ergodic capacity)，又称为各态历经性容量，是某信道在所有衰落状态下的最大信息速率的平均值，即该信道所有瞬时容量的平均。所谓所有状态，即无穷多个状态。对于给定平均功率且接收端已知信道边信息(channel side information，CSI)的衰落信道，遍历容量为[11]

$$C=\int_0^{\infty}B\log_2(1+\gamma)p(\gamma)\mathrm{d}\gamma$$

其中，γ 和 $p(\gamma)$ 分别为信噪比和信噪比分布。

对应到多播传输的遍历容量，就是当用户数趋于无穷大时式(4.18)的值。基于此分析，子载波 n 的遍历吞吐量可以表示为

$$\mathrm{Th}_E=\frac{B}{N}\log_2\mathrm{e}\cdot\lim_{K\to\infty}\int_0^{\infty}\frac{\mathrm{e}^{-t}}{\dfrac{t}{K}+\dfrac{\dfrac{\sigma_{\mathrm{noi}}^2\phi}{A\cdot P_d}\sum_{k=1}^{K}\left(\sum_{m=1}^{M}D_{k,m}^{-\lambda}\right)^{-1}}{K}}\mathrm{d}t \tag{4.22}$$

求解式(4.22)，关键是要对其中的 $\lim_{K\to\infty}\frac{\sum_{k=1}^{K}\left(\sum_{m=1}^{M}D_{k,m}^{-\lambda}\right)^{-1}}{K}$ 进行分析。

$\lim_{K\to\infty}\frac{\sum_{k=1}^{K}\left(\sum_{m=1}^{M}D_{k,m}^{-\lambda}\right)^{-1}}{K}$ 等于 $\left(\sum_{m=1}^{M}D_{k,m}^{-\lambda}\right)^{-1}$ 的统计平均值。在分布式多天线场景下，文献[6] 给出了遍历容量 $\mathrm{Th}_{E,\mathrm{DAS}}$ 的上限值可以近似为

$$\mathrm{Th}_{E,\mathrm{DAS}}<\frac{B}{N}\log_2\mathrm{e}\cdot\frac{P_d\cdot A}{\sigma_{\mathrm{noi}}^2\phi}\cdot\frac{R^{-\gamma}\cdot(\gamma+2)\cdot 2^{\gamma}}{2^{-\frac{\gamma}{2}}\cdot\frac{1}{M}+a\left(1+\alpha\left(\frac{2R'}{R}\right)^{\gamma}-\frac{\alpha}{4}\left(\frac{R}{R'}\right)^{2}\right)} \tag{4.23}$$

其中，$R'=R(\sqrt{5/4}-\sqrt{2}/2)$；$\alpha\in(0,1)$；$\alpha=1/(2+2(pr)^{\gamma})$。

当前研究中尚未得到分布式多天线下多播遍历容量的闭式表达式，但可以推导出其上限的表达式，如式(4.23)。由式(4.23)可以看出，当系统发射功率和信道状态一定的情况下，传统多播传输方式的容量存在上限，不会随着多播用户数的增加而增大。此外，由于小区半径 R 值一般远远大于 2 及路损系数 γ，因此分析式(4.23)可得，多播遍历容量的上限将随 γ 的增大而减小。

在集中式多天线下，遍历容量可以得到如式(4.24)所示的闭式表达式，即

$$\mathrm{Th}_{E,\mathrm{CAS}}=\frac{B}{N}\log_2\mathrm{e}\cdot\left(\frac{r}{2}+1\right)\cdot\frac{P_d\cdot A\cdot M}{\sigma_{\mathrm{noi}}^2\phi\cdot R^{\gamma}} \tag{4.24}$$

由式(4.24)可以看出，在集中式多天线系统中，传统多播传输的遍历容量随着信噪比增加而增大，随着路损系数 γ 的增大而减小。一旦系统发射功率和信道状态确定，集中式多天线系统的多播遍历容量为一个确定的值。基于式(4.24)和式(4.23)，我们可以得出 DAS 与 CAS 之间的多播吞吐量比值的上限为 $(2^{\gamma+1})/\left(2^{-\frac{\gamma}{2}}+aM\left(1+\alpha\left(\frac{2R'}{R}\right)^{\gamma}-\frac{\alpha}{4}\left(\frac{R}{R'}\right)^{2}\right)\right)$，随路损系数 γ 的增大而增大。

4.2.3　系统测试与仿真

1. 单小区

在多播容量的仿真研究方面，3GPP 标准化组织给出了在不同的信道模型下，3G 系统中多播传输容量与基站发射功率的关系[1]，并分析了传输时间间隔 TTI (transmission time interval)、传输分集等因素对多播传输容量的影响。表 4-1 给出的是 FDD 系统中，支持一定的多播业务速率所需基站发射功率的比例[1]。从表 4-1可以看出，在系统 TTI 为 80ms 时，需要基站发射功率的 40%才能支持一路 64Kb/s 的多播业务，而系统 TTI 为 20ms 的情况下是无法支持速率超过 64Kb/s 的多播业务的。

表 4-1 多播业务速率与基站发射功率的对应关系表

业务速率/(Kb/s)	TTI/ms	占基站发射功率的比例/%
64	20	＞100
64	80	42.7
128	20	＞100
128	40	＞100
128	80	87.1

文献[16]给出了在多播系统中采用轮询(round robin,RR)、差额轮询(deficit round robin,DRR)及最大载干比调度(MAX C/I)三种调度算法的吞吐量仿真结果,如图 4-3 所示。可以看出,除 MAC C/I 算法外,多播吞吐量在 DRR 与 RR 算法下存在最大值。文献[3]通过仿真的方法,比较了 WCDMA 在分布式天线系统(distributed antenna system,DAS)及集中式天线系统(centralized antenna system,CAS)两种部署方式下多播业务的传输性能,包括吞吐量、覆盖范围等。如图 4-4 所示,DAS 在 2＊2 和 3＊3 天线下可以达到 256Kb/s 和 384Kb/s 的多播传输速率,而 CAS 和单天线 DAS 系统在较大的传输功率下也只能达到 128Kb/s。从仿真结果可以看出,由于 DAS 可以提高小区边缘用户的信道质量,因此可以支持更高的多播传输速率;同时,MIMO 不仅是提升单播业务传输性能的重要技术,对多播业务的性能提升同样重要。

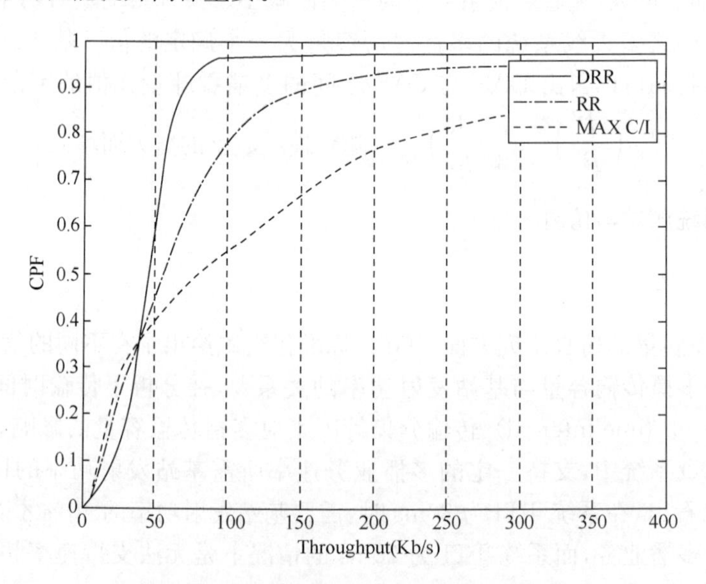

图 4-3 不同调度算法下的多播吞吐量[16]

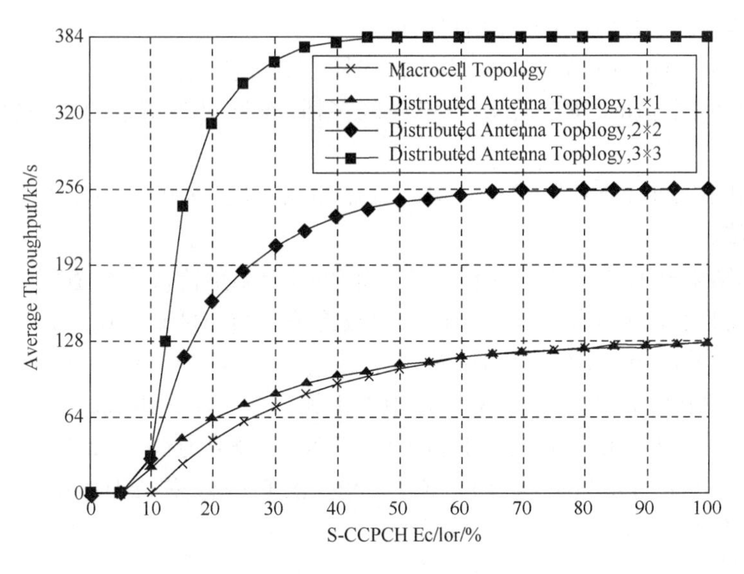

图 4-4　DAS 和 CAS 吞吐量比较[3]

2. 单频网

当单频网多播引入 LTE 标准后，3GPP 标准化组织也对单频网多播(MBSFN)、单小区多播及点对点传输等多种 MBMS 传输机制进行了频谱效率的比较[2]。如图 4-5 所示，共比较了以下五种传输机制。

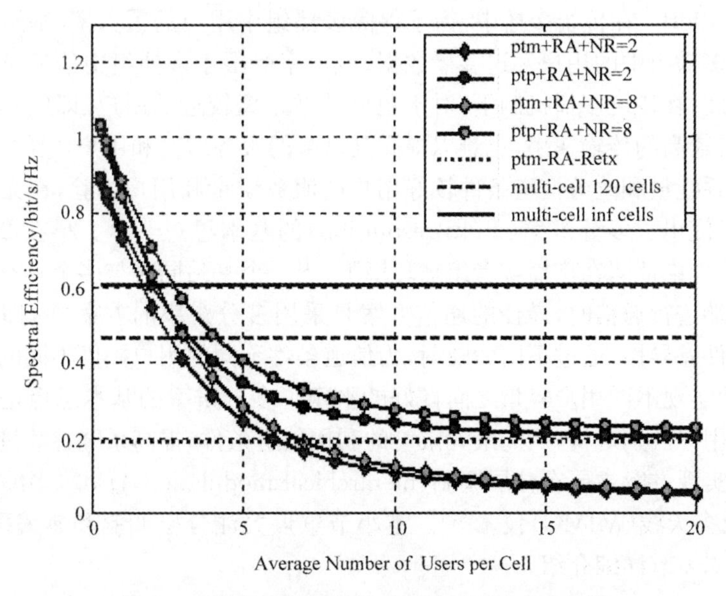

图 4-5　不同 MBMS 传输机制的频谱效率比较[2]

① 单频网(Multi-cell),无用户反馈。

② 单小区(ptm-RA-ReTx),单小区多播,无自适应编码,无重传。

③ 单小区(ptm+RA+NR),单小区多播,有针对多播组的自适应编码,有重传。

④ 单小区(ptp+RA+NR),单小区点到点传输,有针对多播组的自适应编码,有重传。

仿真结果显示,MBSFN 的频谱效率始终高于无重传及无自适应编码的单小区多播,而且它们的频谱效率与小区用户数无关。当小区平均用户数小于一定阈值时,单小区(ptm+RA+NR)及单小区(ptp+RA+NR)的频谱效率高于MBSFN。从图 4-5 可以看出,对于虚拟的由无穷多个小区组成的 MBSFN 来说,该阈值为 2-3;对于由 120 小区组成的 MBSFN,该阈值为 3-4。此外,当小区平均用户数小于 6-7 时,单小区(ptp+RA+NR)的频谱效率高于单小区(ptm-RA-ReTx)。

4.3 分层调制与多编码

在多播业务中,基站需要为多播组中的用户提供相同的多播业务。由于多播组中的用户是随机分布在小区内的,所以它们距离基站的距离可能差异很大。以典型的移动通信场景为例,当路径损耗因子为 4 的时候,假设用户 A 距离基站 5km,用户 B 距离基站 500m。两者之间由于路径损耗因素的影响导致的信号强度差异多达 40dB。在传统多播中,为了保障多播组中用户的覆盖率,基站以固定速率向所有多播组中的用户发送多播数据,该速率受限于多播组中信道条件最差的用户。因此,在传统多播机制下,对于距离基站距离较近的用户,即使其信道条件好,能支持较高的传输速率,也难以提高其自身的服务质量和用户体验。为了提高多播系统吞吐量和改善信道条件较好用户的服务质量和用户体验,在无线多播传输中,人们提出了多分辨率(multi-resolution)的基本思想[17,18]。早在 20 世纪 70 年代,就有理论证明在广播或者组播环境下,当一个基站同时与多个具有不同信号强度的终端进行通信时,最佳的通信方案是采用多分辨率的方案[18],即根据用户的信道条件差异性,通过不同的映射,为信道条件不同的用户提供不同的差错保护性能,从而实现不同用户容量之间良好的平衡。多分辨率的基本思想是将信道条件不同的用户区别对待,从而最大限度的利用信道条件,提高系统吞吐量。多分辨率思想的实现方案主要有分层调制(hierarchical modulation,HM),多编码(multi-code)以及多天线(MIMO)技术[19]。本小节重点关注分层调制和多编码技术,多天线将在 4.4 节详细介绍。

4.3.1　移动多媒体业务编码

由于分层调制、多编码，以及多播MIMO技术的研究多基于多媒体业务的分层编码，因此首先对其进行简要的介绍，为多播传输技术的理解提供帮助。

为了充分利用宝贵的无线资源，提高传输质量，需要为移动通信系统中传输的多媒体业务选择合适的编码标准。由于视频数据在多媒体业务中占据主要的带宽，因此视频编码的选择就成为业界关注的重点。通过对视频编码标准的压缩效率、可扩展性、容错能力及占用的运算资源等因素进行综合考虑，目前普遍认为最适合移动通信技术及移动终端制造水平的视频编码标准是H.264[20]和MPEG-4[21]。MPEG4由ISO/IEC的活动图像编码专家组负责制定。MPEG4标准主要针对可视电话、视频电子邮件和电子新闻等，其传输码率要求较低，在4800～6400b/s之间，分辨率为176×144像素。H.264是ITU-T的VCEG(视频编码专家组)和ISO/IEC的MPEG(活动图像编码专家组)的联合视频组(joint video team，JVT)开发的一个新的数字视频编码标准，能够提供比MPEG-4更高的数据压缩比，相同码率的H.264媒体流和MPEG-4媒体流相比，H.264的压缩效率更高，并且压缩质量也好于MPEG-4。然而，H.264的计算复杂度也大幅增加。

在视频压缩方面，MPEG4和H.264已经可以达到100～150倍的压缩率，视频编码的目标已经由单纯的追求高压缩率转向了使视频流能够更好地适应各种不同的网络环境和用户终端。目前，可伸缩视频编码(scalable video coding)是公认的解决该问题的最好方法[22]。在可伸缩视频编码中，为了适应网络异构的特性，将视频内容编码分为若干个互不相交的视频层，接收端只需要接收一定数量的视频层，就可以解码还原得到视频画面，质量取决于接收到视频层的数量[23]。这样就可以避免在传统单码率编码中，接收端网络状况差异很大时造成的低效和拥塞的问题。例如，在无线通信系统中，为保证所有用户都能正确接收到多媒体服务，采用基于最低速率法的多播传输，发射机的发射功率，以及调制编码方式均是以覆盖区域内最差用户来考虑的，极大地影响了系统频谱效率的提升。若采用可伸缩视频编码，就可以将视频信息分为基本数据流和增强数据流两种不同级别的数据流。基本数据流考虑的是覆盖内的所有用户，可以保证用户得到最基本的视频观赏效果，而增强数据流是面向信道状况较好的用户，只有那些信道较好的用户才能正确解调，从而得到更高质量的视频享受。

可伸缩编码主要包括分层编码和容错编码两类[23]。分层编码为多媒体数据产生基本层和多个增强层，其中基本层包含多媒体的最重要特征的数据，增强层用于进一步提高视频质量。分层编码属于累积分层，编码产生的视频层有主次之分，只有收到基本层才能正确解码。精细可伸缩编码FGS(fine granularity scalability)[24]、PFGS(progressive fine granularity scalability)[25]是分层编码的代表。容错编码以多描述视频编码(multiple description coding,MDC)[26]为代表,编码器生成原始信号的多个视频层,各个层相互独立并具有相同的优先级。接收端可以对其中的任意多个层进行解码,参与解码的层越多,视频质量越高。虽然 MDC 算法比 FGS 算法的可靠性更高,但由于其需要在原视频信号中加入更多的冗余信息,因此降低了视频压缩效率。目前,MPEG-4 及 H. 264 已将分层编码机制引入到视频编码标准中。

4.3.2　分层调制技术

从容量的角度讲,时域重叠的编码(superposition coding,SPC)方式加上干扰消除的接收机会比利用时域或频域正交传输的方式具有更高的容量。因此,在现有的数字广播标准中大都采用分层调制(hierarchical modulation,HM)来实现重叠编码,把不同优先级层的信息同时叠加在一起传输。由于地形、发射塔的高度和功率以及接收机天线等因素,不同级别的调制可能到达不同的服务区域。已有研究结果给出了在数字视频广播-地面无线(DVB-T)各种分层调制方式下,各个层覆盖范围的对比,基本上高优先级(HP)层的覆盖范围可以达到低优先级(LP)层的 1. 7～2. 7 倍。

假设在多播组中,用户 A 处在小区的中心区域,距离基站较近,信道条件较好;用户 B 处在小区的边缘,信道条件较差。在基站端为用户 A 和用户 B 分配的功率分别为 P_1 和 P_2,之后基站将相应的信息 A 和 B 进行调制编码并发射出去。那么,用户 A 和用户 B 收到的信号分别包括自身需要的信息,来自另一用户的信息以及噪声。系统完全可以为用户 A 和 B 设计合理的调制编码方式,使得用户 B 在解码时将来自用户 A 的信息当做干扰信号也能够成功解调出自身信息 B。对于用户 A 而言,由于用户 A 信道条件优于用户 B,则当用户 B 能够成功解码 B 信息时,用户 A 必定也能成功解码 B 的信息。之后用户 A 从接收到的信号中消去 B 信号的影响,并再次解码就可以得到 A 信息。这样用户 B 解码得到了 B 信息,而用户 A 其实同时得到了 A 信息和 B 信息。信道条件较好的用户可以获得更多的信息。这就是利用叠加码实现分层调制的基本原理。在多播系统中,信道条件差的用户也能接收到的信息称之为基本层信息,基本层信息以外,信道条件较好的用户还能得到的信息称之为增强层信息。

如图 4-6 所示,图 4-6(a)是采用二相相移键控(BPSK)与 16QAM 叠加后的调制星座图,图 4-6(b)和图 4-6(c)分别是距离基站较近的用户 A 和距离基站较远的用户 B 接收到的星座图信号。

由于用户 B 信道条件较差,完全不能看清 16QAM 星座点,但是用户 B 仍然能够看清 BPSK 星座图信息。对于用户 A 而言,其能够不仅能够看到 BPSK 信息,而且也能清晰地看到更细的包含在每个 BPSK 中的更小的 16QAM 的信息。其中,BPSK 信息就是一个“云”,而 16QAM 信息是“云”中更小的星座点。

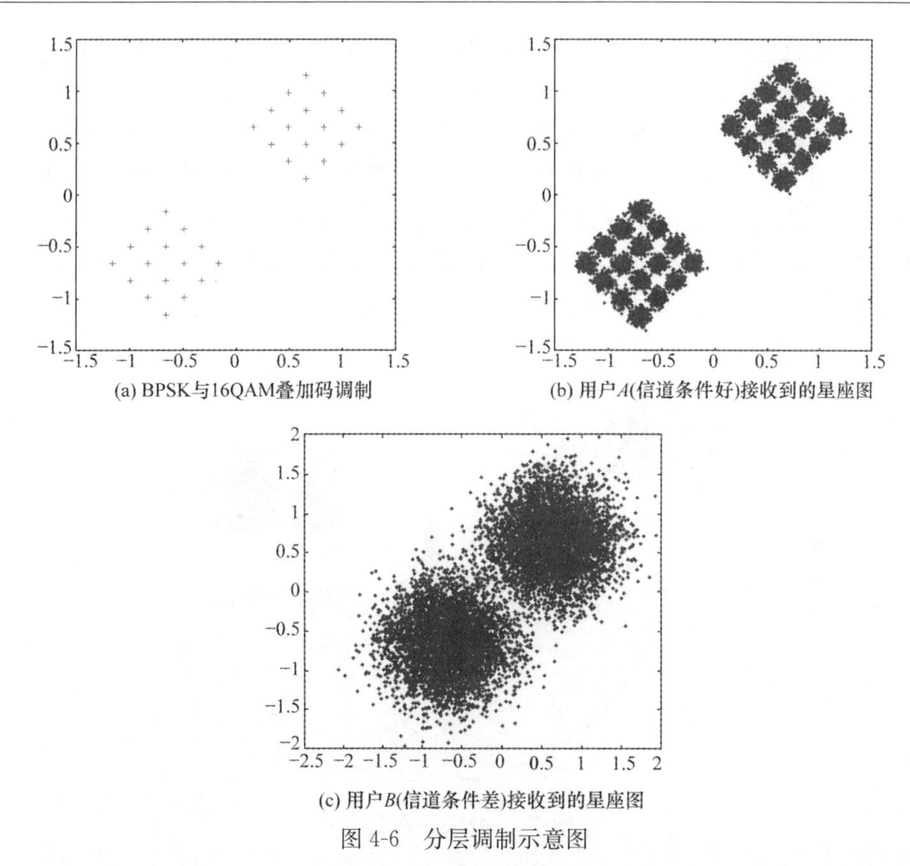

(a) BPSK与16QAM叠加码调制　(b) 用户A(信道条件好)接收到的星座图

(c) 用户B(信道条件差)接收到的星座图

图 4-6　分层调制示意图

如图 4-7 所示，BPSK 与 16QAM 叠加分层调制星座图可以被看做是由两个较大的云(BPSK)构成的，而每个云内又包含若干个最小的星座点(16QAM)。其中，基本层信息被承载在这些星座云上，而增强层信息承载在云内这些更小的星座点上。用户根据自身信道条件，首先判定信息在那个云上，并从信息中剥离星座云的信息，之后再去解码承载在某个云上的更小的星座信息。

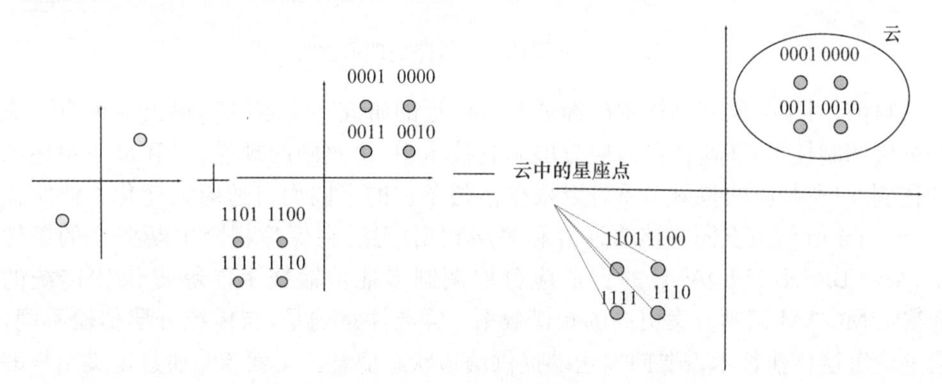

图 4-7　云与云中的星座点示意图

处在小区边缘的用户，由于其信道条件较差，这些用户只能识别最基本的云信息，而无法解码更小的星座点信息。因此，这些用户只能接收基本层信息，从而获得基本质量的视频服务，如图 4-8 所示。另一方面，对于信道条件好的用户，云信息和云信息包含的最小星座图信息都可以成功解码，那么这些用户同时收到基本层和增强层的信息，从而享受高质量的视频信息传输服务。图 4-9 是分层调制的链路处理示意图，其中有两个并行的流程，分别针对基本层信息和增强层信息。

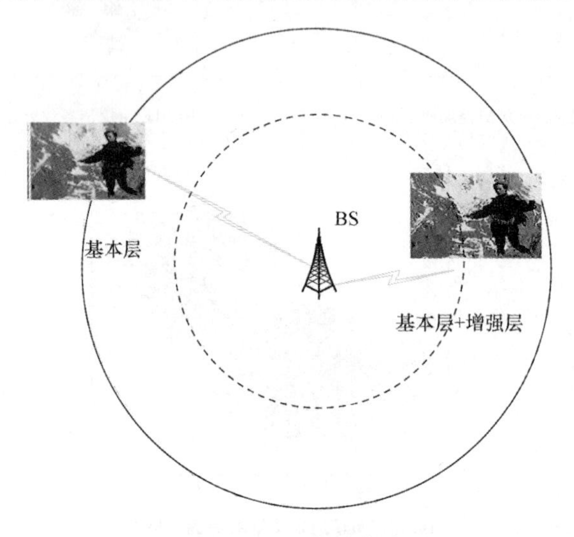

图 4-8 分层多播传输

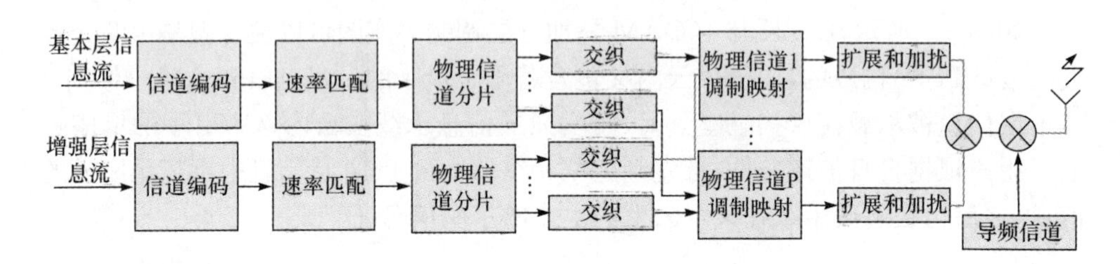

图 4-9 分层调制的链路处理示意图

目前，对于分层调制技术已经展开了广泛的研究。文献[27]提出一种自适应的分层调制技术，在这种自适应分层调制技术中，星座图的规模、云和最小星座图的比例，以及相应的映射关系可以根据信道条件的不同而自适应的变化。假定在 Nakagami-m 信道上同时传输语音和多层数据信息，在保障相同中断概率的条件下，采用 BPSK/(MQAM) 的自适应分层调制多播传输技术能够提供比传统的 BPSK/MQAM 调制方案更高的频谱效率。需要注意的是，与传统分层传输不同，自适应分层传输技术需要向发送端提供信道状态信息。文献[28]通过定义用户解码速率的效用函数来优化分层传输技术，并采用拉格朗日对偶方法有效的求解了该优化问题，最终得到了最优的多播传输功率和不同层解码的阈值要求。另外，为了降低系统总能耗，文献[29]提出一种高能效的分层调制多播机制，该机制通过能耗效率评估函数的构建和分层调制选择算法来决定最优的调制参数。分层调制多播技术也被推广到了窃听信道[30]。首先，利用叠加编码将信源信息编码成不同的层次。然后，每一层又被随机编码，从而保障信息的安全性，避免被窃听者侦听。文献[30]同时研究了高斯窃听信道和快衰落窃听信道，得到了相应的分层调制多播传输机制下的保密传输速率和最优的基站功率分配方案。

在无线通信系统中，广播和单播信息的发送一般是完全独立的。在大部分情况下，基站分配给单播信息的发送功率均大于它实际传输所需的功率。文献[31]将广播信息通过叠加码叠加至单播信息之上进行发送，可通过多次叠加完成广播信息的发送，这样既可以有效利用单播发送功率，又可以降低广播单独发送时带来的传输时延。文献[32]主要研究一种基于机会多播的广播组播和单播业务叠加传输的方案。在分层复用方式下，基站可以同时为广播组播用户和单播用户提供服务，对于广播组播业务，采用机会多播的传输方式，即每次发射保证固定比例的小区广播用户能够成功接收广播组播消息，这样将大大减小广播组播业务的系统时延。同时，提出一种功率分配方案，能够使得广播组播业务的系统时延尽可能小、单播业务的吞吐量尽可能大，从而达到在系统时延和吞吐量之间折中的情况下实现系统最优化的目标。

浏览网页、视频点播，以及文件下载等软实时业务，它们具有时延要求不高、根据每个用户的请求单独产生信息、可以支持多用户接入的特点。针对这类业务，文献[33]提出将单播业务进行多播传输的方案(方案 A)，即缓存一定时间的软实时业务，忽略某些点击量较小的业务之后，针对该段时间内相同的业务，进行统一生成和广播发送，从而大大节省了单位业务传输所需的带宽和发送功率，实现时延换能效的目标。在文献[33]的启发下，可以很自然地想到采用热点-非热点叠加码(方案 B)。首先，将缓存时间内的软实时业务按业务种类依次进行划分，并根据一定的阈值将业务按点击量划分为热点业务和非热点业务；由于热点业务是主要服务对象，因此将非热点业务依次叠加至热点业务之上进行发送，该方案可以大大提高系统吞吐量。由于使用叠加码发送，因此热点业务和非热点业务共享发送功率。作为基本层的热点业务可以分得较多功率，其性能不会受到太大影响，作为增强层的非热点业务却只能分得非常少的一部分功率，可能无法保证其传输质量。为了解决文献[33]中方案存在的问题，文献[34]提出一种基于叠加码的高能效业务机会多播传输方案，针对多种单播多播混合业务传输场景，将机会多播应用到方案 B 中，不仅降低了业务的传输时延，且能有效保证各类业务的传输质量。同时，针对该方案，文献[34]还给出一种基于用户选择比例和功率分配比的增强层业务选择门限来动态优化系统吞吐量的方法，最终实现了在不增加发送功率的前提下，不仅能够保证通信质量，而且有效降低传输时延、增大吞吐量的优化能效目标。新提出的针对混合单播和多播业务的高能效业务叠加码应用方案，与传统 TDM 方案和叠加码方案相比，不仅在传输时延和系统吞吐量上，而且在能效方面都有很大的提升。在广播业务比例为 50%时，新方案下的传输时延较之方案 A 平均降低约 50%，系统吞吐量较之方案 A 平均提高近 1 倍，能效方面较之方案 A 平均优化近 25%。

值得注意的是，分层信源编码技术已经广泛地被 H. 264 及 MPEG-4 等多种视频标准支持。同时，分层调制多播传输技术能够天然的被 4G 无线通信网络所支持[35,36]。尽管与传统多播相比较，分层调制能够有效地提高系统频谱效率，然而多播组中付费相同的用户仅仅由于信道条件的不同而接受不同质量的服务。因此，分层调制技术带来了用户之间服务的不公平性。

4.3.3 多编码方案

多编码方案的核心思想是，基本层采用较高的差错控制来为用户提供较低的服务速率，而增强层采用较小的发送功率和较低的差错保护，仅仅保障信道条件较好的用户能够解码这些增强层信息。由于基本层速率较低，所以为大量用户提供基本层服务的功率就可以大幅下降。同时，为用户提供增强层服务的功率由于覆盖率较低也得到了下降，从而总功率得到了有效降低。文献[19]给出一个在 WCDMA 系统中使用多编码的例子。基本层和增强层分别通过两个 128Kb/s 的信道传输，给承载基本层的信道分配的发射功率需要覆盖整个小区，而承载增强层的信道使用比基本层更低的发射功率，只保证覆盖离基站较近的用户。

与传统多播相比，链路级仿真表明采用两层多编码技术系统吞吐量提高约 10%[19]。然而，由于多编码方案无法提高频谱利用率，性能比分层调制传输性能差[19]，因此目前多编码方案研究较少。

4.4 多播 MIMO 技术增强

4.4.1 自适应 MIMO 传输机制

从多播传输容量分析可以看出，MIMO 技术可以显著提高 MBMS 传输性能。因此，很多研究将空间分集或空间复用技术应用到了 MBMS 传输中。在不同应用场景下不同 MIMO 技术的性能存在差异。例如，空间分集可以提高小区边缘用户的数据接收可靠性，但对于处于小区中央的用户来说，则造成了资源的浪费。针对该问题，文献[37]提出一种自适应 MIMO 机制，根据用户分布来选择采用空间分集，还是空间复用技术。若本次 MBMS 传输中有一些用户位于小区边缘（图 4-10 的场景 1），则采用空间分集技术提高信号质量；若没有用户位于小区边缘（图 4-10

的场景 2)，或者所有用户的信道质量都足够好，则采用空间复用技术提高系统吞吐量。该方法可以在不同场景下充分利用多天线资源。

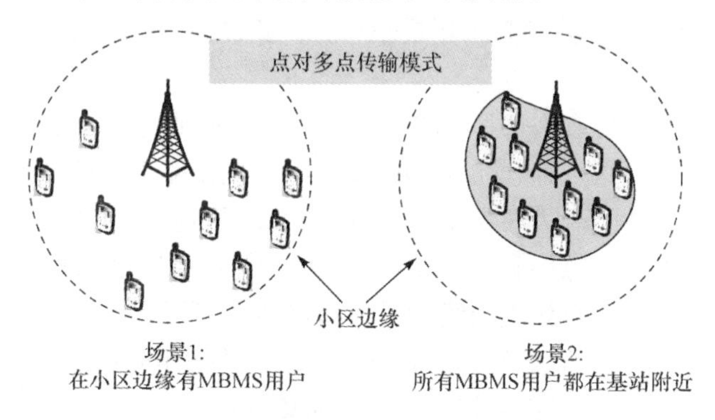

图 4-10　MBMS 用户分布情况

文献[38]基于联合信源信道编码技术进行自适应 MIMO 机制设计。如图 4-11所示，联合信源信道编码技术即通过综合考虑由有损压缩造成的量化误差、信道衰落、噪声等造成的误码等因素，进行信源压缩及信道编码的跨层优化，最小化端到端失真。文献[38]给出的自适应 MIMO 机制，以最小化端到端失真为目标，不仅进行空间分集和空间复用的选择，还进行调制编码方式的选择。

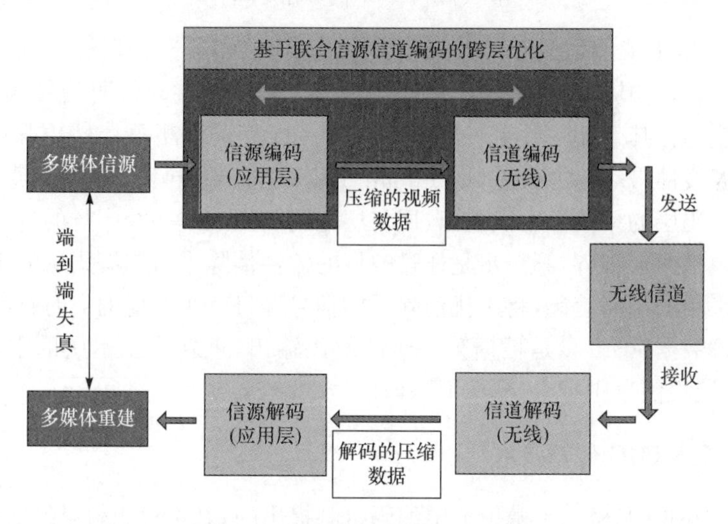

图 4-11　联合信源信道编码示意图

文献[38]将端到端失真定义为 $D_{\mathrm{ave}}(R,\zeta)=D(bR)(1-\Phi(R,\zeta))+D_{\max}\Phi(R,\zeta)$，其中 R 和 bR 分别代表信道编码速率和信源编码速率，$\Phi(R,\zeta)$代表平均误包率，是 MIMO 传输方式、调制编码方式、平均信道状态的函数，$D_{\max}$代表由于误包导致无法正确解码源数据所带来的最大可能的失真。平均误包率函数 $\Phi(R,\zeta)$在

不同 MIMO 传输方式下的形式不同。例如,当采用正交 STBC 码时,平均误包率取决于 MIMO 信道的弗罗伯尼范数 $\|H\|_F^2$;当采用垂直编码的空间复用时,若共有 N 个空间数据流同时发送且采用最小均方误差译码,则平均误包率取决于所有流中最小的信干噪比。

文献[39]是根据失真来选择 MIMO 传输方式,形成异构 MIMO 结构(hybrid MIMO structure,HMS)。该文献以四天线为例,给出两类 HMS 设计。一类称为 $G2+1+1$,其第一层包括两根天线,采用正交 STBC 码发送(如 Alamouti 码),其他两根天线分别组成第三层和第四层,可采用空间复用技术(如 VBLAST),传输矩阵如图 4-12(a)所示(行代表天线,列代表时间);一类称为 $G2+G2$,两根天线为一层,每层都采用正交 STBC 码(如 Alamouti 码),传输矩阵如图 4-12(b)所示。若估算的平均失真高于阈值,则采用 $G2+G2$,否则采用 $G2+1+1$。

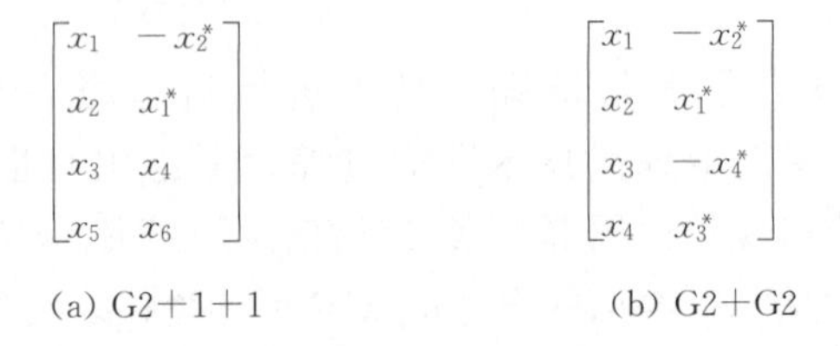

图 4-12 HMS 的传输矩阵

图 4-13 给出了 HMS 的干扰消除过程,其中 MIMO 空域滤波器能够消除来自其他层的干扰,使其处理后的输出信号成为一个单一的空时编码信号或者单一的未编码码流。在其采用的串行干扰消除方法中,首先检测鲁棒性更强的 $G2$ 层。这里采用了线性最小均方误差(minimum mean-square error,MMSE)滤波器来消除来自未编码层的干扰。可以看出,层与层之间的处理是一个串行的过程,每一个串行操作包括两个步骤,第一步是通过空域滤波器消除来自未编码层的干扰,然后根据本层采用的空时编码,将干扰消除后的信号经过一个对应的空时解码器,恢复本层的传输数据;第二步是根据第一步的解码输出,重新产生本层的空时编码信号,将其从接收信号中减去,从而消除该信号的影响。

4.4.2 分级 MIMO 传输技术

分级 MIMO 的概念是基于分层编码机制提出的,基本思想就是针对分层编码中的不同层数据流的传输质量要求不同,采用不同的空时编码进行传输。4.3.2 节介绍的分层调制是一种单纯数字调制技术,分级 MIMO 的概念是基于空时编码思路的一种通过多天线传输达到对不同符号实现不同保护力度的传输技术,并且可以与分层调制同时在系统中使用得到更明显的效果。

MIMO 中的空时编码实际上可以看作是对调制符号的编码,也是一种广义的

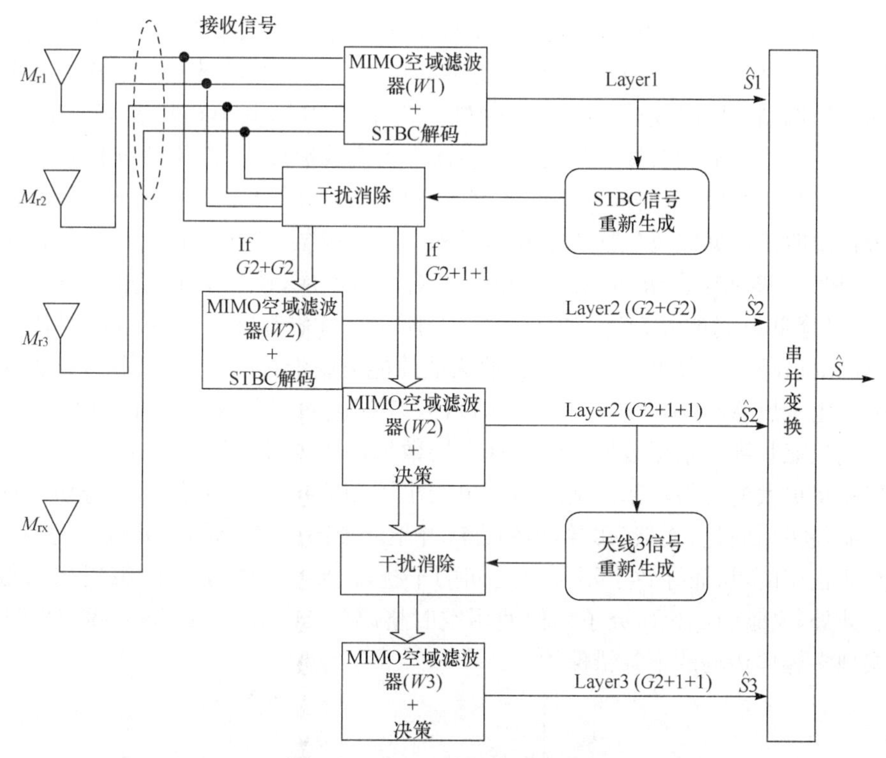

图 4-13　HMS 的干扰消除过程

调制，维度的增加也提高了设计的灵活性。根据线性扩散码(LDC)理论，大多数的空时编码也可以看作是不同的实数符号乘以不同的扩散矩阵后叠加在一起实现的。不同于现有空时编码追求编码增益和分集增益最大化的设计思路，分级 MIMO 技术可以利用线性扩散构成的这一特征来设计可实现非平衡错误保护能力的多天线传输方案。如图 4-14 所示，不同错误保护能力的层也会有不同的覆盖范围，处于小区边缘的 $T3$ 和 $T4$ 只能接收基本层(HP 层)的数据，而处于内圈的 $T1$ 和 $T2$ 都可以接收到基本层(HP 层)和增强层(LP 层)的数据。

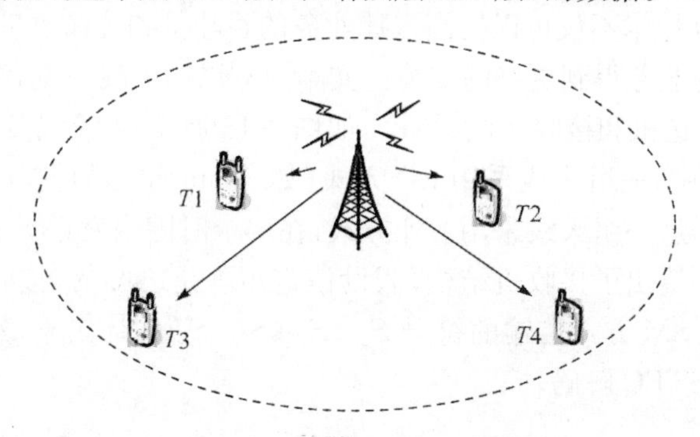

图 4-14　分级 MIMO 传输场景

例如，文献[40]给出的嵌入式空时编码机制就是对不同层的数据流采用不同的编码方式，使得具有不同天线数量的终端接收到不同层的数据。发送机将不同层的数据调制后同时发送，表示为$C=C_1+C_2+\cdots+C_L$，其中C_i代表层i调制后的发送矩阵。接收端能够接受到的数据层数由天线数量决定，如具有$n(1\leqslant n\leqslant L)$个天线的终端，就可以解码前$n$层的数据。下面以两层嵌入式空时编码(4天线)为例进行说明。数据编码包括1个基本层和1个增强层，基本层在一个块编码内发送x_1和x_2，增强层发送y_1、y_2、y_3和y_4。对于基本层，该方法采用重复Alamouti码，可以降低解码的复杂度，如图4-15(a)所示。有研究证明[41]可以同时传输K个Alamouti码，但最少需要K个接收天线才能克服干扰的影响。因此，该方法在增强层也采用Alamouti码(图4-15(b))，但需要至少两根天线才能正确解码，即一根天线只能收到基本层数据。由于基本层数据的重要性高于增强层，因此基本层也将获得更大的发射功率。文献[40]也给出了相应接收机的设计，并分析了误码率。需要指出的是，文献[40]给出的方法并不能提高传输容量，且其设计的空时编码是非正交的，从而导致了不同层之间的干扰，需要设计性更好的编码来降低干扰。此外，文献[42]也研究了如何使用空时格码(space-time trellis codes，STTC)来实现多媒体传输的不等错保护。

$$\begin{bmatrix} x_1 & x_2 \\ x_1 & x_2 \\ x_2^* & -x_1^* \\ x_2^* & -x_1^* \end{bmatrix}$$

(a) 基本层空时编码

$$\begin{bmatrix} y_1 & y_2 \\ y_2^* & -y_1^* \\ y_3 & y_4 \\ y_4^* & -y_3^* \end{bmatrix}$$

(b) 增强层的空时编码

图4-15　基本层与增强层的空时编码

分级MIMO的另一种思路是用空间分集(spatial diversity，SD)的MIMO技术来传输基本层数据流，而增强层数据流则采用空间复用(spatial multiplexing，SM)的方式来传输获得较高的数据传输速率。基本层数据流和增强层数据流可在同一时频资源上传输，采用空分复用(space-division multiplexing，SDM)的方式。这种分级MIMO技术不仅可以提高多播业务的吞吐量和传输质量，还可以使具有不同QoS要求的业务得到更好的支持。文献[43]以四天线为例，给出了这种分级MIMO系统的发送机和接收机的设计。如图4-16所示，4天线分为两组，每组包括两根天线。其中，一组天线采用SD方式(如Alamouti码)，在两个时隙内发送S_{11}和S_{12}两个符号；一组天线采用SM方式，在两个时隙内发送S_{21}、S_{22}、S_{23}、S_{24}四个符号。图4-17给出了接收机结构，假设信道矩阵是已知的，接收机首先采用迫零等方法将采用SM方式传输的符号S_{21}、S_{22}、S_{23}、S_{24}估计出来，然后消除SM数据的干扰，进行STBC解码。

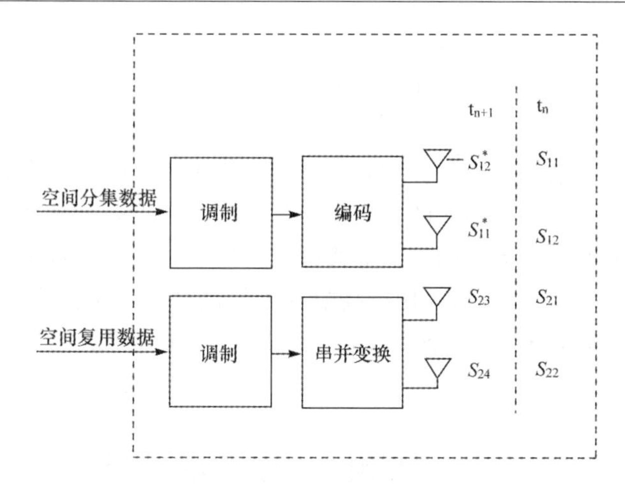

图 4-16　分级 MIMO 系统发送机示意图[43]

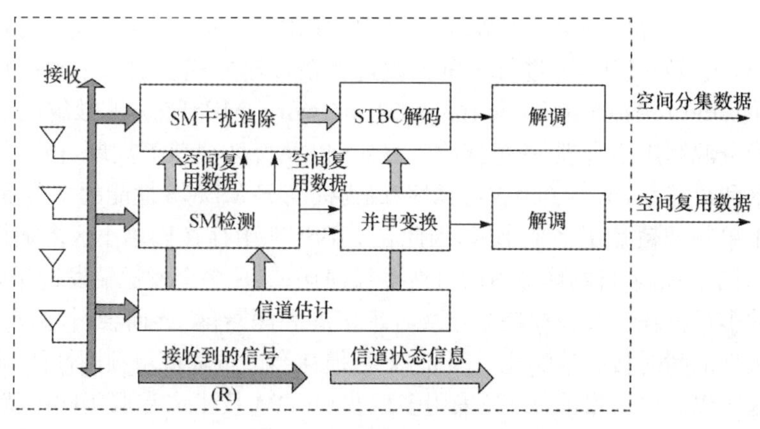

图 4-17　分级 MIMO 系统接收机示意图[43]

针对终端的不同的能力，即接收天线的个数，分级 MIMO 方案也可以分为两种。

① 对于双天线终端，设计具有不等错误保护能力的重叠式分级 MIMO 传输方案。

利用时域重叠的思路来设计空时编码。虽然目前也有一些可以实现全速率、全分集的空时编码方案，如 Golden 码，也可以看作是对两两分组的调制符号分别进行空时编码后在时域上叠加起来。这里把四个符号当做一个数据流的信号，所以从分集增益最大化的角度来设计，使得四个符号的错误保护能力是相同的。一个可行的思路是，对两层独立的空时编码各自进行一个不等的功率加权之后再在时域重叠相加。这时的设计目标不仅是实现多种不等错误保护能力的码流，还要考虑到层与层之间功率比值的优化，使得重叠后扩展的星座空间中星座点的距离仍然保证比较大，不能因为时域重叠导致星座点混叠，使得各层的检测性能都恶化。此外,还要考虑接收机的检测算法的复杂度问题。

② 对于单天线终端,设计具有不等错误保护能力的嵌入式分级 MIMO 传输方案。

当终端只有一根接收天线的时候,是不能区分时域完全重叠的两层信号的。这时可以把处于不同空时单元的具有相同分集增益和编码增益的符号作为一层,而增益不同的符号属于不同的层。虽然这时每一层的信息传输速率会降低,但由于空时编码增益的作用,可以采用更高阶的编码调制方式来补偿速率的损失。本质上,嵌入式空时编码并不严格要求接收天线数量,因此可以考虑利用多根接收天线提高传输速率。

4.5　单频网传输技术增强

3GPP LTE 标准制定的 E-MBMS 机制,在逻辑结构、业务模式和传输方式等方面对 3G 时代的 MBMS 进行了重大改进。在传输方式上引入单频网传输方式(multicast and broadcast single frequency network,MBSFN),有效解决了 MBMS 中对无线资源利用不合理、业务接收不稳定,以及盲区覆盖等问题,极大提高了频谱利用率和覆盖率,增强了接收可靠性,成为提高 E-MBMS 性能的一项重要技术。

由于单频网覆盖了多个小区,因此在 MBSFN 中存在比单小区多播情形更多的多径损耗:一是来自物体散射的自然多径损耗;二是多个发送端发送相同信号造成人为的多径损耗。多径损耗会导致时延扩展和深衰落,继而会引起较强的码间干扰和很低的瞬时接收信噪比。因此,多径损耗会严重降低单频网性能,需要采取一定措施予以解决。目前,LTE 采用多载波 OFDM 技术来克服码间干扰问题,而对于深衰落问题研究较多的是波束成形技术和传输分集技术。单频网采用发射波束成形在用户密集度高和基站天线间有较低分离度的情况下可以实现很高的信噪比,但前提是需要一定终端反馈信息,这对当前的 E-MBMS 来说是不现实的。

传输分集是降低深衰落的有效方法,由于传输分集不需要终端反馈信息,且实现性能提高的前提要求和复杂度相对较低,因此它被广泛应用于单频网中。LTE 中传输分集技术主要包括空时组码(space time block code,STBC)、空频组码(space frequency block code,SFBC)和循环延迟分集(cyclic delay diversity,CDD)。STBC 技术在本书第三章的 3.1.3 节进行了介绍,对两天线传输来说,在连续两个符号中发送数据的编码矩阵可以采用最著名的 Alamouti 编码,即

$$\begin{bmatrix} s_1 & -s_2^* \\ s_2 & s_1^* \end{bmatrix}$$

其中,矩阵的行代表发送天线,列代表时间;对应 SFBC,编码矩阵相同,只是列代表子载波。

CDD 技术是通过改善信道的频率选择性，使得系统在平坦衰落信道、轻微选择性信道，以及小带宽情况下，也可以获得分集增益。LTE 中的 CDD 技术在为 OFDM 符号插入循环前缀之前，将同一个 OFDM 符号分别循环移位 D_m 个样点，其中 $m(m-1,\cdots,M)$ 表示天线序号，然后每个天线根据各自对应的循环移位之后的版本，分别再加入各自的 CP[44]。循环延迟分集技术通常需要通过与其他技术相结合的方式改善传输性能，且目前 LTE 不支持单纯的 CDD 技术，因此单频网传输研究中主要考虑采用 STBC、SFBC 或其与 CDD 的结合。

4.5.1　基于 STBC 的单频网传输

要在单频网中实现 STBC，需要基站群控制器、发射端基站和接收单元。其中，基站群控制器可以是 E-MBMS 中的 MCE 实体。基站群控制器对所有的基站进行协调控制，以保证不存在相邻的两个基站在同一时隙发射相同信号，且使得每相邻的 n 个基站都形成一个 STBC 编码块，进行 STBC 码块的统一传输和接收单元解码。图 4-18 给出了当 $n=4$ 时基站群配置的典型形式，各个基站的编号由基站群控制器统一分配，编号相同的基站在同一时隙发射相同的信号。

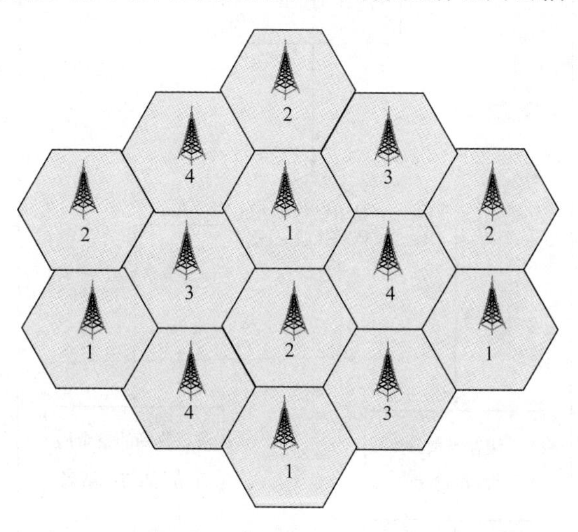

图 4-18　基站配置示意图（以 4 个基站一组为例）

以 4 个基站进行 STBC 编码为例，形成的 STBC 码块为

$$\begin{bmatrix} s_1 & s_2 & s_3 & s_4 \\ -s_2^* & s_1^* & -s_4^* & s_3^* \\ -s_3^* & -s_4^* & s_1^* & s_2^* \\ s_4 & -s_3 & -s_2 & s_1 \end{bmatrix}$$

基于该 STBC 码，相邻的 4 个基站需发送的 STBC 符号如表 4-2 所示。

表 4-2　STBC 编码发送方案

	时隙 1	时隙 2	时隙 3	时隙 4
基站 1	s_1	$-s_2^*$	$-s_3^*$	s_4
基站 2	s_2	s_1^*	$-s_4^*$	$-s_3$
基站 3	s_3	$-s_4^*$	s_1^*	$-s_2$
基站 4	s_4	s_3^*	s_2^*	s_1

接收单元包含 1 根天线接收相邻的 n 个基站发送来的信号，并利用相应的 STBC 解码方式进行解码。图 4-19 给出了典型接收单元的工作流程。需要指出，这很容易扩展到接收单元包含 m 根天线的情况，这时只需对解码流程做简单的线性叠加即可。

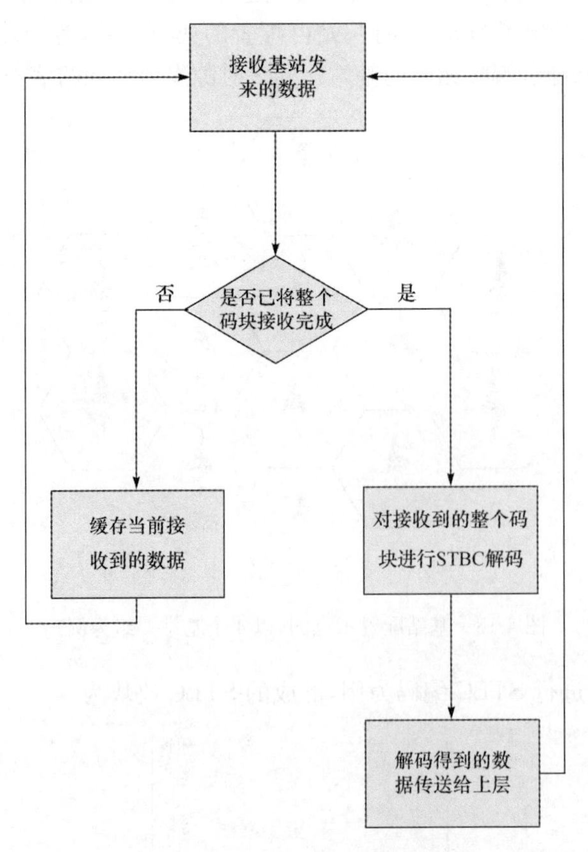

图 4-19　典型接收单元工作流程图

对于 STBC 与 CDD 结合的单频网传输，文献[45]将空时编码 STBC 和循环延迟分集技术 CDD 结合，称为空时频编码，用于提高单频网传输的性能。主要思想如图 4-20 所示，首先将能为用户提供广播/组播数据的所有小区进行分组；广播/组播数据经编码调制后送入空时编码器，小区内的多根发送天线间使用空时编码的方式获取多天线分集增益，不同的小区组使用不同的循环延迟量，引入频率分集。在图 4-20 中，$[\delta_1,\delta_2,\cdots,\delta_n]$是为每个小区组所设定的循环延迟量。文献[45]在仿真中采用的 3 个小区组成的单频网，每个小区为一个小区组，即共有 3 个小区组。仿真结果显示，与不采用任何空时编码的传统发送方法相比，3 小区分组只采用循环延迟分集时性能有一定的改善，3 小区采用 Alamouti 编码方案的性能优于只采用循环延迟分集，而 STBC 与 CDD 结合的空时频编码分集方案的性能最好。

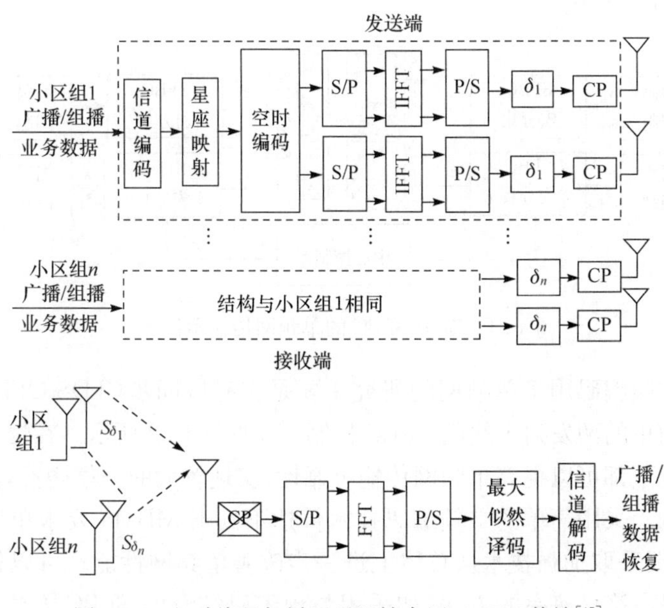

图 4-20 空时编码与循环延迟结合用于 SFN 传输[45]

4.5.2 基于 SFBC 的单频网传输

下面以两个基站为例，说明 SFBC 在单频网中的应用[46]。假设每个基站有 2 根天线，同一基站的天线间使用空间复用技术，不同基站间采用 SFBC，则 BS b 在天线 t 上的发送序列 $x_t^{(b)}$ 为

$$
\begin{aligned}
x_1^{(1)} &= [s_1 \quad -s_3^* \quad s_5 \quad -s_7^* \quad \cdots \quad s_{2N-3} \quad -s_{2N-1}^*]^{\mathrm{T}} \\
x_2^{(1)} &= [s_2 \quad -s_4^* \quad s_6 \quad -s_8^* \quad \cdots \quad s_{2N-2} \quad -s_{2N}^*]^{\mathrm{T}} \\
x_1^{(2)} &= [s_3 \quad s_1^* \quad s_7 \quad s_5^* \quad \cdots \quad s_{2N-1} \quad s_{2N-3}^*]^{\mathrm{T}} \\
x_2^{(2)} &= [s_4 \quad s_2^* \quad s_8 \quad s_6^* \quad \cdots \quad s_{2N} \quad s_{2N-2}^*]^{\mathrm{T}}
\end{aligned}
\tag{4.25}
$$

其中，s_n 为调制符号；N 为所使用子载波的个数。

图 4-21 是只使用两个子载波的情况下的简单示例，左侧为基站 1 的两个发送天线，右侧为基站 2 的两个发送天线。基站 1 与基站 2 也由中心控制器来协调控制，该控制器的功能类似于基站群控制器。按照式(4.25)给出的发送序列，基站 1 在天线 1 的子载波 1 上发送 s_1，在子载波 2 上发送 $-s_3^*$；基站 1 在天线 2 的子载波 1 上发送 s_2，在子载波 2 上发送 $-s_4^*$；基站 2 在天线 1 的子载波 1 上发送 s_3，在子载波 2 上发送 s_1^*；基站 2 在天线 2 的子载波 1 上发送 s_4，在子载波 2 上发送 s_2^*，从而形成 Alamouti 编码。

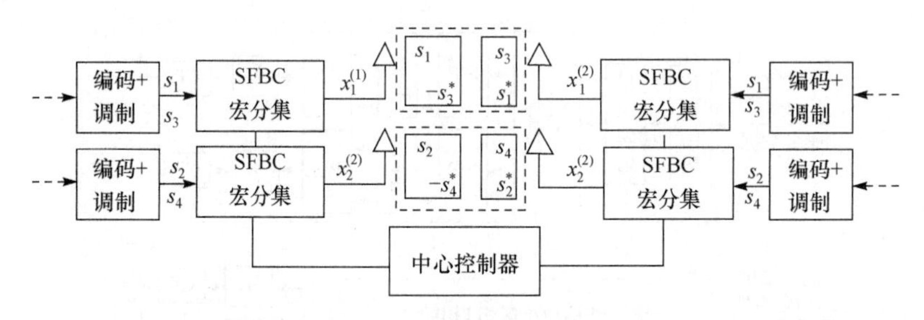

图 4-21 基于 SFBC 的单频网传输示例[46]

目前将空频编码用于单频网的研究主要是在时域同步(TDS-OFDM)单频网系统中引入简单的两发射天线的 SFBC 机制[47]，如图 4-22 所示。在慢衰落或者快衰落信道状况下都可以提高单频网传输可靠性，实现较大的分集增益，减小单频网的深衰落影响。采用简单的空频编码技术仍达不到 E-MBMS 要求单频网具有的性能指标，需要采取加强技术从总体上进一步改善单频网性能。可以借鉴非单频网中 SFBC 提高符号速率的方法，如采用与预编码结合的 SFBC 方法[48]、复杂的交织技术实现满速率 SFBC 的方法[49]、分集和复用折中思想[50,51]提高 SFBC 符号速率的方法等。

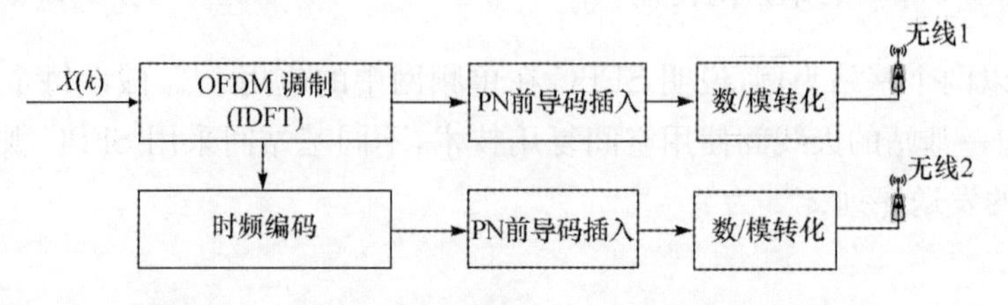

图 4-22 简单的两发射天线 SFBC 机制用于单频网

STBC与SFBC的比较分析如下。

① 从STBC和SFBC编码构造前提上看,STBC要求在跨越几个OFDM字符的一个码块周期内信道衰落响应保持近似不变。SFBC则要求跨越几个子载波的一个码块带宽内信道衰落频率响应保持近似不变。当UE高速移动即多普勒频移较大时,信道的相干时间会相应减小,每个STBC码块的几个OFDM字符周期时间大于相干时间的概率很大,此时时间选择性会导致在一个码块时间内信道不能保持准静态,从而影响STBC的正交性,恶化性能。对每个SFBC码块的一个OFDM字符周期时间大于相干时间的概率较小,如果码块内的几个子载波在一个相关带宽内,就可以保证信道是准静态的。因此,在多普勒频移较小时,SFBC和STBC的性能很接近,但当多普勒频移较大时,SFBC的性能要比STBC的性能好很多。

② 从STBC和SFBC的设计场景来看,STBC都是面向平衰落信道而设计的,当MIMO系统由窄带系统向宽带系统移植时,信道会呈现频率选择性,需要用OFDM技术将频率选择性衰落信道转化为多路平衰落信道,才能实现STBC在宽带系统的应用。同时,STBC也没有充分利用频率选择性衰落信道所提供的频率分集增益。由于SFBC在发送天线和子载波间同时编码,因此可以充分获取频率选择性衰落信道所提供的频率分集增益。在频率选择性衰落信道中,SFBC较STBC可以获得更大的频率分集增益。

4.6　小　　结

本章介绍了广播多播无线传输技术领域主要研究方向和最新研究现状,重点包括基于MIMO/OFDM技术,如何把新型多媒体信源编码、分层调制、单频网等技术有机结合起来,提高多播系统容量和传输质量。

首先,从理论上分析传统多播传输机制在单天线系统和多天线系统中的容量,推导出分布式多天线及集中式多天线两种部署场景下的容量公式,得出常用多播传输机制的容量上限,为研究人员后续对多播传输容量的研究提供借鉴。

其次,介绍采用多分辨率思想的多播传输技术,包括分层调制、多编码、多播MIMO技术增强等,通过将具有不同优先级的信息采用不同的调制方式、差错控制方式或空时编码等进行叠加传输,为用户提供有差别的多播服务,让信道质量好的用户能够接收到高质量的服务,从而提高系统的频谱效率。分层调制、多播MIMO增强等都是多播无线传输技术领域重要的研究方向,未来需要考虑系统复杂度的要求,设计可行的实现方案。

最后,介绍基于多基站协同分集的单频网传输技术,包括基于STBC和SFBC的方案,以减小单频网的深衰落影响,从而提高单频网的传输性能。由于单频网是

E-MBMS的核心机制，因此如何进行单频网传输技术的增强，也是未来值得进一步研究的方向。

参考文献

[1] 3GPP TR 25.803 v. 6.0.0. S-CCPCH performance for MBMS[S]. 2005.

[2] 3GPP R1-071049. Spectral efficiency comparison of possible MBMS transmission schemes: additional results[S]. 2006.

[3] Boal A, Soares A, Silva J C, et al. Distributed Antenna cellular system for transmission of broadcast/multicast services[C]// IEEE Vehicular Technology Conference, 2007: 1307-1311.

[4] Suh C, Mo J. Resource allocation for multicast services in multicarrier wireless communications[J]. IEEE Transactions on Wireless Communications, 2008, (1): 27-31.

[5] Liu J, Chen W, Cao Z, et al. Asymptotic throughput in wireless multicast OFDM Systems [C]// IEEE Global Telecommunications Conference, 2008: 1-5.

[6] Tian L, Zhou Y Q, Zhang Y, et al. Resource allocation for multicast services in distributed antenna systems with quality of services guarantees[J]. IET Communications, 2012, 6(3): 264-271.

[7] Yilmaz F, Alouini M. A new simple model for composite fading channels: second order statistics and channel capacity[J]. International Symposium on Wireless Communication Systems, 2010: 676-680.

[8] Zhou S, Zhao M, et al. Distributed wireless communication system: a new architecture for future public wireless access[J]. Communications Magazine IEEE, 2003, 41(3): 108-113.

[9] 3GPP TS 36.300 v. 10. E-UTRA and E-UTRAN: over description[S]. 2010.

[10] Qian Y, Chen M, Wang X, et al. Antenna location design for distributed antenna systems with selective transmission[J]. International Conference on Wireless Communications & Signal Processing, 2009: 1-5.

[11] 杨鸿文，李卫东，郭文彬，等. 无线通信[M]. 北京：人民邮电出版社，2007.

[12] 刘新立. 初级统计学[M]. 北京：清华大学出版社，2004.

[13] Shankar P M. Error rates in generalized shadowed fading channels[J]. Wireless Personal Communications, 2004, 28(3): 233-238.

[14] Chung S T, Goldsmith A. Degrees of freedom in adaptive modulation: a unified view[J]. IEEE Transactions on Communications, 2001, 49(9): 1561-1571.

[15] David H A, Nagaraja H N. Order Statistics (3rd Edition)[M]. New Jersey: Wiley, 2003.

[16] Armando S, SILVA J C, SOUTO N, et al. MIMO based radio resource management for UMTS multicast broadcast multimedia services[J]. Wireless Personal Communications, 2007, 42(2): 225-246.

[17] Ramchandran K, Ortega A, Uz K M, et al. Multiresolution broadcast for digital HDTV using joint source-channel coding[J]. IEEE Journal on Selected Areas in Communications,

1992,11(1):6-23.

[18] Cover T. Broadcast channels[J]. IEEE Transactions on Information Theory,1972,18(1):2-14.

[19] Correia A M C,Silva J C M,Souto N M B,et al. Multi-resolution broadcast/multicast systems for MBMS[C]// IEEE Transactions on Broadcasting,2007:224-234.

[20] Joint Video Team (JVT) of ISO/IEC MPEG and ITU-T VCEG. Draft ITU-T recommendation and final draft internationalstandard of joint video specification[S]. 2003.

[21] ISOIEC. Informationtechnology-coding of audio-visual objects-part 2: visual[J]. Journal of Cryptology,1999,21(1):27-51.

[22] 汪大勇,孙世新. 可伸缩视频编码研究现况综述[J]. 电子测量与仪器学报,2009,23(8):78-84.

[23] 尹浩,林闯,文浩, 等. 大规模流媒体应用中关键技术的研究[J]. 计算机学报,2008,31(5):755-774.

[24] Li W. Overview of fine granularity scalability in MPEG-4 video standard[J]. IEEE Transactions on Circuits & Systems for Video Technology,2001,11(3):301-317.

[25] Wu F,Li S,Zhang Y. A framework for efficient progressive fine granularity scalable video coding[J]. IEEE Transactions on Circuits and Systems for Video Technology,2001,11(3):332-344.

[26] Wang Y,Lin S. Error-resilient video coding using multiple description motion compensation [J]. IEEE Transactions on Circuits and Systems for Video Technology, 2002, 12(6):438-452.

[27] Hossain M J,Litthaladevuni P K,Alouinil M,et al. Adaptive hierarchical modulation for simultaneous voice and multiclass data transmission over fading channels[J]. IEEE Transactions on Vehicular Technology,2006,55(4):1181-1194.

[28] Shaqfeh M,Mesbah W,Alnuweiri H. Utility maximization for layered broadcast over Rayleigh fading channels[J]. IEEE International Conference on Communications,2010:1-6.

[29] Mei J,Ji H,Li Y. Energy efficient Layered Broadcast/Multicast mechanism in Green 4G wireless networks[C]// IEEE Conference on Computer Communications Workshops,2011:295-300.

[30] Liang Y,Lai L,Poor H V,et al. The broadcast approach over fading Gaussian wiretap channels[C]// IEEE Information Theory Workshop,2009:1-5.

[31] Liu Y,Wang W,Peng M,Wei D. Mixed multicast and unicast transmission by superposition coding over Nakagamim fading channels[J]. Wireless Commun. and Networking,2009,2(1):95-104.

[32] Li Q,Yao M,Wang W,et al. Performance analysis of superposition coding for mixed unicast and broadcast transmission using opportunistic multicast scheduling scheme in LTE-A system[C]// International Conference on Communication Technology and Application,2011:197-200.

[33] Zhong X, Zhao M, Zhou S, et al. Content aware soft real time media broadcast (CASoRT) [J]. International Conference on Communications and Networking in China, 2008: 355-359.

[34] Zhang X, Li Q, Huang Y, et al. An energy-efficient opportunistic multicast scheduling based on superposition coding for mixed traffics in wireless networks[J]. Eurasip Journal on Wireless Communications and Networking, 2012(4): 85-88.

[35] She J, Yu X, Ho P, et al. A cross-layer design framework for robust IPTV services over IEEE 802.16 networks[J]. IEEE Journal on Selected Areas in Communications, 2009, 27 (2): 235-245.

[36] Jiang H, Wilford P. A hierarchical modulation for upgrading digital broadcast systems[J]. Eprint Arxiv, 2013, 51(2): 223-229.

[37] Kong Y, Tan Z, Xu S, et al. An Adaptive MIMO scheme for E-MBMS in point-to-multipoint transmission mode[J]. International Conference on Wireless Communications Networking and Mobile Computing, 2010: 1-4.

[38] Oyman O, Foerster J. Distortion-aware MIMO link adaptation for enhanced multimedia communications[J]. IEEE International Symposium on Personal, Indoor and Mobile Radio Communications Workshops, 2010: 387-392.

[39] Obando M B, Freitas W C, Cavalcanti F R P. Switching between hybrid MIMO structures for video transmission based on distortion model[J]. IEEE Vehicular Technology Conference Fall, 2010: 1-5.

[40] Kuo C, Kuo C J. An embedded space-time coding (STC) scheme for broadcasting[J]. Broadcasting IEEE Transactions on, 2007, 53(1): 48-58.

[41] Naguib A F, Seshadri N, Calderbank A R. Applications of space-time block codes and interference suppression for high capacity and high data rate wireless systems[J]. Circuits Systems and Computers Conference Record. asilomar Conference on, 1998, (2): 1803-1810.

[42] Weng J, Wang C, Jeng L, et al. Space-time coding with multilevel protection for multimedia transmission in MIMO systems[J]. IEEE International Symposium on Personal, Indoor and Mobile Radio Communications, 2009: 2045-2049.

[43] Yang G, Shen D, et al. Unequal error protection for MIMO systems with a hybrid structure [J]. Proceedings IEEE International Symposium on Circuits and Systems, 2006: 685.

[44] 沈嘉，索士强，等. 3GPP 长期演进(LTE)技术原理与系统设计[M]. 北京：人民邮电出版社，2008.

[45] 盛煜，彭木根，王文博. 增强型 MBMS 系统中应用空时频编码的传输分集策略[J]. 北京邮电大学学报，2008，31(1)：125-129.

[46] Chang H, Wang L, Chou Z. Macrodiversity antenna combining for MIMO-OFDM cellular mobile networks in supporting multicast traffic. [J]. IEEE Vehicular Technology Conference, 2011: 1-5.

[47] Wang J, Pan C, Yang Z. A simple space-frequency transmitter diversity scheme for TDS-OFDM in SFN[J]. International Conference on Communications, Circuits and Systems, 2005

(1):260-264.

[48] Zhang W, Xia X, Ching P C. A design of high-rate space-frequency codes For Mimo-OFDM systems[J]. Global Telecommunications Conference, 2004(1):209-213.

[49] Su W, Safar Z, Liu K J R. Full-rate full-diversity space-frequency codes with optimum coding advantage[J]. IEEE Transactions on Information Theory, 2005, 51(1):229-249.

[50] Su W, Safar Z, Olfat M, et al. Obtaining full-diversity space-frequency codes from space-time codes via mapping[J]. IEEE Trans. Signal Process. Special Issue on MIMO Wireless Communications, 2003, 51(11):2905-2916.

[51] Lu H, Chiu M. Constructions of space-frequency codes for MIMO-OFDM systems[J]. International Symposium on Information Theory, 2005:2085-2089.

第 5 章　广播多播无线资源管理技术

5.1　引　　言

无线资源管理是对空中接口资源的规划和调度，通过合理分配有限的频谱资源，保证业务服务质量，最大程度提高系统性能，是无线通信系统的核心组成部分。无线资源管理可以划分为链路级、小区级和网络级三个层次。链路级无线资源管理的目标是高效利用本小区的时、频、空、码等无线资源，满足不同终端和业务的 QoS 需求，包括分组调度、功率控制、接纳控制等功能。小区级无线资源管理的目标是在小区间进行各种资源的优化配置以提高系统容量，包括负载均衡、干扰协调、切换控制等功能。网络级无线资源管理的目标是在异构接入网间共享资源，最优化整个无线通信系统的频谱利用率，包括网络选择、网间切换、频谱共享等功能。同时，链路级、小区级、网络级无线资源管理之间不是互相独立的，需要进行有效地协同，才能达到系统的整体优化。

随着网络技术的演进、新业务的涌现以及频谱资源的日益紧张，无线资源管理技术在通信系统中的地位越来越重要。近几年，随着多媒体广播多播业务的引入，系统对无线资源管理技术也提出了新的要求。

① 在广播多播业务与单播业务并存的情况下，需要考虑不同业务类型的特点，满足其不同的 QoS 需求，实现对多业务融合的支持。

② 4G 系统中的多媒体多播支持单频网等新型传输方式，因此需要进行多小区协同的无线资源管理。

③ 面向广播多播的无线资源分配是以一组用户为单位进行的，需要保证一组用户中信道条件各异的每个用户都能够正确接收业务。

因此，本章针对广播多播无线资源管理的特点，详细介绍面向多播的资源调度、接入控制、负载均衡、移动性管理等关键技术，总结国内外研究进展及代表性研究方法，为本领域的研究人员开展相关工作提供借鉴。

5.2　面向多播的无线资源调度

随着无线通信系统从 2G、3G 发展到 4G，可以利用的无线资源的维度也越来越高，从单一的时域资源，发展到了频域、空域等不同的资源类型。例如，在以 OFDM-MIMO 技术为物理层核心技术的 4G 系统中，无线资源主要包括时隙、子载波和空间子信道三部分，如图 5-1 所示。通过有效的无线资源调度方法，系统增益可以在时域、频域、空域和多用户等多个维度上获得。当前，针对单播业务的无线资源调度算法的研究已经非常深入，因此我们从时隙调度、子载波分配及空域资源分配三个方面对单播业务无线资源分配算法进行总结，基于此分析多播无线资源调度与单播的不同，最后详细阐述多播无线资源调度方法与研究进展。

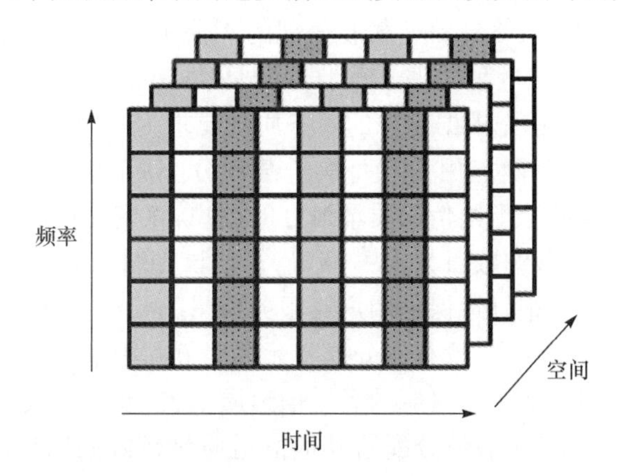

图 5-1　OFDM-MIMO 系统无线资源示意图

5.2.1　单播无线资源调度及与多播的区别

1. 时隙调度算法

时隙调度算法需要解决的基本问题是，当有多个用户同时等待接受服务时，如何决定用户的服务顺序和服务时间，即哪个用户占用哪个时隙。基于一些经典算法，如加权轮循（wighted round robin，WRR）算法、比例公平（proportional fair，PF）算法、最早过期时间优先（earlist deadline first，EDF）算法等，研究者针对无线信道的时变特性及用户 QoS 需求提出了新的时隙调度算法。文献[1]提出基于载噪比的最优信道质量优先（best channel quality first，BCF）算法，通过无线信道的载噪比表示多状态无线信道，并根据载噪比的大小分配无线信道资源。由于 BCF 算法没有考虑用户之间无线资源分配的公平性，因此当用户对应的无线信道质量相差较大时，信道质量较差的用户长期得不到资源，处于饥饿状态。为了解决无线资源分配的公平性，同时考虑多状态无线信道特性对无线资源分配的影响，文献[2]，[3]等提出基于效用函数（utility function）的无线资源分配算法，这些算法的主要思想是通过定义合理的效用函数在资源分配的公平性和无线信道利用率两方面做折中。

2. 子载波分配算法

根据 OFDM 系统中的子载波分配原理，文献[4]提出以最大化系统容量为目标的 MR-SAA(max-rate subcarrier allocation algorithm)算法。MR-SAA 算法实际上是 BCF 算法在 OFDM 系统中的推广,将每个子载波分配给信道质量最好的用户,因此 MR-SAA 算法能最大化系统数据速率。由于 MR-SAA 算法没有考虑用户的服务质量要求,子载波分配的结果完全取决于用户的信道质量状态,信道质量状况好的用户得到的子载波数量大,而信道质量状况差的用户可能在很长一段时间里得不到子载波,最终导致子载波分配的不公平性。为了满足子载波分配的公平性,Wong 等[5]提出一种公平子载波分配算法,Wong 算法。在每个子载波分配周期中,Wong 算法首先根据用户的服务质量要求为每个用户赋予一个权值,然后根据用户对应的权值确定用户在每次子载波分配周期中应该得到的子载波数目,然后将每个子载波分配给信道质量最好的用户,直到用户被分配的子载波数量达到其应该得到的子载波数目为止。Wong 算法试图将子载波公平地分配给每个用户,这种方法虽然能很好地保证用户对服务质量的要求,保证子载波分配的公平性,但 Wong 算法过于保守,没有充分提高无线信道利用率。由于用户在无线信道质量上存在差异,当一个用户对应的无线信道质量欠佳时,子载波算法可以考虑在本次子载波分配周期将子载波分配给其他信道质量较好的用户,而当用户的无线信道质量转好时,子载波分配算法考虑分配更多的子载波资源给当前用户。

文献[6]提出一种基于无线信道质量和数据队列状况以及数据到达率与服务率比值的子载波分配方法。文献[7]提出一种基于效用函数的子载波分配方法,效用函数体现资源分配的公平性和无线信道利用率之间的折中,其子载波分配的目标是最大化总效用值。虽然以上这些方法试图综合考虑信道质量和用户服务质量要求两方面因素,但是它们并不能够保证用户的最小数据率等服务质量要求。文献[8]研究比特速率最大化问题,即在额定的功率和比特误码率(bit error rate,BER)范围内,如何最大化数据速率。其他相关工作如文献[4],[9]将子载波分配问题与功率控制问题相结合以提高系统性能。

某些子载波分配算法的研究也开始结合跨层优化的思想。跨层无线资源分配的基本思想是在各协议层之间对自适应带宽分配、功率分配以及数据传输策略进行联合优化,使资源利用率得到显著提升,同时确保连接的 QoS 参数[10]。

3. 空域资源分配算法

MIMO 系统支持通过空域资源分配,在同一个时频资源块上复用多个用户的数据进行传输。虽然可以提高系统传输效率,但也将带来多用户干扰。如何降低多用户干扰并提高系统容量成为 MIMO 系统资源分配算法的研究焦点。

利用发送端的信道状态信息(channel state information,CSI)和 MIMO 预编码技术可以提升 MIMO 无线信道的总体容量。目前,针对基于预编码技术的下行调度问题,国内外已经提出了一些研究方案[11-13]。文献[11]提出一种非归一化预编码(non-unitary precoding)方案,根据 Grassmannian 码本(格拉斯曼码本)向量之间的相关系数,将码本向量组成预编码矩阵,以抑制下行同信道干扰。文献[12]提出一种多阶段混合调度方案,在不同调度阶段采用不同的调度方法来选择用户,以达到各种调度增益的折中。文献[13]提出一种联合多用户调度和预编码方案,该方案使用发送端统计的信道状态信息,可以预测调度结果、预编码矩阵和同信道干扰三者的关系,从而利用这些统计信息更好地控制同信道干扰。

在多用户 MIMO 系统中,SDMA[14]技术使多天线基站可以利用各用户不同的空间特征来区别不同的用户,在相同的时-频信道上发送(接收)多个数据流给(来自)不同的用户。在文献[15]中,作者研究了 OFDM-SDMA 系统中的小区内联合资源分配和传输波束成形问题。通过调整每个用户的波束模式,该算法可以把同一个子载波分配给空间上相互分离的用户,通过空间复用提高系统容量。为了避免带 QoS 约束的用户选择,文献对子载波重用进行了限制,虽然简化了算法,但是降低了系统的频谱效率。

4. 多播与单播无线资源调度方法的区别

由上述介绍可知,目前针对单播业务的无线资源调度算法已经得到充分的研究。然而,基于本书对无线多播传输机制的阐述,可以分析出单播业务与多播业务的无线资源调度算法存在本质的区别。下面以子载波分配算法为例进行说明。如图 5-2(a)所示,在单播业务中,每个子载波被一个用户独占,因此该子载波能传输的数据速率由该用户决定;在多播业务中,如图 5-2(b)所示,每个子载波可以由多播组中的多个用户共享,子载波上传输的数据速率由共享该子载波的所有用户决定。因此,假设系统中有 n 个子载波,k 个用户,若单播业务的子载波调度算法是一个 C_n^1 的问题,则多播业务的子载波调度算法将是一个 C_n^k 的问题。同理可知,在时隙及空域资源分配中存在相同的情况。因此,以下将分析专门针对多播业务的无线资源调度算法的研究现状。

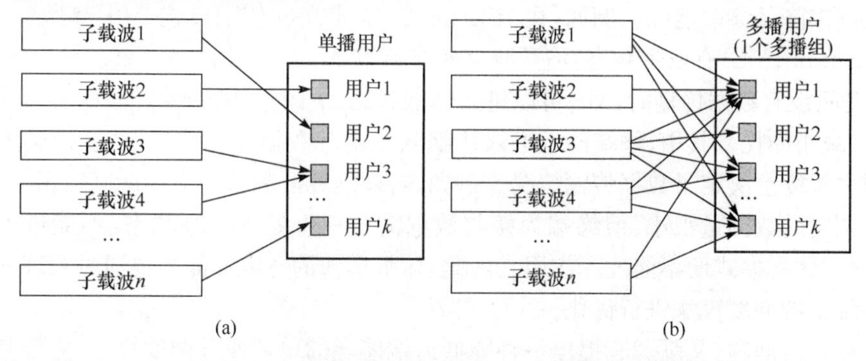

图 5-2　单播业务与多播业务的子载波分配示意图

5.2.2　多播业务的时域资源调度

前期的多播业务无线资源分配算法借鉴了有线网络中多播数据调度思路[16]，多以数据项调度为核心，较少考虑无线信道特性，从而无法根据用户信道质量选择合适的传输速率，达到提高传输容量的目的。针对该问题，文献[17]在 Ad-hoc 网络中提出一种多播业务正比例公平调度算法，通过用户的信道质量和公平性来选择多播业务传输时隙，提高了系统下行信道的容量。在蜂窝通信系统中，目前最常见的方法是在多播组间采用轮询算法进行时隙分配，每个时隙上的传输速率也是提前确定的。例如，在 CDMA2000 1xEV-DO 系统中，采用 204.8Kb/s 固定的速率传输多播业务[18]。由于这类时隙分配并不考虑多播组中用户的信道质量及时变特性，因此限制了系统吞吐量的提高。针对该问题，有研究者提出不同的调度方案。文献[19]提出最小调制编码算法、平均调制编码算法，及加权平均调制编码算法，由基站端根据用户的信道情况进行选择，在吞吐量和用户 QoS 之间进行权衡。文献[20]针对多播业务，根据信道质量及不同的业务需求设计了一种多播速率选择方法。文献[21]根据用户的信道质量为每个时隙选择合适的多播组及其业务传输速率，提出组间比例公平(IPF)算法及多播比例公平(MPF)算法，以提高系统的多播吞吐量。IPF 算法是针对允许时延的数据下载类业务，最大化所有多播组的组吞吐量对数之和(所谓组吞吐量，就是该组中所有用户吞吐量之和)。MPF 算法针对多媒体内容分发类业务，最大化所有用户的吞吐量对数之和。

以上算法在进行多播业务时隙调度时考虑的主要因素是系统吞吐量、用户 QoS、公平性等指标，而最新的一些算法则将能耗效率作为多播业务调度的主要优化目标之一，这符合绿色通信的发展趋势。目前，丰富多彩的多媒体业务使用户对终端的使用频度越来越高，而大部分移动终端都是靠电池供电，电池有限的电量将极大地影响业务开展及用户体验。因此，如何降低终端能耗成为移动通信系统设计中需要考虑的重要因素。无论是 IEEE 802.16 还是 3GPP LTE 都定义了相关的机制来降低终端能耗。例如，在 IEEE 802.16 定义的休眠模式[22]中，终端(mobile station，MS)有两种状态：清醒状态和休眠状态。当基站(base station，BS)和 MS 之间没有数据传输时，MS 可以进入休眠状态，关闭某些物理部件(如射频模块等)以减小能耗。其中，终端能否进入休眠状态由其数据传输情况决定，而调度算法很大程度上决定了数据传输情况。例如，若调度算法频繁为终端调度数据，虽然每次调度的数据量很小，但终端为接收数据需要一直处于清醒状态，不能进入休眠，此时休眠模式便不能发挥作用。因此，休眠模式的省电性能需要通过合理地设计系统中的调度算法进行优化。

针对该问题，文献[23]提出一种降低终端能耗的单播业务调度算法，主要基于与休眠机制相结合的突发传输思想，即为一个终端连续调度尽可能多的数据，然后让其进入休眠以达到省电的目的。文献[24]针对多播业务的低功耗调度问题的创新性提出了多播超帧的概念，通过突发传输的方式延长接收多播业务的终端处于休眠状态的时间；基于多播超帧的思想，文献[25]提出基于调度集合的多播单播数据联合调度方法，考虑单播和多播两种类型的业务共存的情况，对单播调度和多播调度进行联合优化以更大程度的降低终端能耗。下面基于文献[24]，[25]，描述以低功耗为目标的多播业务时隙调度方法的原理。

1. 多播超帧

文献[24]给出了一帧中多播数据与单播数据的分布，并从多播效率的角度考虑，定义连续 N 帧为一个多播超帧，如图 5-3 所示。多播超帧中如何传输广播多播业务，由基站的调度器根据能耗效率和吞吐量的折中来决定。例如，为了让一个用户只有 1/2 的时间处于清醒状态，基站需要在多播超帧的前(或后)$N/2$ 帧中传输该用户的多播业务；若让用户只有 1/4 的时间处于清醒状态，基站需要在多播超帧的一段连续的 $N/4$ 帧中传输该用户的多播业务。如果用户 1 和用户 2 接收相同的多播业务但处于清醒的时间不同，则该业务需要传输两次，浪费了系统带宽。因此，文献[24]定义了需要解决的问题，多播超帧中每一帧的广播区域需要传输什么数据，以及每个用户需要在什么时间处于清醒状态。

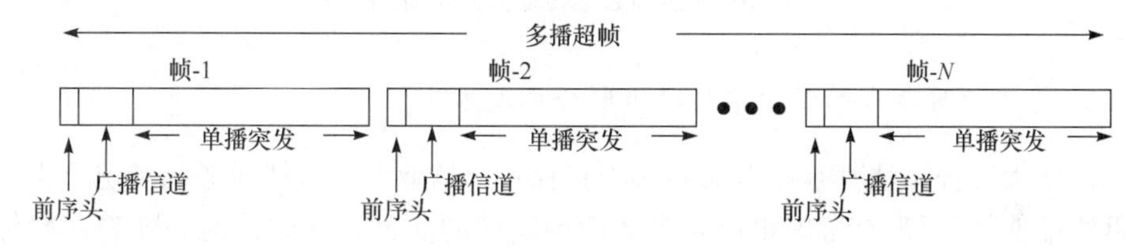

图 5-3　多播超帧示意图

基于多播超帧的结构，文献[24]根据终端与逻辑信道的对应关系，提出三种调度模型，即静态、动态及 AMC。在静态模型中，用户与逻辑广播信道的对应关系是确定的，针对每个信道，采用贪婪算法选择可以使与此信道相关的终端取得最高加权收益的数据项进行传输；在动态模型中，用户与逻辑广播信道的对应关系在不同超帧之间可以变化，可以通过簇算法为每一个信道选择终端的集合，然后根据终端集合选择需要传输的数据项；AMC 模型与动态模型的区别就是其将信道的质量考虑进来。无论是哪种模型，用户在接收完该超帧中属于自己的多播数据后就可以进入休眠，直到下一个超帧中相应的位置才需要醒来接收新的数据。

文献[25]采用文献[24]中的静态模型作为多播业务的传输方式，提前确定多播业务和逻辑广播信道之间的对应关系。逻辑广播信道为每一帧中传输广播和多播数据的区域，紧随前序头。如图 5-4 所示，多播业务＃1 在逻辑广播信道＃1 上传输，多播业务#2在逻辑广播信道#2上传输，依此类推。假设系统中存在G个多播业务，则需要G个逻辑广播信道，逻辑广播信道的大小固定，并且每G个连续的帧组成一个“多播超帧”。根据MS接收的多播业务将MS划分到对应的多播业务组中。例如，多播业务组1中的MS接收多播业务#1，依此类推。因此，多播业务组j中的MS应在逻辑广播信道#j内处于清醒状态以接收多播业务#j的数据。LTE系统就是以多播子帧的方式周期性发送某个多播业务，这与逻辑广播信道是对应的。文献[25]为分析方便，假设每个逻辑广播信道上传输一个多播业务，实际上可以推广到多个业务复用一个逻辑广播信道的情况。多播数据传输方式如图5-4所示。

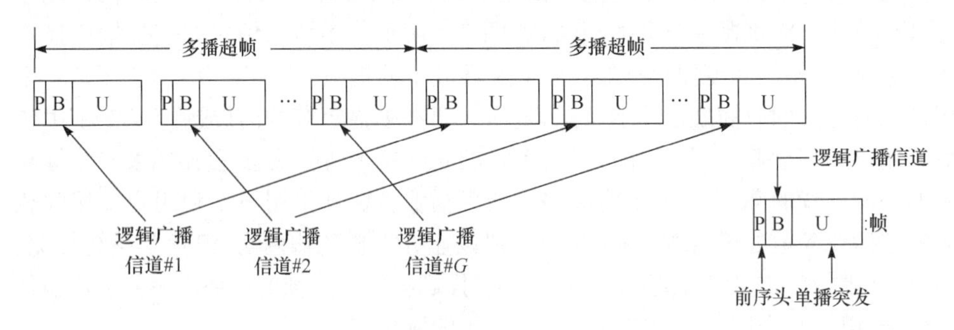

图5-4　多播数据传输方式示意图

2. 基于调度集合的多播单播数据联合调度方法

目前大部分算法都是在考虑终端上只存在单播业务或多播业务的情况下设法降低终端能耗，而没有考虑单播和多播两种类型的业务共存的情况。随着多媒体应用的普及，多播和单播业务越来越多地同时存在于一个MS上。此时，若不同时考虑多播业务和单播业务的传输特点，只针对一种业务类型设计调度算法不能实现最大化降低终端能耗的，这可以通过下面的例子进行简要说明。图5-5给出在不同调度方式下MS需要接收数据的传输时间。MS1、MS2和MS3除了要接收单播数据，还要接收同一个多播业务的数据，MS4仅接收单播数据，它们在无数据接收时均进入休眠状态。若单播和多播数据被孤立地调度，则MS1、MS2和MS3均需要醒来两次分别接收属于自己的单播数据和多播数据，如图5-5(a)所示。若调度算法能够综合考虑单播和多播数据的传输特点，则可以尽量在多播业务传输时隙的相邻时隙内为MS1、MS2和MS3调度单播数据，如图5-5(b)所示。MS1、MS2和MS3只需要醒来一次便可以接收完单播数据和多播数据，与图5-5(a)相比，减少了MS在清醒状态和休眠状态之间的转换次数，从而降低了MS在状态转换中耗费的电量。

通过以上分析可得，多播单播联合调度算法在提高终端能耗效率方面的必要

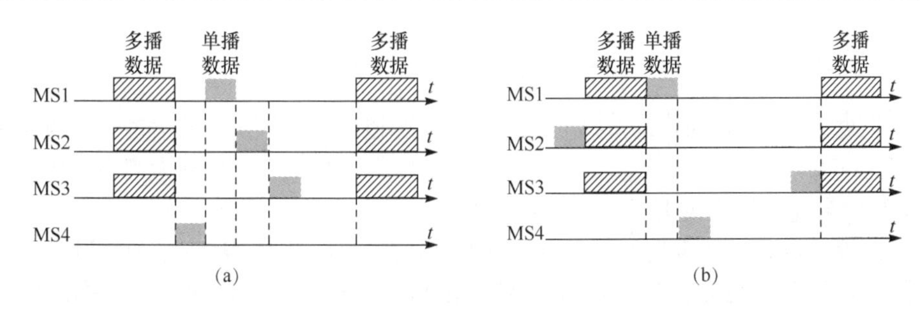

图 5-5　单播数据和多播数据的调度示例

性主要体现在两个方面。首先，由于所有接收相同多播业务的 MS 都需要在接收该业务的时隙内醒来，因此如果一个调度算法可以充分利用多播数据传输时隙的相邻时隙为接收该多播业务的 MS 传输单播数据，将会节省终端的电量，如图 5-5 所示。其二，多播业务的存在给单播数据的突发传输方式[23]带来了限制，突发长度的确定受多播传输模式的影响，因此传统的针对单播数据的突发调度算法是不完全适用的。由此可见，多播单播联合调度算法在提高终端能耗效率方面很有必要。因此，文献[25]提出基于调度集合的多播单播数据联合调度方法（scheduling set based integrated scheduling，SSBIS），该方法首先将所有的 MS 划分到单播调度集合（unicast scheduling set）或多播调度集合（multicast scheduling set）中，多播调度集合中 MS 的所有单播数据均在多播数据传输的相邻时隙内调度；对于单播调度集合，将根据由凸优化方法求得的使单播调度集合中 MS 休眠时间最长的时隙分配方案，基于突发的方式为 MS 调度单播数据。SSBIS 算法的核心思想就是充分利用多播数据的传输特点，结合突发调度方法，达到节省 MS 电量的目标。下面重点介绍 SSBIS 方法中涉及的两个重要概念——相邻时隙区间与调度集合，并基于此给出主要流程。

（1）相邻时隙区间和调度集合

文献[23]将 MS 处于清醒状态而未接收数据的情形定义为空闲状态，并指出 MS 处于空闲状态是在浪费电量。因此，若 MS 能够在处于清醒状态时一直收发数据，一旦无数据传输则进入休眠状态，便可以避免处于空闲状态时的能耗。由于 MS 从休眠状态转换到清醒状态也需要耗电，如果 MS 处于空闲状态的时间比较短，导致状态转换的能耗大于空闲状态的能耗，则 MS 不必进入休眠状态。因此，MS 进入休眠状态的条件是 MS 预期处于空闲状态的能耗大于状态转换的能耗，即

$$P_{\text{idle}} \cdot t > P_{tn} \Rightarrow t > P_{tn}/P_{\text{idle}} \tag{5.1}$$

其中，P_{tn} 表示 MS 从休眠状态转换到清醒状态的平均能耗；P_{idle} 代表处于空闲状态的 MS 在每个时隙上的平均能耗；t 代表处于空闲状态的预期时间（以时隙衡量）。

定义 T_{tn} 为空闲时间阈值，若处于空闲状态的预期时间大于 T_{tn}，则 MS 需要进入休眠状态。

综上得

$$T_{tn}=P_{tn}/P_{\text{idle}} \tag{5.2}$$

根据式(5.2),SSBIS方法定义在一个多播超帧内,逻辑广播信道#j的相邻时隙区间S_j为$S_j=(t_s-T_{tn}, t_s)\cup(t_e, t_e+T_{tn})$,其中$t_s$和$t_e$分别为逻辑广播信道#$j$在该多播超帧内的开始时隙和结束时隙。

假设$i\in BG_j$(多播业务组j的用户索引集合),且t_i代表某次基站为MSi发送单播数据的开始时隙。若$t_i\in S_j$,则MSi在本次接收多播数据和单播数据之间不必进入休眠,这是因为MSi预期处于空闲状态的时间在t_i和t_e(或t_s)之间,小于T_{tn}。若MSi每次单播数据的传输开始时隙均处于S_j内,则$n_i=0$。可以证明,当$n_i=0$时,P_i可以取得最小值。

基于以上分析,联合调度算法需要使尽可能多的接收多播数据的MS满足$n_i=0$以降低系统总能耗,不能满足$n_i=0$条件的接收多播数据的MS将与不属于任何多播业务组的MS一起调度。为实现该目标,定义调度集合如下。

定义5.1　调度集合

一个调度集合由将在同一组时隙内以相同策略被调度的多个MS组成。一个MS属于且仅属于一个调度集合。调度集合分为:多播调度集合和单播调度集合。

SSBIS算法将系统中所有的MS划分到一个单播调度集合C_u和G个多播调度集合$C_j(j=1,2,\cdots,G)$中。多播调度集合C_j由属于多播业务组j且可以在逻辑广播信道#j的相邻时隙区间S_j内完成单播数据接收的MS组成。不属于任何多播调度集合的MS组成单播调度集合C_u。C_j中MS的单播数据将在逻辑广播信道#j的相邻时隙区间S_j内调度完毕,C_u中MS的单播数据将在除逻辑广播信道#$j(j=1,2,\cdots,G)$及其所有相邻时隙区间的其余时隙内被调度,这些时隙统一定义为S_u。图5-6给出了S_j、S_u和逻辑广播信道的分布关系。SSBIS方法将一个调度周期定义为一组连续的时隙,这组时隙包括一个S_u,一个逻辑广播信道及其相邻时隙区间。基于以上分析,SSBIS算法需要解决以下两个主要问题。

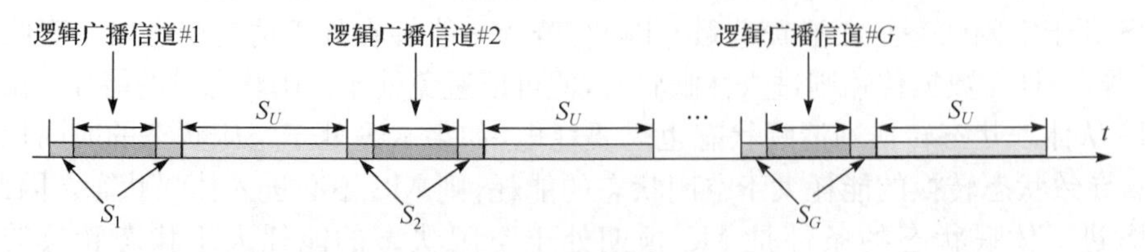

图5-6　逻辑广播信道的分布

① 如何决定MS属于哪个调度集合。

② 针对不同类型的调度集合设计不同的调度策略。

(2) 调度集合划分

根据多播调度集合C_j的定义,C_j的生成原则是从多播业务组j中选择尽可能多的 MS 组成，这些 MS 均能在 S_j 中调度完毕，且满足 $n_i=0$ 的条件。因为当 $n_i=0$ 时 P_i 最小，所以 C_j 的生成原则可以使最多的 MS 能耗达到其最小值。下面根据 C_j 的生成原则设计一种多播调度集合的生成方法。假设 $i\in BG_j$，SL_i 代表一个调度周期后 MS_i 的最长休眠时间。根据普遍采用的滑动窗口机制，SL_i 的计算方法为

$$\left(1-\frac{\mathrm{SL}_i}{L_{sw}}\right)r_i=R_i^{\min}\Rightarrow \mathrm{SL}_i=L_{sw}\left(1-\frac{R_i^{\min}}{r_i}\right) \tag{5.3}$$

其中，L_{sw} 代表滑动窗口的大小。

本章定义 T_j 为逻辑广播信道 #j 的循环周期，即一个多播超帧的长度。$\mathrm{SL}_i\geqslant T_j$ 是 $n_i=0$ 的必要条件，因为若 $\mathrm{SL}_i<T_j$，MSi 不仅需要在逻辑广播信道中醒来接收多播数据，还需要在逻辑广播信道 #j 的循环周期内某一时间醒来接收单播数据，n_i 不为 0。因此，基于式(5.3)可以得到 r_i 的下限，即

$$r_i\geqslant\frac{R_i^{\min}}{1-T_j/L_{sw}} \tag{5.4}$$

根据滑动窗口机制，可以计算出为获得数据传输率 r_i 需要为 MS_i 分配的时隙数 d_i，即

$$\frac{R_i^{\min}(L_{sw}-d_i)}{L_{sw}}+\frac{c_id_i}{L_{sw}}=r_i\Rightarrow d_i=\frac{(r_i-R_i^{\min})L_{sw}}{c_i},\quad c_i\gg R_i^{\min} \tag{5.5}$$

由式(5.5)可以看出，d_i 与 r_i 成正比。因此，当 r_i 取得最小值，即 $\mathrm{SL}_i=T_j$ 时，d_i 最小，其最小值可以表示为

$$d_i=\frac{R_i^{\min}T_jL_{sw}}{(L_{sw}-T_j)\,c_i} \tag{5.6}$$

假设多播业务组 j 中共有 M' 个 MS，根据式(5.6)计算出这 M' 个 MS 的 d_i 值并按升序排列，得到集合 $A=\{d^1,d^2,\cdots,d^{M'}\}$。令 $K_j=\max\{k:\sum_{m=1}^{k}d^m\leqslant 2T_{bn}\}$，则在 S_j 内最多能为 K_j 个 MS 传输数据，并保证它们的休眠时间等于 T_j。可以证明，K_j 为多播业务组 j 中能够达到能耗最小值的 MS 的最大数量[25]。

根据以上分析，SSBIS 方法提出的调度集合划分方法如下，对于每一个多播业务组 j，根据式(5.6)计算出其中所有 MS 的 d_i 值并按升序排列，计算 K_j，选择排列中前 K_j 个 MS 组成多播调度集合 C_j。当所有的多播调度集合生成后，剩余的未属于任何多播调度集合的 MS 将组成单播调度集合 C_u。

(3) SSBIS 算法

一旦多播调度集合 C_j 生成，需要为 C_j 中的每个 MS 分配的时隙数也随之确定。根据每个 MS 应分配的时隙数，在 S_j 上为其连续分配时隙，则可以成对多播调度集合中 MS 的单播业务的调度。此外，针对单播调度集合也可以设计相应的省电调度算法，尽量降低单播调度集合中 MS 的总能耗，SSBIS 算法提出的是一种基于最长休眠时间的调度算法 LSDB[25]。

SSBIS 算法的核心思想是将系统中所有的 MS 划分到不同的多播调度集合和单播调度集合，针对多播调度集合中的 MS 在相邻时隙区间内进行调度，针对单播调度集合中的 MS 采用 LSDB 算法进行调度。图 5-7 给出 SSBIS 算法在系统中的执行流程，具体步骤如下。

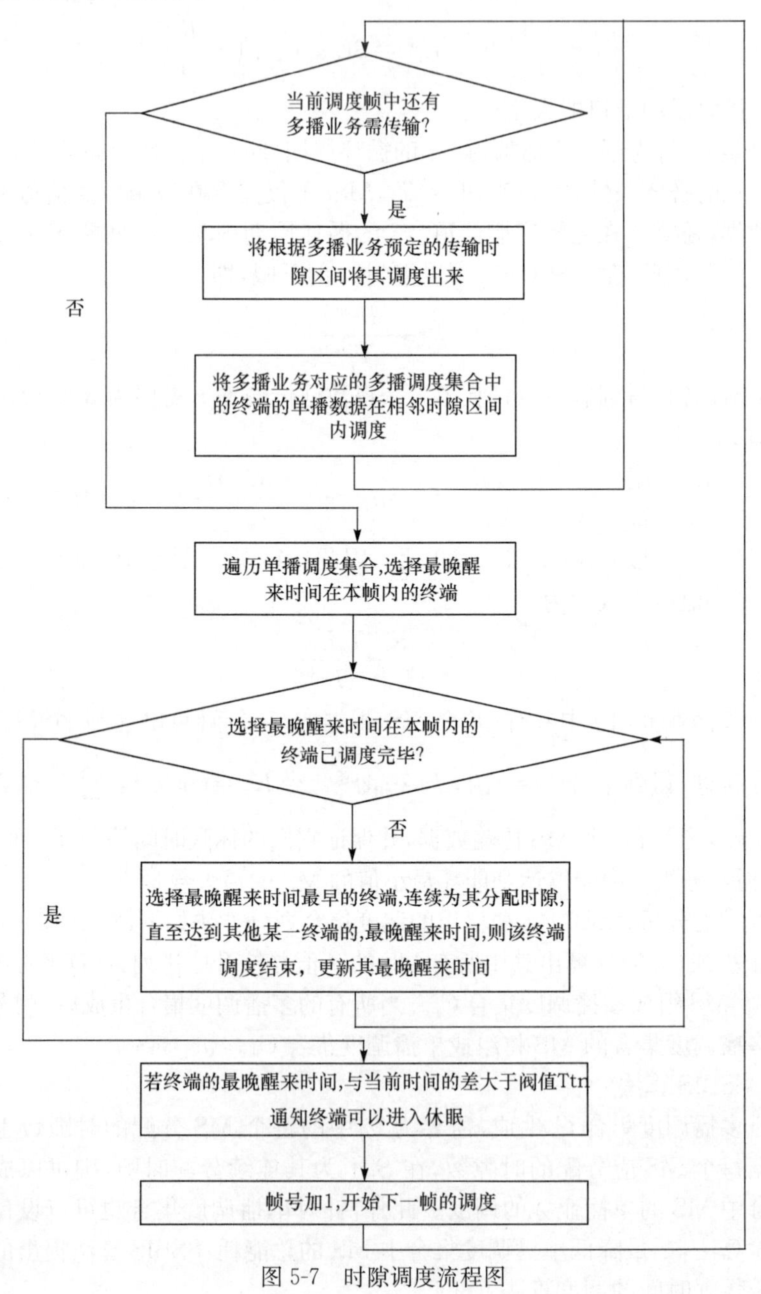

图 5-7　时隙调度流程图

步骤1,判断当前正在处理的帧中是否有多播业务传输,若无则进入步骤步骤3,否则根据该多播业务预定的传输时隙区间将对应的多播数据调度出来,这些数据将在预定的传输时隙区间中发送。

步骤2,将步骤1中确定的多播业务对应的多播调度集合中终端的单播数据按照SSBIS算法计算出的在每个相邻时隙区间中需要为其分配的时隙数量,将在本帧中对应的多播数据传输的相邻时隙区间内发送,且都在连续的时隙上为每个终端发送数据,返回步骤1,判断当前正在处理的帧中是否还存在其他多播业务传输,直至所有多播业务均调度完毕。

步骤3,遍历单播调度集合,选择最晚醒来时间在本帧内的终端进行调度。

步骤4,将单播集合中所有需要在本帧中调度的终端统一考虑,可以分配的时隙数量为本帧中用于下行数据传输的总时隙数减去本帧中多播数据传输及其相邻时隙区间所占用的时隙数。首先为最晚醒来时间最早的终端连续分配时隙,直至达到除当前分配时隙的终端外的其他终端中的最小的一个最晚醒来时间,则该终端的调度结束,更新其最晚醒来时间,再依据相同的方法为其他未调度终端中最晚醒来时间最小的终端分配时隙,直至所有需要调度的终端均完成调度。

步骤5,更新单播集合中终端的最晚醒来时间,若终端的最晚醒来时间与当前时间的差大于阈值T_{th},则通知该终端可以进入休眠。

步骤6,将帧号加1,开始下一帧的调度。

对于单播调度集合中的终端,基站每次为其发送完数据后,若判断终端更新后的最晚醒来时间与当前时间的差大于阈值T_{th},则会向它发送休眠通知。该休眠通知包括终端的最晚醒来时间。终端接收到该通知后,可以在自身没有上行数据发送的情况下进入休眠,只要保证在最晚醒来时间以前转换到清醒状态即可,从而降低了终端能耗。对于多播调度集合中的终端,终端在每次接收完单播数据和多播数据后,可以在没有上行数据发送的情况下进入休眠,并最晚在该多播业务的下一个相邻时隙区间开始时进入清醒状态即可。

图5-8给出SSBIS算法和LVBF算法[23]在系统中存在不同数量的MS情况下的AEE值(此时系统中存在2个多播业务组)。所谓AEE(average energy efficiency),即终端用于数据传输的能耗与总能耗的比值,用于衡量终端能耗效率。可以看出,在能耗效率方面,SSBIS算法较LVBF算法提高20%以上。这主要存在三个原因:一是SSBIS算法充分利用了逻辑广播信道的相邻时隙减少了MS状态转换的次数,因此SSBIS算法中状态转换次数小于LVBF算法;二是在SSBIS算法中,一旦MS的预期空闲时间达到一定阈值,便进入休眠状态,而LVBF算法中总是有一些MS长时间处于空闲状态,因此SSBIS算法相对于LVBF算法减少了MS的空闲时间;三是SSBIS算法通过凸优化方法求得的时隙分配方案使单播调度集合中所有MS的总休眠时间长于采用LVBF算法的休眠时间。以上原因

是由 SSBIS 算法的两个主要组成部分,即针对多播调度集合的相邻时隙区间调度方法及针对单播调度集合的 LSDB 算法带来的。

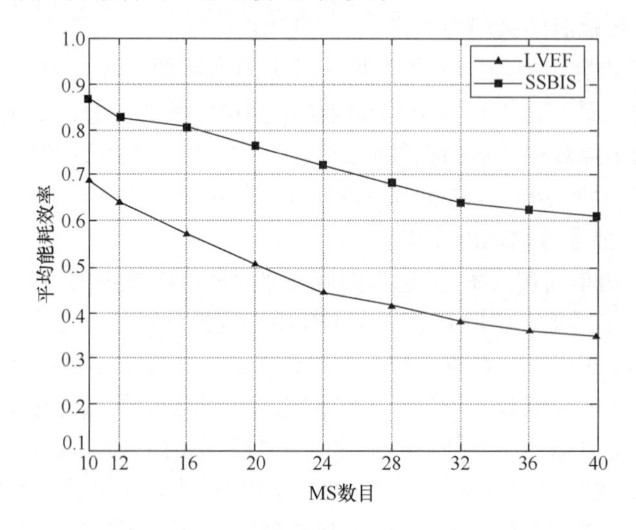

图 5-8　能耗效率(AEE) vs. MS 数目

5.2.3　多播业务的子载波分配方法

在 OFDM 系统中,每个时隙在频域上被分成多个相互正交的子载波。每个子载波在同一个时隙只能分配给一个用户(或一组接收相同多播业务的用户),每个用户(或一组接收相同多播业务的用户)在一个时隙可以占用多个子载波。因此,子载波分配算法可以为用户选择无线信道质量较好的子载波进行分配,充分利用多用户分集和频率分集提高系统容量,在用户信道状态存在差别的情况下,可以较大限度地提高系统容量。目前已经有学者开始针对多播业务进行子载波分配算法的研究,主要分为以下两类。

一类算法是针对不同的多播组进行子载波分配[26,27]。5.2.2 节给出的时隙分配算法是利用用户信道质量在时域上的多样性为不同的多播组分配时隙,默认每个时隙同时只能被一个多播组占用,而本节中的算法则进一步考虑利用 OFDM 系统的频率分集,利用用户信道质量在频域上的多样性为多播业务进行子载波分配,使得一个时隙可以被多个多播组共享,进一步提高频谱效率。文献[26]提出如何在不同多播组间进行子载波和功率分配的方法。由于其针对多播组进行分配,因此在计算子载波上的传输速率时,是以多播组中信道质量最差用户所能支持的速率为准。基于此,文献[26]以最大化吞吐量为目标进行建模,证明了最优解的存在,并给出一个低复杂度的算法。文献[27]给出了三种解决不同多播组间子载波分配的方法,不仅考虑多播组中信道质量最差的用户,还考虑多播组中包含用户的数目。其中,定义了公平带宽共享的思路,在该思路下,无论某一多播组的信道质量及用户数如何,它总会占用一定带宽,从而避免资源总是被信道质量好的多播组所占用。这类针对多播组进行资源分配的方法,本质上与5.2.1节介绍的单播业务子载波分配问题类似,两者主要的区别是这类多播业务子载波分配算法需要考虑如何根据多个用户的信道质量选择整个多播组的传输速率,这在多播业务的时隙资源分配算法中已经给予了充分的研究。

另外一类算法是针对同一个多播组中的用户进行子载波分配。该类算法是在确定多播组传输资源的基础上,为解决多播传输吞吐量受限于多播组中信道质量最差的用户提出的。这类算法[28-34]的共同特点是基于可伸缩视频编码进行多播资源分配,让信道质量好的用户收到更多的视频层,从而获得更高质量的视频,提高多播传输吞吐量。图5-9是一个简单的图示,根据用户与基站的距离将用户分为三组,处于最外圈的用户的信道质量最差,从外到内信道质量逐渐增强。基于可伸缩视频编码的多播资源分配算法,可以让最外圈的用户只收到数据速率为128Kb/s的基本层,解析出具有基本图像质量保证的视频;而第二圈的用户由于信道质量较最外圈有所提高,因此可以收到基本层加增强层1,数据速率达到256Kb/s,最内圈的用户信道质量最好,可以再多接收一个增强层,从而解析出更高质量的视频。

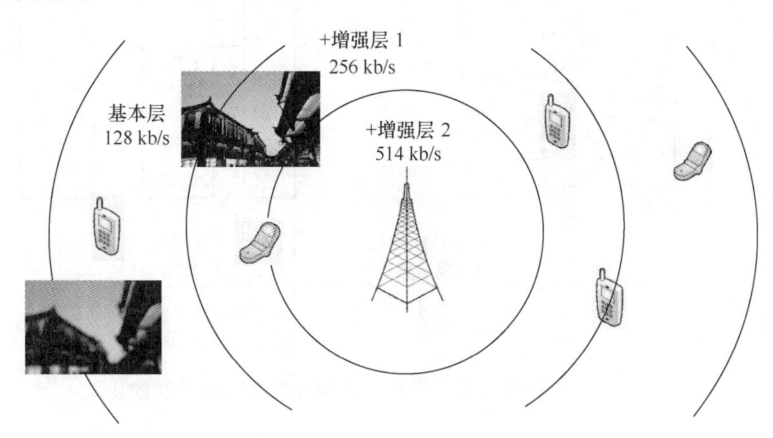

图5-9 可伸缩视频编码应用示意图

当前,可伸缩视频编码分为多描述编码和分层编码两类。因此,根据基于的编码种类不同,也可以将多播业务子载波分配方法分为两类。在本节,我们以文献[31]提出的方法为例介绍基于多描述编码的子载波分配算法,以文献[34]提出的方法为例介绍基于分层编码的子载波分配算法,以便读者对这两类方法有一个较为全面的了解。

1. 基于多描述编码的子载波分配算法

文献[31]研究了如何在总功率一定的情况，通过多播组中用户的子载波分配提高多播容量的方法，分别给出了以最大化吞吐量为目标及最大化比例公平因子为目标的问题建模及求解。该方法基于多描述编码，即使没有收到基本层，任何层的组合都可以进行解码。

图 5-10 给出了文献[31]中发送端和接收端的主要功能模块。多播多载波系统支持 K 个用户，子载波个数为 N。原始多播数据编码成具有分层结构的层次数据。编码后的多播层次数据输入子载波/比特资源分配器，为接收相同多播数据的用户组分配子载波，根据用户的信道条件计算用户的传输速率，每个子载波的比特数受限于最低的用户传输速率。假设发射机已知所有用户在所有子载波上的信道条件，子载波/比特资源分配信息通过一个单独的控制信道传输给用户。由于第 k 个用户已知子载波/比特资源分配信息，在接收时分离出分配给自己的子载波，对其上承载的信号进行解调，并恢复出原始多播数据。

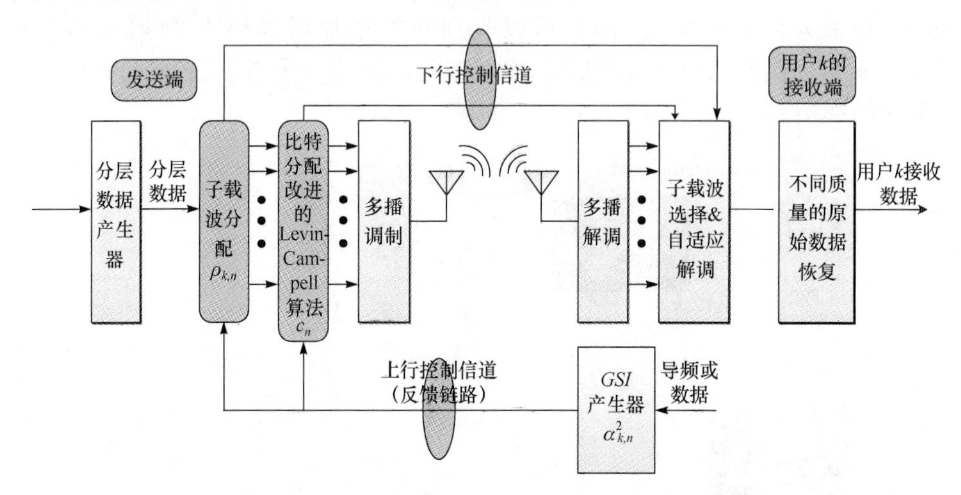

图 5-10　多播多载波系统发送端和接收端主要功能模块

假设用户接收到的多播数据质量与其接收到的数据量成比例，因此，图 5-10 中的子载波/比特资源分配器要以所有用户接收到的数据量最大为目标给用户分配子载波和比特资源。为了更好的描述资源分配过程，给出以下定义，R_k 表示第 k 个用户接收速率，c_n($c_n \in D=\{0,1,\cdots,M\}$)表示第 n 个子载波可以传输的比特数，其中 M 表示子载波传输比特数的上限。第 k 个用户接收速率 R_k 可以表示为

$$R_k = \sum_{n=1}^{N} c_n \rho_{k,n} \tag{5.7}$$

其中，$\rho_{k,n} \in \{0,1\}$ 指示第 n 个子载波是否分配给第 k 个用户。

分配给第 n 个子载波的发送功率表示为

$$P_n=\max_k P_{k,n}=\max_k\left(\frac{f(c_n)\rho_{k,n}}{\alpha_{k,n}^2}\right) \tag{5.8}$$

其中，$f(c_n)$表示信道增益为单位值时，可靠接收 c_n 比特时第 n 个子载波功率的最小值；$\alpha_{k,n}^2$表示第 k 个用户在第 n 个子载波上的信道增益。

在实际系统中，考虑自适应调制和信道编码，$f(c_n)$简化为 $g(c_n, r_n)$，$g(c_n, r_n)$可以用 r_n 计算或解析表示。由于允许用户共用同一个子载波，子载波的发送功率由共用用户所需的最大发送功率决定。

基于以上定义，文献[31]除给出最优解的分析，还给出复杂度降低的次优方法。次优方法包括两个主要步骤：首先假设功率在子载波间平均分配，采用贪婪算法为用户进行子载波分配；然后，在第一步分配的基础上，采用改进的 Levin-Campello 算法[35]进行子载波间的功率分配。

步骤 1，子载波分配。假设给定子载波功率 $P=(P_1, P_2, \cdots, P_N)$，求解系统速率最大化问题就分解为让每个子载波的传输速率最大。第 n 个子载波的速率最大化问题可以建模为

$$\begin{aligned}&\max_{c_n,\rho_{k,n}} c_n\sum_{k=1}^{K}\rho_{k,n}\\&\text{s. t. }\max_k\left(\frac{f(c_n)\rho_{k,n}}{\alpha_{k,n}^2}\right)\leqslant P_n\end{aligned} \tag{5.9}$$

不失一般性，假设 $\alpha_{k,n}$ 降序排列，即 $\alpha_{1,n}\geqslant\alpha_{2,n}\geqslant\cdots\geqslant\alpha_{K,n}$，表示第一个用户的信道条件最好，最后一个用户的信道条件最差。由于 $\rho_{k,n}\in\{0,1\}$，则 $\sum_{k=1}^{K}\rho_{k,n}$ 表示从第 n 个子载波接收数据的用户数目。定义 $k_n^c(P)$ 代表给定功率 P 和传输比特数 c，第 n 个子载波最多支持的用户数目，即

$$k_n^c(P_n)=\max\left\{k\,|\,\alpha_{k,n}^2\geqslant\frac{f(c)}{P_n}\right\} \tag{5.10}$$

基于以上定义，很容易检验以下资源分配方式的可行性，即

$$\rho_{k,n}=\begin{cases}1, & k\leqslant k_n^c(P_n)\\0, & \text{其他}\end{cases} \tag{5.11}$$

据此，子载波分配问题等价为线性时间内可解问题如下：

$$c_n^*=\arg\max_{c=1,2,\cdots,M} c\cdot k_n^c(P_n) \tag{5.12}$$

综上，子载波分配包括如下主要步骤。

① 基于式(5.10)，计算每个子载波在不同传输比特数 c 下的 $k_n^c(P)$。

② 根据式(5.12)求得每个子载波的 c_n^*。

③ 使用式(5.11)给出的方法，确定每个子载波支持的用户，从而完成子载波

分配。

当然，步骤 1 中的子载波分配是在子载波功率确定的基础上进行的。以下将给出如何确定子载波间的功率。

步骤 2，比特装填。给定第 n 个子载波可以服务的用户数 k_n，则最大化系统速率的比特装填问题可以建模为

$$\max_{c_n} \quad R_T = \max_{c_n} \sum_{n=1}^{N} c_n k_n$$
$$\text{s.t.} \quad \sum_{n=1}^{N} \frac{f(c_n)}{\alpha_{k,n}^2} \leqslant P_T \tag{5.13}$$

为求解问题(5.13)，可以对文献[35]提出的 Levin-Campello 算法进行改进。Levin-Campello 算法针对单用户的 OFDM 系统提出，基本原理是每次选择多传输一个比特所需增加功率最小的子载波，将一个比特分配给该子载波。

定义 $\Delta P_n(c)$代表第 n 个子载波多传输一个比特所需要增加的功率。当第 n 个子载波的传输比特数为 c 时，$\Delta P_n(c)$可以表示为

$$\Delta P_n(c) = \frac{f(c+1) - f(c)}{\alpha_{k,n}^2 k_n} \tag{5.14}$$

由于在多播系统中，子载波上增加的功率是由接收该子载波数据的所有用户共享的，因此 $\Delta P_n(c)$的计算中，考虑接收第 n 个子载波数据的用户数 k_n，这就是步骤 2 中改进的 Levin-Campello 算法与传统算法的主要区别，k_n可以表示为

$$k_n = \sum_{k=1}^{K} \rho_{k,n} \tag{5.15}$$

2. 基于分层编码的子载波分配算法

分层编码(如 FGS 等)视频层之间的优先级不同，只有收到基本层才能正确解码，因此基于分层编码的子载波分配算法必须保证多播组中所有用户均能接收到最基本的视频层，否则将造成信道质量较差的用户无法获取多播数据的问题。针对该问题，文献[34]提出一种可以保证用户接收到基本视频层的子载波分配算法，主要包括保守分配、贪婪分配，以及迭代提高。首先，在保守分配中，算法为需要满足基本 QoS 需求(接收到基本视频层)的用户分配子载波；若在保守分配后还有剩余子载波，则基于贪婪原则进行分配，最大化多播吞吐量；最后，通过迭代提高步骤对已完成的分配结果进行优化，在不影响用户 QoS 需求的情况下，进一步提高吞吐量。下面对该算法进行详细阐述。

步骤 1，保守分配。

保守分配的核心思想就是为多播组中必须被服务的用户，即 $r_k^{\min}>0$ 的用户($r_k^{\min}$ 为用户 k 在一次子载波分配中所必须获得的最小数据速率)，分配子载波以

满足其保证其获得最小的数据速率。假设该类用户的数量为 $K_1(K_1 \leqslant K)$，算法将根据用户获得资源的紧迫程度依次为这些用户分配子载波，最需要资源的用户将最先被服务。为衡量用户获得资源的紧迫程度，是资源分配紧迫度（用 u_k 表示）为

$$u_k = \frac{r_k^{\min}}{\sum_{n=1}^{N} c_{k,n}} \tag{5.16}$$

其中，$c_{k,n}$ 为用户 k 在子载波 n 上所能达到的数据速率。从式(5.7)可以看出，用户的资源分配紧迫度与其最小数据速率成正比，与用户的信道质量成反比。u_k 越大，则用户 k 越需要被分配资源。因此，保守分配将按照 u_k 从大到小的顺序依次为对应的用户分配子载波。此外，在为每个用户分配子载波时，将寻找能够满足其 QoS 需求的最少数量的子载波。

步骤 2，贪婪分配。

若经过保守分配后，系统中还有未被分配的子载波，我们将执行贪婪分配步骤。贪婪分配的原则就是最大化每个子载波所能达到的吞吐量。假设未被分配的子载波集合为 $B=\{n_1, n_2, \cdots\}$，$i \in B$。定义子载波所能达到的吞吐量为能够正确接收该子载波上传输数据的所有用户的数据速率之和，如式(5.17)所示。所谓用户能够正确接收子载波上的数据，即用户的信道质量足以支持该子载波所使用的调制编码方式，也就是说用户在该子载波上所获取的数据速率大于该子载波的传输速率，即

$$\phi_i(d_p) = \sum_{k=1}^{K} d_p \delta_{k,i} \tag{5.17}$$

其中，$d_p(p=1,2,\cdots,P)$ 代表子载波 i 的传输速率；$\delta_{k,i}$ 代表用户 k 能否正确接收子载波 i 上的数据，如果 $c_{k,i} \geqslant d_p$，则 $\delta_{k,i}$ 为 1，否则为 0。基于式(5.17)计算在每个 d_p 下子载波 i 的吞吐量，我们可以找到让该吞吐量最大的子载波传输速率，即

$$c_i = \arg \max_p \phi_i(d_p) \tag{5.18}$$

一旦 c_i 确定，共享该子载波的用户也随之确定，即在该子载波上所能获得的数据速率不小于 c_i 的用户。

步骤 3，迭代提高。

通过保守分配和贪婪分配两个步骤后，所有子载波都已经分配完毕。由于这两个步骤本质上属于启发式算法，所能达到的系统吞吐量可能低于最优化算法。因此，我们借鉴文献[4]中子载波迭代交换的思想来进一步提高系统吞吐量。在每次迭代过程中，可以调整每个子载波已确定的数据速率，只要调整后不会使用户的基本 QoS 需求得不到满足，而且能够提高多播吞吐量，则调整有效，更新子载波的数据速率。

3. 性能比较

下面给出基于多描述编码的子载波分配算法[31]和基于分层编码的子载波分配算法[34]的性能比较与分析。仿真场景中的参数配置如表 5-1 所示。仿真中 OFDM 系统的信道为复合衰落信道,将同时考虑路径损耗、阴影衰落与多径瑞利(Rayleigh)衰落。多播组中的用户在小区中呈均匀分布。

表 5-1 仿真参数设置

参数	值
中心频率	2GHz
子载波带宽	15kHz
子载波数	72
保护间隔	子载波数 * 144/2048
子帧长度	1ms
子帧个数	5
阴影衰落的标准差	4dB
路径损耗	$34.5 + 35 * \lg(d)$
小区半径	1500m
终端与基站的最小距离	35m
天线数	1
终端移动速度	0.8m/s
误码率(BER)	10^{-6}
最小数据速率需求	32Kb/s

图 5-11 给出了基于多描述编码的子载波分配算法[31](简称 TWC 算法)、基于分层编码的子载波分配算法[34](简称 Proposed 算法),以及基于最小传输速率法(简称 Conventional 算法)之间的吞吐量比较。可以看出,Proposed 算法和 TWC 算法的吞吐量都远远高于 Conventional 算法。同时,可以看出,TWC 算法的吞吐量均高于 Proposed 算法。主要原因是 TWC 算法以最大化多播吞吐量为目标进行子载波分配,并不像 Proposed 算法那样还需要考虑用户的基本 QoS 需求,以保证信道质量较差的用户能够收到基本的视频图像。尤其在系统总体的信道质量相对较差的情况下(即发射功率较低时),Proposed 算法需要牺牲一定的多播吞吐量来保证所有用户的最小数据速率需求,因此吞吐量相比 TWC 算法低。然而,TWC 算法中会有一些用户的最小数据速率不能得到保证,这可以从图 5-12 的仿真结果中看出。随着基站发射功率的增大,Proposed 算法与 TWC 算法之间的吞吐量差距越来越小,当发射功率大于 49dBm 后,两种算法能达到的吞吐量几乎相等。

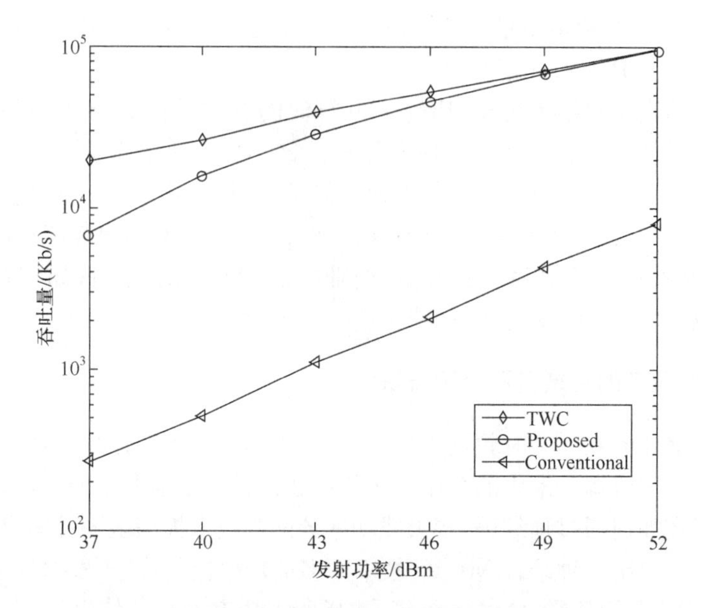

图 5-11　多播吞吐量 vs. 发射功率(用户数=50)

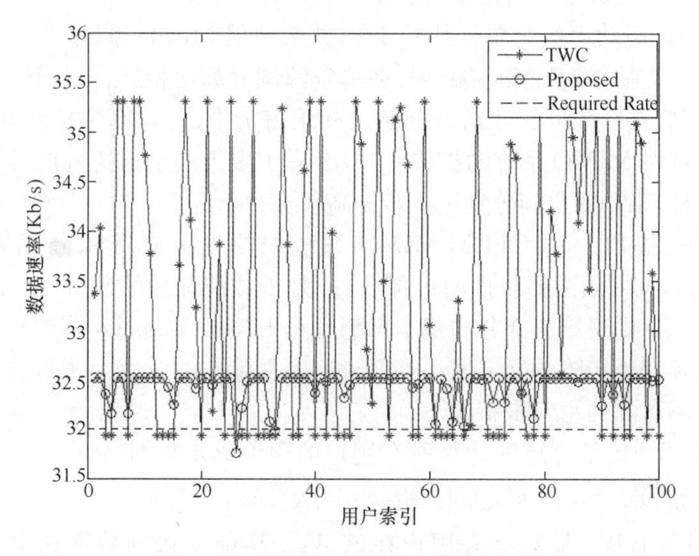

图 5-12　用户数据速率(发射功率=43dBm)

图 5-12 显示的是在 TWC 算法和 Proposed 算法下某时刻多播组中所有用户的数据速率,虚线代表用户的最小数据速率需求。可以看出,Proposed 算法中有 1 个用户的数据速率未达到最小数据速率需求,而 TWC 算法中约有 40 个用户的数据速率低于最小数据速率需求,从而导致这 40 个用户无法对视频数据进行正确解码。同时,TWC 算法中用户所能达到的最大的数据速率高于 Proposed 算法,这表

明在 TWC 算法中，信道质量好的用户可以获得更高的数据速率，这也是 TWC 算法的吞吐量高于 Proposed 算法的原因。

由以上仿真实验结果可得，Proposed 算法的吞吐量稍低于 TWC 算法[31]，但 Proposed 算法可以保证多播组中所有用户的最小数据速率需求，而 TWC 算法无法保证信道质量较差用户的最小数据速率需求。因此，若一个多播业务的 QoS 要求高(如收费的节目)，需要采取 Proposed 算法来保证所有用户都能正确接收到基本质量的视频，同时提高系统吞吐量；若业务的 QoS 要求不高(如免费的广播节目)，则可以采取 TWC 算法进一步提高系统吞吐量。

5.2.4 多播业务的空域资源分配方法

由于多播业务在一个时频资源块上复用的是同一个多播组的数据，因此不存在单播业务空域资源分配中的多用户干扰问题。针对多播业务的空域资源分配算法主要是研究如何通过预编码、多天线功率分配等技术提高多播传输容量。

文献[36]提出一种结合 MIMO 技术的多播功率控制算法，根据某个多播业务的用户数、用户信道质量、QoS 需求等，选择所需功率最小的信道传输该业务。该算法只是根据天线数量对信道所需功率进行了简单折算。例如，若系统具有 2 个发送天线，则所需功率数为单天线的 1/2，并未利用 MIMO 系统的空间分集提高系统吞吐量。文献[37]将擦除编码与多播资源调度算法相结合，设计一种跨层的多播传输机制，在系统可靠性与吞吐量之间求得折中，并将算法扩展到了 MIMO 系统中。在针对 MIMO 系统的扩展中，只考虑了多天线信道矩阵的计算问题，与文献[36]一样，未利用空间分集进一步提高系统吞吐量。

文献[38]提出一种 OFDM-MIMO 系统中的自适应资源分配方法(简称“ORK”算法)，该方法主要包括两个部分，一是子载波和预编码分配；二是子载波间的功率分配。由于第二部分的基本思想也是 Levin-Campello 算法，此处主要对第一部分的预编码矩阵的确定方法进行说明。文献[38]对每个子载波进行遍历，确定其预编码矩阵的主要步骤如下。

① 根据用户的信道矩阵计算所有用户的预编码矩阵 $W_i=[h_{i,1}^* \ h_{i,2}^* \cdots h_{i,Nt}^*]/\sqrt{|h_{i,1}|^2+|h_{i,2}|^2+\cdots+|h_{i,Nt}|^2}, i=1,2,\cdots,K$。

② 针对每个 W_i，计算所有用户在该 W_i 下所能获得的数据速率，设为 $c_{k,i}$，$(k=1,2,\cdots,K)$。遍历每个该子载波服务用户的 $c_{k,i}$，根据贪婪分配的原则，选取使子载波吞吐量最大的子载波传输速率 R_i。

③ 选择所有 R_i 中最大的一个，此时 $i=j$，则 W_j 即为该子载波所选定的预编码矩阵。

通过仿真验证，文献[38]提出的算法在系统吞吐量方面比单独的子载波分配算法有很大提高，尤其是用户不均匀分布的情况下，但该算法无法保证多播组中所有用户的基本 QoS 需求。文献[39]针对 OFDM-MIMO 系统提出一种子载波与功率分配算法，将文献[26]中针对 OFDM 系统的子载波与功率分配算法扩展到了多天线系统中，为不同的多播组分配无线资源。该算法只是将最大化系统容量作为优化目标，也无法保证多播用户的 QoS 需求。为克服该问题，可以采取下面的多天线预编码选择算法（简称 Proposed-M 算法），该算法的基本思想是基于多播组中所有用户的信道状态，寻找一个可以让整体传输速率最大的预编码矩阵。

从子载波 $n=1$ 到 N，重复以下步骤。

① 根据用户不同天线上的信道质量，利用式(5.22)计算该子载波所服务的每个用户的 $W_{k,n}(k=1,2,\cdots,K)$，即

$$W_{k,n}=\left[\frac{H_{k,n,1}^{*}}{|H_{k,n,1}|}\ \frac{H_{k,n,2}^{*}}{|H_{k,n,2}|}\cdots\frac{H_{k,n,M}^{*}}{|H_{k,n,M}|}\right] \tag{5.19}$$

式(5.19)是根据最大比合并原则确定的预编码。对于单用户来说，此时多天线的分集增益可以达到最大。

② 针对每个 $W_{k,n}$，计算所有用户（不仅是子载波服务用户）在该 $W_{k,n}$ 下所能获得的数据速率 $c_{k,n}(k=1,2,\cdots,K)$；遍历每个该子载波服务用户的 $c_{k,n}$，选取其中最小的一个作为该子载波支持的数据速率，设为 min_c；基于 min_c 计算该子载波的吞吐量 $R_{k,n}$。

③ 选择所有 $R_{k,n}$ 中最大的一个$(k=1,2,\cdots,K)$，此时 k 为 $k^{\#}$，则该子载波所选定的预编码矩阵 $W_n=W_{k^{\#},n}$；若 $R_{k,n}$ 小于不用预编码时的子载波吞吐量，则设 $W_n=[1\ 1\cdots1]$。

图 5-13 给出在基站发射功率为 43dbm 的情况下，Proposed-M 算法、ORK 算法，以及 Conventional 算法之间的吞吐量比较。可以看出，Proposed-M 算法和 ORK 算法的吞吐量都远高于 Conventional 算法，而且两种算法的吞吐量随着用户数的增多而增大，不像 Conventional 算法那样存在容量上限。此外，还可以看出，ORK 算法的吞吐量始终高于 Proposed-M 算法。存在该吞吐量差距的主要原因与 5.2.3 节子载波分配算法的吞吐量差距的原因相同，是由于 Proposed-M 需要考虑用户的基本 QoS 需求，因此牺牲一定的多播吞吐量来保证所有用户的最小数据速率需求，而 ORK 算法以最大化多播吞吐量为目标，从而导致 Proposed-M 吞吐量比 ORK 算法低。然而，ORK 算法无法保证所有用户的最小数据速率需求，这可以从图 5-14 的仿真结果中看出。图 5-14 中的虚线代表用户的最小数据速率需求。可以看出，Proposed-M 算法中所有用户的数据速率均大于最小数据速率需求，而 ORK 算法中约有 23 个用户的数据速率低于最小数据速率需求，说明这 23 个用户将无法对多播视频数据进行正确解码，从而无法保证其业务的基本 QoS 需求。同时，从图 5-14 还可以看出，Proposed-M 算法中用户之间的数据速率差距没有 ORK 算法明显，也就是说 ORK 算法中信道质量好的用户可以达到很高的数据

速率,信道质量较差的用户可能会出现“饿死”现象,即无法正确接收多播数据而Proposed-M 算法很好地避免了这种“贫富差距”悬殊的情况出现。

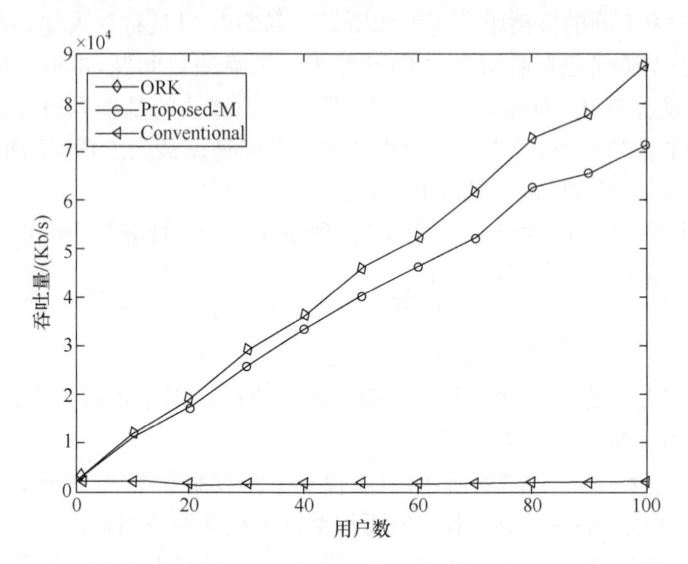

图 5-13 不同空域资源分配算法的多播吞吐量(发射功率=43dBm)

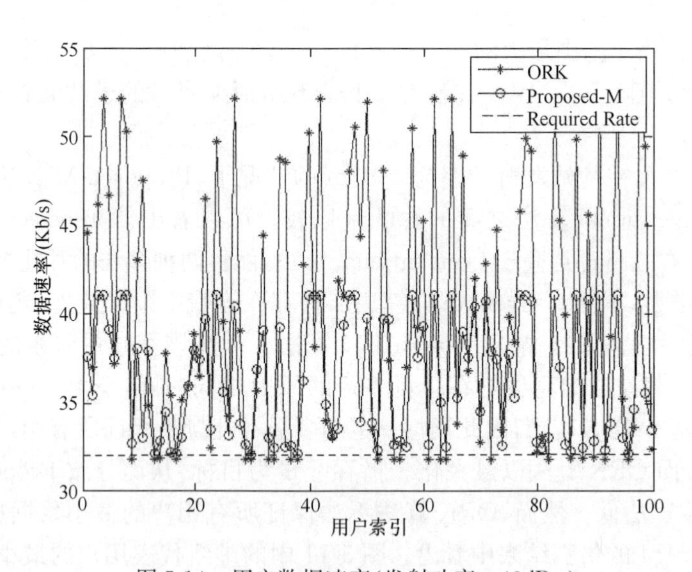

图 5-14 用户数据速率(发射功率=43dBm)

5.2.5 多播业务资源调度方法在 LTE 系统中的应用

5.2.2 节～5.2.4 节分别从时域、频域和空域三个方面提出了相应的多播业务无线资源调度算法,在保证用户基本服务质量需求的前提下,提高了多播吞吐量,降低了终端能耗。本节将结合LTE系统,从标准支持及系统实现的角度对多播业务资源调度方法进行分析,给出多播业务无线资源调度的整体方案,供相关调度方法在实际系统中应用时参考。

图5-15给出了LTE系统中多播业务无线资源调度机制的实现框架。如图5-15所示,多播业务的QoS需求及不同用户的信道状态信息将是资源分配算法的主要依据。在LTE系统中,多播业务的最小数据速率将通过链路层在建立无线承载时确定,并定义物理层反馈机制为资源分配算法提供用户的信道状态信息。

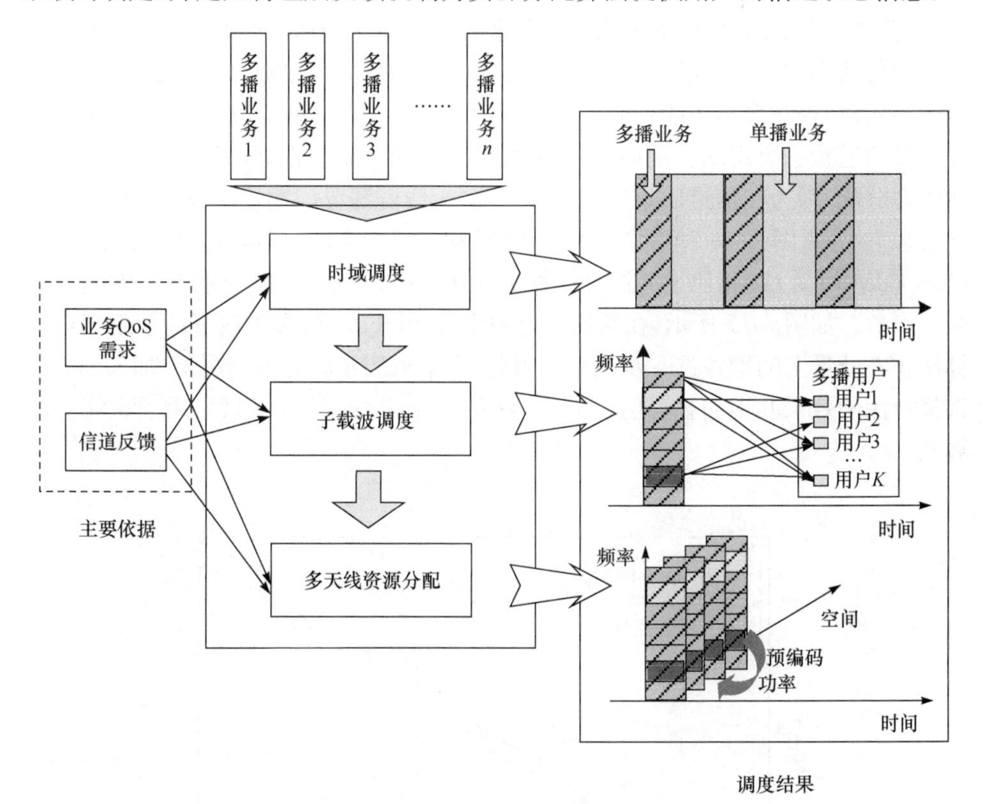

图5-15 LTE系统多播业务资源调度框架

基于此,多播业务的无线资源调度机制包括如下主要步骤。

① 首先进行时域调度,时域调度包括划定多播业务与单播业务所占的时隙比例、共存方式及多播时隙中不同业务的划分。5.2.2节介绍的SSBIS算法[25]给出了多播业务与单播业务联合调度的方法,可以确定业务时隙及共存方式。关于如何对共享同一段时隙的不同多播业务进行调度,可以采用已有的算法[21]。

② 在通过时域调度确定某一多播业务所占用的时隙后,就可以通过子载波分配算法确定该时隙上每个子载波的传输速率和服务用户。5.2.3节介绍的基于分

层编码的多播业务子载波分配算法[34]能够在保证多播组中所有用户的基本 QoS 需求的前提下，提高多播吞吐量，因此可以作为 QoS 要求高的多播业务的子载波分配方法；若业务的 QoS 要求不高，则可以采用基于多描述编码的子载波分配算法[31]，进一步提高吞吐量。

③ 最后利用多天线特性进行空域资源分配，可以包括多天线预编码选择算法、功率分配算法等。多天线预编码选择算法通过降低天线间干扰提高系统吞吐量，5.2.4 节介绍的 Proposed-M 算法适应于对 QoS 要求较高的多播业务，而 ORK 算法[38]适用于对 QoS 要求不高的业务。功率分配算法根据用户分布确定天线的发射功率，在分布式天线及用户分布不均匀的情况可以提高吞吐量。

当然，是否在多播无线资源分配过程中将以上三个步骤全部执行完，是由系统需求及信道状态决定的。例如，如果系统的整体信道质量很好，就不需要执行多天线资源分配，因为在信道质量好的情况下，多天线资源分配相比子载波分配算法的增益较小。如图 5-16 所示，在基站发射功率为 43dbm 时，预编码选择算法(Proposed-M 算法)相比子载波分配算法(Proposed 算法)可以带来 10%左右的吞吐量增益。如图 5-17 所示，在基站发射功率为 46dbm 时，多天线下的预编码选择算法在吞吐量上的增益进一步减小。因此，在信道质量较好的情况下，加入预编码选择算法的效果并不明显，还提高了算法的复杂度，此时可以只采用子载波分配算法。

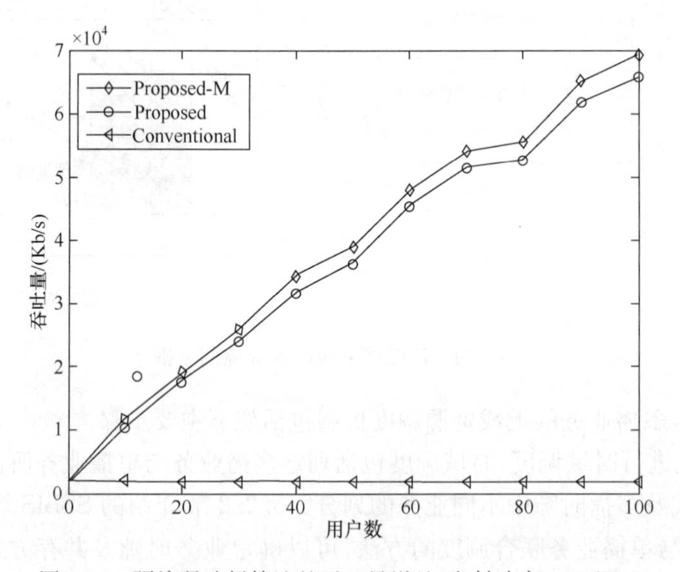

图 5-16　预编码选择算法的吞吐量增益(发射功率＝43dBm)

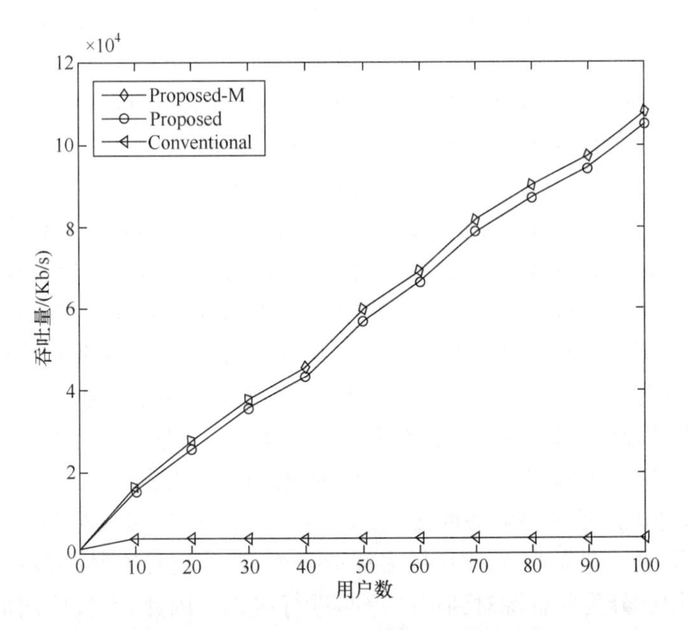

图 5-17　预编码选择算法的吞吐量增益(发射功率=46dBm)

5.3　单播与广播多播融合的接入控制机制

作为无线资源管理的第一个阶段,呼叫接入控制(call admission control, CAC)策略将根据当前小区的带宽使用情况判断移动终端发出的呼叫请求是否被系统接受。当呼叫请求被系统接受后,系统需要保证该业务的服务质量,因此呼叫接入控制是保障服务质量的重要环节。呼叫接入控制策略的优劣可以通过系统呼叫阻塞率、系统资源利用率等参数来衡量。其中,呼叫阻塞率包括新呼叫阻塞率(new call blocking probability, NCBP)和切换中断率(handoff call dropping probability,HCDP)。由于降低呼叫阻塞率往往意味着某种冗余的资源利用方式,从而导致呼叫阻塞率与系统资源利用率之间相互制约。因此,如何权衡这些参数达到系统性能的优化就成为呼叫接入控制研究的热点。

接入控制机制的基础是资源分配模型和使用策略,决定了接入控制算法最终能够达到的系统性能和算法对业务 QoS 的保障能力。资源分配模型包括完全共享(complete sharing,CS)、完全划分(complete partition,CP)和虚拟划分(virtual partition,VP)等基本类型。CS 模型允许所有用户类型无区分的共享资源;CP 模型是将资源静态地划分到每个用户类别,不同用户类别之间不能共享资源;VP 模型介于 CS 与 CP 之间,预先也给每个用户类别划分名义上的资源,但资源在一定程度上可以共享。例如,若某一类别的用户占用的资源超过了预先分配的资源,可以将这类用户标志为“过载”，并通过一定机制降低其新呼叫接入的优先级。

基于这些基本类型，研究者也陆续提出了各种改进的 CAC 资源分配模型。例如，文献[40]提出一种基于多优先级别的 CS 模型，通过对多种 QoS 需求的业务划分优先级别从而有效的为切换呼叫分配带宽。文献[41]将 VP 模型应用到无线通信网络中，利用 VP 模型在高负载情况下的带宽抢占特性优化实时业务的 QoS。文献[42]利用测量反馈原则，通过监测系统阻塞率来动态的调整预留带宽大小，从而自适应的优化呼叫阻塞率。文献[43]提出一种自适应的接纳控制算法，通过对切换呼叫按照优先级进行服务降级策略抢占带宽，从而允许更多的切换呼叫接入。上述研究在系统建模时都只考虑了单播业务存在的情况，并未针对广播多播业务和单播业务融合的场景进行设计。鉴于广播多播业务和单播业务在资源占用方式、接入能力，以及传输性能方面存在着巨大的差异，在业务融合的系统中应用面向单播业务的接入控制方法都将不可避免的出现以下问题。

① 没有考虑广播多播业务的接入方式，在每一个呼叫接入时都需要为其分配独立的带宽资源。实际上，对于广播多播业务而言，当已经有某类该业务存在时，系统直接使用已分配的资源对到达的呼叫进行接入。因此，直接应用面向单播业务的接入控制方法在负载较高时会大大增加系统阻塞率。

② 面向单播业务的接入控制方法仅仅区分了实时业务和非实时业务，而没有考虑单播业务和广播多播业务的分类。因此，尽管系统为实时业务预留资源，仍会导致实时广播多播业务和实时单播业务各自的服务质量得不到保证。

③ 面向单播业务的接入控制方法的资源抢占和服务降级模型没有考虑广播多播业务的特性，当对非实时广播多播业务进行资源剥夺或服务降级时，该类型的所有业务都将遭受服务降级，因此影响较多数量业务的 QoS。

④ 面向单播业务的接入控制方法对系统性能优化的目标在于降低阻塞率和提高系统利用率。对于广播多播业务来说，占用同样资源的情况下允许有不同的接入用户数目，这就使得系统利用率不能很好的反映其整体性能，也导致了以系统利用率为优化目标难以达到整体性能的最优化。

因此，本节将介绍一种专门针对单播业务与广播多播业务融合系统设计的接入控制机制，包括资源共享模型的设计、带宽抢占策略及实现方案，为本领域未来的研究提供参考。

5.3.1 资源共享模型

假设小区内的无线资源以基本信道为单位进行分配，整个小区内的可用带宽 B 被划分成 N 个可用的信道。这 N 个信道可以被接入控制决策用于分配给 K 类不同类别的业务，每种业务类别代表一类 QoS 需求。为了满足第 k 类业务的 QoS 需求，需要为该类别的业务分配一定数量的信道。不同类别的业务根据其时延要求划分成两类：1～p 类为实时业务，$p+1$～K 类为非实时业务。系统需要保证实时业务的接入能力，为其分配的带宽固定为 r_k，而非实时业务则可以适应最小为 $r_k^{\min}$ 的带宽分配，当资源足够时，系统仍可以为第 k 类实时业务分配 r_k 个信道。根据发起原因的不同，小区内发起的呼叫请求包括新呼叫请求和切换呼叫请求，其中切换呼叫的优先级别要高于新呼叫请求。

针对单播业务与广播多播业务融合系统可以使用基于虚拟预留带宽的资源共享模型，如图 5-18 所示。

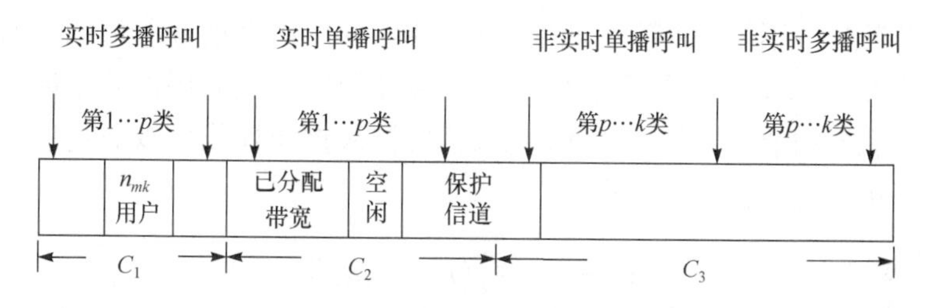

图 5-18　虚拟资源共享模型

所有的 K 类业务根据其实时性和传输方式划分成三组，即实时的多播业务组，实时的单播业务组，以及非实时业务组，每个组被分配的虚拟预留带宽分别为 C_1、C_2 和 C_3，且满足关系式 $C_1+C_2+C_3=N$。设 C_{ri} 表示第 i 个组的剩余虚拟资源，一般地，当一个第 k 类呼叫请求到达时满足 $C_{ri}>r_k$，即呼叫业务对应组的剩余资源比需求的带宽大时可以接入该业务。更明确的规则需要区分呼叫请求的业务类型，并结合虚拟资源的利用情况进行判断。

对于某个第 k 类单播业务，为切换呼叫请求预留数量为 C_G 的信道资源，该资源不能被新呼叫请求使用，此时呼叫接入的条件变为 $C_{ri}-C_G>r_k$。为了提高系统利用率，使用资源借用策略，当一个第 k 类非实时呼叫请求到达时满足 $C_{r3}<r_k$，则可以借用属于实时性业务的剩余虚拟资源进行接入。此时，非实时业务的瞬时占用资源 C_{u3} 满足 $C_{u3}>C_3$，其占用第 j 组实时业务的信道数为 C_{pj}，且满足 $C_{u3}-C_3=C_{p1}+C_{p2}$，呼叫接入的条件变为 $C_{r3}+C_{ri}>r_k(i=1,2)$。带宽借用会导致系统中实时业务的剩余虚拟资源减少，为了保证实时业务的 QoS，规定当剩余虚拟带宽不足以接入某个实时业务时，属于第 j 组的呼叫请求可以抢占之前被非实时性业务所使用的属于该组的虚拟资源，最多可抢占的信道数为 C_{pj}。

对于一个第 k 类的广播多播业务，其能够接入的用户数量和传输性能会受到系统能力的限制，因此对广播多播业务限定每个第 k 类广播多播业务能够支持的最大用户数为 $n_{mk}^{\max}$。设 n_{mk} 表示接收第 k 类广播多播业务的用户个数，则当系统中没有该类业务的用户存在时，即 $n_{mk}=0$，该类呼叫请求的接入条件为 $C_{ri}\geqslant r_k$；当该类型的接入用户数满足 $0<n_{mk}<n_{mk}^{\max}$时，新到达的呼叫接入请求可以立即满足；当

$n_{mk}=n_{mk}^{\max}$时，系统不允许任何该类型业务的呼叫请求，即使系统当前的可用带宽足够接入该呼叫。

5.3.2　带宽抢占策略

根据前面所述可知，现有的接入控制算法评估其系统性能时考虑的参数一般为呼叫阻塞率、用户 QoS 保障程度、资源利用率及系统吞吐量等。在广播多播和单播融合的环境中，一个移动终端可能同时在接收单播业务和多播业务，使得用户数量和业务数量并不一一对应。此外，一个特定的广播多播业务可以同时发送给多个移动终端，这就使得用资源利用率或者吞吐量进行性能评价并不能很好的反映系统提供服务的能力。从用户的角度来看，接入控制性能可以通过接入的逻辑用户数量来衡量，满足

$$\mathrm{LU}_A=\sum_{k=1}^{K}(n_{mk}+n_{uk}) \tag{5.20}$$

其中，n_{uk}表示接收第 k 类单播业务的用户个数。

对于某个广播多播业务，其在特定时刻的 LU_A 值等于此时接收该业务的用户数量。对于同时接收单播和多播业务的用户，认为系统单独向多个逻辑用户提供单播业务和多播业务，每个逻辑用户对应接收一种业务。可见，能够在广播多播与单播融合的环境中用 LU_A 替代系统吞吐量来考察系统的总体传输能力。因此，广播多播与单播融合环境下的接入控制机制的目标，即是在保证不同类型业务的带宽需求的同时，优化小区的 LU_A，以及优化呼叫阻塞率。

为了优化 LU_A，需要考虑接入控制时优化虚拟资源的使用。一方面，非实时业务在高负载的情况下会尝试使用实时业务的虚拟带宽资源，而实时业务包括单播业务和广播多播业务，业务特性的不同导致它们在使用相同的资源时对系统性能的影响差别很大；另一方面，实时业务可能抢占不同类型、多个数量的非实时业务。为设计合适的策略规定哪类资源应该首先被使用、哪些资源可以被抢占，以及抢占的方式和数量，定义业务效率指数如下。

定义 5.2　业务效率指数(service efficiency Indicator，SEI)，业务占用的每个信道对 LU_A 的贡献。

根据上述定义，有

$$\begin{cases}\mathrm{SEI}_{(\mathrm{mk})}=n_{\mathrm{mk}}/r_k\\ \mathrm{SEI}_{(\mathrm{uk})}=n_{\mathrm{uk}}/r_k\end{cases} \tag{5.21}$$

其中，n_{uk}和 n_{mk}分别为接收第 k 类单播业务和广播多播业务的用户数量；r_k 为接入该类业务需要的信道数量；$\mathrm{SEI}_{(\mathrm{uk})}$ 和 $\mathrm{SEI}_{(\mathrm{mk})}$ 分别为第 k 类单播业务和广播多播业务的 SEI。

在一个既定的蜂窝系统中,N、K 和 $r_k(0<k\leqslant K)$ 都是固定的,有 $\mathrm{LU_A}=\sum_{k=1}^{K}(\mathrm{SEI}_{(k)}\cdot r_k)$。因此,规定实时业务首先抢占所有非实时业务类型中 $\mathrm{SEI}_{(k)}$ 值最小的业务的资源。同时,规定当可以抢占的单播业务和多播业务具有相同的 SEI 时,优先抢占非实时单播业务,然后抢占非实时多播业务。

为了在优化 $\mathrm{LU_A}$ 的同时,更有效的降低呼叫阻塞率,可以采用服务降级模型,规定一个实时业务在抢占虚拟资源时并不中断被抢占的业务,而是减少分配给非实时业务的资源数量直到剩余的资源仅能满足该非实时业务的最小 QoS 需求,从而保证负载较高时实时业务的 QoS 仍能得到保障并且呼叫阻塞率在允许的范围内。对于第 i 类实时单播切换呼叫请求,如果满足 $C_{u3}>C_3$,$(C_2-C_{u2}-C_{p2})<r_i$,且$(C_2-C_{u2})>r_i$,则尝试对非实时业务进行服务降级来抢占资源;对于第 i 类实时单播新呼叫请求,如果满足 $C_{u3}>C_3$,$(C_2-C_{u2}-C_{p2})<(r_i+C_G)$,且$(C_2-C_{u2})>(r_i+C_G)$,则尝试进行资源抢占;对于第 i 类实时广播多播呼叫请求,如果满足 $n_{mk}=0$,$C_{u3}>C_3$,$(C_1-C_{u1}-C_{p1})<r_i$,且$(C_1-C_{u1})>r_i$,则尝试进行资源抢占。

当第 i 类实时业务需要抢占第 j 类非实时单播业务时,首先判断 $r_i\leqslant n_{uj}(r_j-r_j^{\min})$,如果表达式为真,则抢占成功,允许该呼叫请求接入,每个非实时业务被抢占的信道数为$\left\lceil\dfrac{r_i}{n_{uj}}\right\rceil$,最多可以抢占该类业务的信道数量为 $n_{uj}(r_j-r_j^{\min})$。由于同一类广播多播业务使用相同的资源进行传输,当一个第 i 类实时业务需要抢占第 j 类非实时广播多播业务时,判断 $r_i\leqslant(r_k-r_k^{\min})$。如果表达式为真,则抢占成功,被抢占的信道数为 r_i,允许该呼叫请求接入,最多可以抢占的信道数量为$(r_j-r_j^{\min})$。为了避免服务降级造成过多的非实时业务 QoS 降低,规定一个实时业务进行抢占仅针对同一类非实时业务,如果找不到某类非实时业务可以通过服务降级来满足该业务的接入需求,则拒绝该呼叫请求。

5.3.3　接入控制方案

基于上述资源共享模型及带宽抢占策略,呼叫接入控制机制的整体方案如图 5-19所示。一个呼叫请求到达时,首先根据业务的 QoS 需求进行分类并标明该业务的类型特征,包括实时性、传输方式和发起原因等。当该呼叫请求被送入接入判决部分后,接入决策算法通过查询当前系统可用资源,如果资源足够,则允许该呼叫接入;否则,根据呼叫请求所属业务的优先级别以及当前资源使用的效率指标决定是否为该请求发起资源抢占。当抢占发生时,按照优先级别查询使用了借用资源的非实时业务,并对合适的业务进行服务降级,从而允许呼叫使用抢占的资源进行接入。如果初始接入和抢占均不成功,则拒绝呼叫接入请求;否则,允许该呼叫请求进行接入,为其分配带宽并更新系统资源信息。为与实际情况一致,系统并不为本次拒绝接入的呼叫请求进行排队。

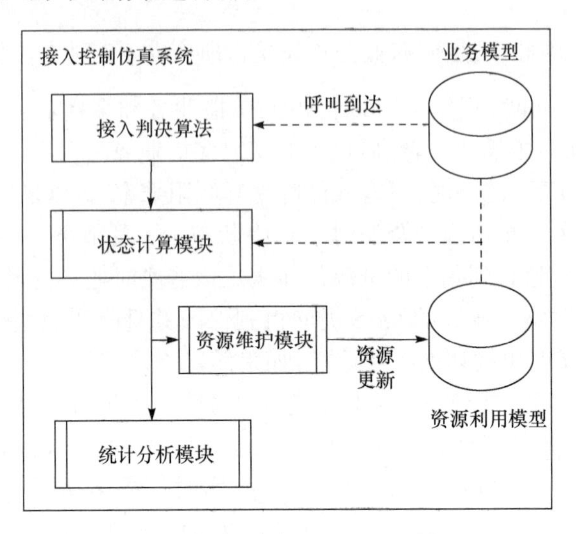

图 5-19 融合的接入控制机制框架

上述接入控制机制的设计具有如下特点。

① 根据业务的 QoS 需求明确区分呼叫请求的类型，包括多播业务和单播业务、非实时业务和实时业务、新呼叫和切换呼叫等。对上述不同的业务划分类型使用多种虚拟预留资源，从而在整体上保证各种类呼叫服务的 QoS。

② 根据呼叫请求的 QoS 需求，呼叫所属业务的类型以及运行时性能计算各类业务的优先级别和效率指标，根据业务的优先等级和效率指标的综合衡量进行资源分配，使得每次进行接入决策时都能选择最优的资源进行分配。

③ 针对非实时的多播和单播业务使用带宽借用和服务降级策略。在实时业务负载较低的时候利用带宽借用有能力接入更多的非实时业务，从而有效降低呼叫阻塞率；在实时业务负载较高时利用服务降级抢占属于实时部分的虚拟预留带宽，从而在不降低非实时业务阻塞率的前提下满足实时业务的 QoS 需求。

④ 通过上述资源使用和接入决策策略，降低系统的呼叫阻塞率，保障不同类型业务的 QoS 需求，同时优化系统业务提供能力。

图 5-20 和图 5-21 分别给出了上述接入控制机制(Proposed)与传统的 VP 模型和 CS 模型的呼叫阻塞率比较。为了更好的比较不同算法在广播多播和单播融合系统中的性能，分别适当的修改传统的 VP 模型和 CS 模型使之能够应用于业务融合的环境。用于比较的 VP 算法采用与 Proposed 算法相同的虚拟带宽划分方式，广播多播和单播业务间带宽借用和抢占使用随机的方式寻找可用带宽。对于 CS 算法，所有类型的业务共享整个系统资源，一旦资源足够则允许呼叫接入，不存在带宽借用和抢占的情况。

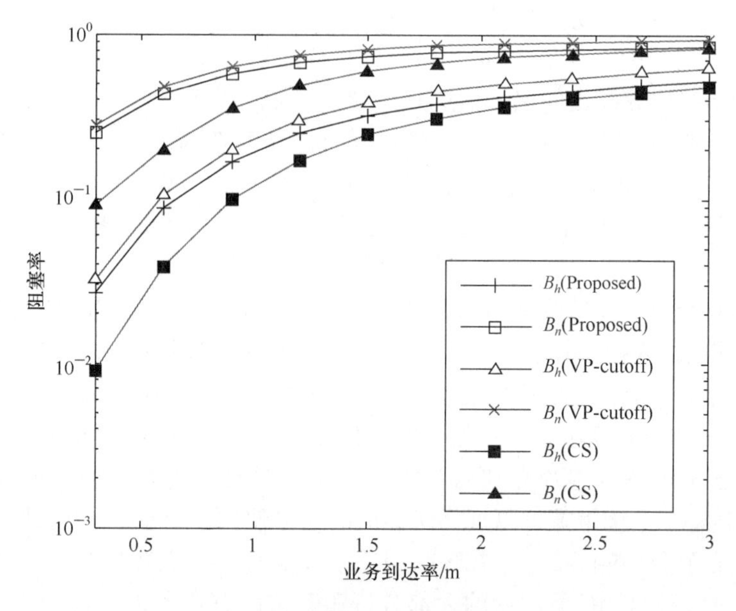

图 5-20　单播业务呼叫阻塞率

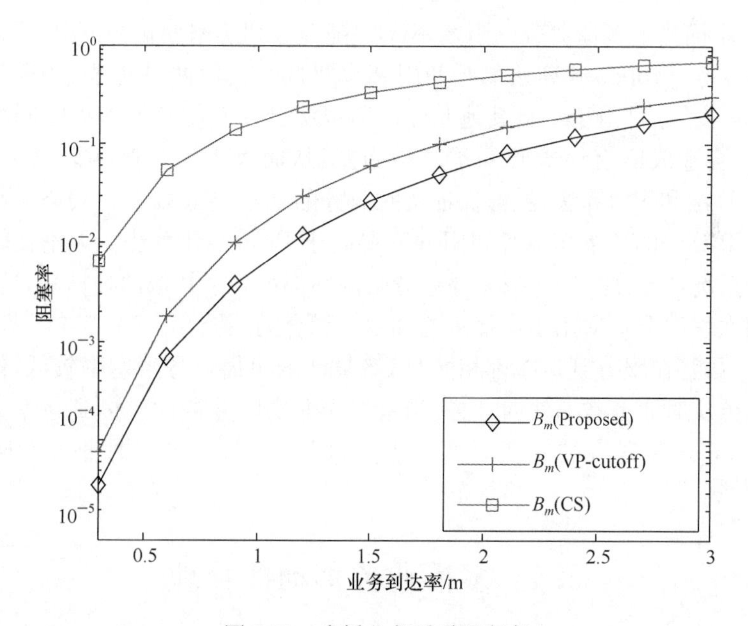

图 5-21　多播业务呼叫阻塞率

性能仿真中需要说明的参数如下。

① 小区逻辑信道数 $N=12$，传输 3 种类型的业务，其中实时业务类型数量 $p=1$，其他为非实时业务。

② 各种类型业务所需的带宽满足 $r_1=r_2=2, r_3=2, r_3^{\min}=1$；对于类型 3 的业务，初始接入时分配 2 个信道，而抢占时则将分配的资源降为 1 个信道。

③ 为单播服务提供的保护信道 $C_G=2$。

④ 每类业务的呼叫请求到达率都相同且服从参数为[0.3,0.6,…,3]的泊松分布，新呼叫请求和切换呼叫请求的持续时间均服从负指数分布，且有 $\mu^{-1}=1$。

⑤ 对于第 k 类广播多播业务，系统在同一时刻最多能够接入 5 个用户，即$n_{mk}^{\max}=5$。

图 5-20 给出了单播业务中新呼叫业务(B_n)和切换呼叫业务(B_h)的阻塞率。在三种不同的接入控制算法中，CS 算法的新呼叫阻塞率和切换呼叫阻塞率最低，其次是 Proposed 算法，而 VP 算法的阻塞率最高。由于采用了相同的预留带宽策略，Proposed 与 VP 算法有基本相同的变化曲线，而 Proposed 算法不会中断非实时单播业务，因此其阻塞率要比后者低。CS 模型具有较低单播呼叫阻塞率的主要原因在于其整个系统带宽可以被任何类型的业务使用，因此一旦有实际的剩余带宽则允许任意呼叫进行接入。在呼叫到达率较低时这种优势相对明显，当呼叫到达率很高时，各种 CAC 算法中的大部分资源都被已有业务占用，此时 CS 模型的性能与其他两种相差不大。

图 5-21 描绘了多播业务的阻塞率(B_m)随业务到达率变化的情况。可以看出，对于多播业务，Proposed 算法的呼叫阻塞率要低于其他两种算法。CS 算法的呼叫阻塞率最高，这是由于一旦其他业务占用资源过多而使某类多播呼叫的资源得不到满足，会造成所有该类呼叫请求被阻塞，从而大大增加呼叫阻塞率。相反，Proposed 算法和 VP 算法，能够保证实时业务的基本接入数量和 QoS。与单播业务类似，VP 算法的广播多播呼叫阻塞率要高于 Proposed 算法。无论在轻负载或重负载的情况，CS 算法的广播多播业务阻塞率都远高于其他两种算法，这表示 CS 算法在很大程度上不适用于广播多播和单播融合的系统。

此外，尽管在服务到达率都相同时 CS 算法的单播业务阻塞率较低，但由于其并不能区分实时业务和非实时业务，当系统中非实时业务的整体到达率大于实时业务时，大部分带宽将被非实时业务占用，因此难以满足实时业务对阻塞率和 QoS 的要求。

5.4　多播业务移动性管理

MBMS 服务需要保证在服务提供期间的服务质量和接收数据的连续性，UE 应当在空闲状态或者连接状态都能够接收 MBMS 服务。此外，MBMS 服务支持单小区传输和单频网传输等不同的发送模式，在不同的覆盖范围之内可能有不同的小区发送模式。例如，一个 MBMS 服务同时存在一些 SFN 区域(组成了使用多小区传输模式的合并区域)和非 SFN 模式的小区。对于合并区域覆盖的小区而言,该 MBMS 服务在无线信号和内容上都是同步的;对于整个 MBMS 服务的内容覆盖区域而言,所有小区针对该服务的内容是同步发送的。MBMS 系统需要保证在这些情况下 UE 能够以较好的质量进行服务的连续接收。

1. MBMS 服务连续性需要考虑到的情况和场景

① UE 的状态。UE 需要在空闲状态下接收 MBMS 服务的能力,需要考虑如何处理 UE 在空闲状态下的接收能力,如何处理 UE 在空闲状态下网络侧不能准确定位 UE 位置的问题,如何处理空闲状态与连接状态可能的相互转换带来的网络拥塞等问题,从而使得在这些情况下系统能够保证服务的连续性。

② 载波的使用。专用的载波(dedicated carrier)和混合的载波(hybrid carrier)都可以用于承载 MBMS 服务。当使用专用载波时,小区中的 UE 没有单播服务,因此也不具备上行回馈能力,MBMS 系统需要考虑如何在这种情况下正确处理移动中的 UE。

③ 小区的操作模式。SFN 操作可以使用无线信号合并来优化服务质量,提高资源利用率。同时,允许内容覆盖区域中同时包括 SFN 区域和非 SFN 模式的小区,因此需要支持 UE 在这些小区之间移动时的服务连续性。

2. 保证 UE 在不同情况和场景下的 MBMS 连续性接收策略

① 对于一个特定的 MBMS 服务,当 UE 位于合并区域内部时,UE 可以在空闲状态或者连接状态,UE 在 SFN 模式的小区之间移动时根据不同的状态处理。

如果 UE 处于空闲状态,则 UE 可以通过小区重选过程(cell reselection)驻留到目标小区,这两个小区承载同一个 MBMS 服务。在移动过程中,当信号质量足够时,UE 会同时接收来自多个基站的数据,通过无线信号合并来优化信号质量。

如果 UE 处于连接状态,则 UE 通过标准定义的切换过程从原小区切换到目标小区。在切换的过程中,可能的有关 MBMS 服务的控制信息可以复用到单播切换所使用的信令流中一起发送。在整个移动过程中,不需要 UE 进行状态转换。

② 当 UE 从 SFN 模式下的合并区域移动到非 SFN 模式的小区时。

如果 UE 处于连接状态,则 UE 通过标准定义的切换过程完成小区之间的移动。在切换的过程中,有关 MBMS 服务的控制信令将复用到单播切换的信令流中一起发送。在整个移动过程中,不需要 UE 进行状态转换,但是需要通过额外的信令为 UE 重新配置接收 MBMS 数据的下行信道。由于使用的时频资源不同,UE 在移动的过程中不能使用无线信号合并的方法优化服务质量。

如果 UE 处于空闲状态，则为了能够正确的掌握 UE 的位置信息，以及正确的触发信道转换决策，将由 UE 向基站发起服务请求。当服务请求被接受后，UE 将从空闲状态转换成连接状态，通过这种方式网络可以获得 UE 的测量报告等信息，同时允许 RAN 和 UE 之间交互信息。由于不存在单播服务数据，在切换的过程中，原小区和目标小区之间没有单播数据的传输，也不需要对 MBMS 服务数据进行小区间的转发，而是由目标小区根据同步算法在切换时进行 MBMS 服务的同步。切换完成后 UE 在目标小区内接收 MBMS 服务。

③ 如果 MBMS 系统支持动态的 SFN 区域管理，则一个小区可能在 MBMS 服务发送期间被配置到某个 SFN 区域的覆盖范围之内。在这种情况下，需要设计一个特定的切换策略。该策略决定的切换时间需要考虑到由于目标小区进行 MBMS 服务配置和进行 MBMS 服务数据同步所消耗的时间，从而保证 UE 接收服务的连续性。

虽然最新的 LTE 标准已经制定了相关机制让网络在部署一个或多个载频的场景下保证通过 MBSFN 方式提供多播业务的连续性，但在拥塞控制、多播寻呼等方面仍存在未解决的问题，从而成为当前的研究热点，下面分别进行介绍。

5.4.1　拥塞控制

当一个 MBMS 业务在一定区域非常流行，如果存在大量的用户对此 MBMS 业务感兴趣，那么在业务播放期间，会存在大量的 UE 驻留或是连接到与之对应的 MBMS 频率上。若其中大部分 UEs 在此频率上建立 RRC 连接，将会导致网络拥塞，因此需要合适的拥塞解决方案来应对此问题。

针对 MBMS 场景所出现的网络拥塞情况所制定的拥塞解决方案或者是准入控制方法的目的在于解决两个问题。

① IDLE MBMS UEs 都驻留在一个频率上，当进入连接状态时而引起的潜在拥塞问题。

② 当一个小区发生了拥塞，应阻止已被释放的 UEs 向拥塞的小区发起建立连接的请求。

虽然良好的网络规划可以减轻可能引起的空闲 UEs 分布不平衡的问题，然而仅仅有好的网络规划是不行的，还需要针对 MBMS 的拥塞解决方案。目前，有两种主要的方案来控制 IDLE UE 在拥塞的 MBMS 频率上接入。

1. 不允许将 MBMS 频率设置为最高优先级

例如，在系统消息中，明确指示该 MBMS 频率能不能被设置为最高小区重选优先级。这种方法可以实现灵活的控制，当在某 MBMS 频率上发生拥塞的时候，网络就在系统消息中明确指示该 MBMS 频率不能被设置为最高小区重选优先级，这样就可以缓解 MBMS 频率上的拥塞状况。在该方法中，需要对每一个 MBMS 频率预留 1 比特。

方案 1 的优点就是可以实现网络灵活控制，开销较小，但问题是除非 UE 能够同时接收多播业务和单播业务，否则多播业务接收会发生中断。

2. 允许 UE 在拥塞的频率上驻留，但是要阻止 UE 在拥塞的频率上发起连接。

① 运用已有的 ACB(access class barring，接入类型限制)机制。

现有的拥塞控制方法 ACB 机制，当终端要求建立一个 RRC 连接时，终端应该首先执行 ACB 检查，如果检查成功，终端才会开始 RRC 连接建立过程。

E-UTRAN 执行 ACB 的方法是，通过小区广播一个受限(Barring)因子和 AC Barring Time(受限时间)，当终端启动了 RRC 层接入时，终端抽取一个随机数，将这个数与 Barring 因子进行比较，如果这个随机数小于 Barring 因子，终端开始进行随机接入过程；否则，终端会在 AC Barring Time 内被阻止接入。

② 运用拥塞指示的解决途径。

第一，在系统消息中用 1 比特指示该小区是否拥塞。

在现有的与 MBMS 有关的系统消息中加入 1 比特指示 MBMS UEs 所在 MBMS 频率上是否发生网络拥塞，如果发生拥塞，则进行拥塞控制，会根据 UE 在 MBMS Interest Indication 消息中指示的优先 MBMS 接收还是优先单播接收，而选择释放 RRC 连接还是将 UE 切换或是重选到其他的频率上去。

第二，在 RRC Connection Relase 消息中，加入 Congestion ending 指示，也就是 UE 被允许主动发起单播连接建立。如果 UE 被通知发生拥塞，有可能被网络释放单播连接。

若 UE 优先了 MBMS 接收，那么拥塞时，网络会释放该 UE 的 RRC 连接，从而该 UE 转入 IDLE 状态。若 UE 优先单播接收，在 MBMS 频率上拥塞期间，允许 UE 建立 RRC 连接，可以将 UEs 切换或是重选到非拥塞频率上。

方案 2 的优点是可以保证 MBMS 的服务连续性。ACB 是现有的机制，而且拥塞指示和拥塞定时可以阻止 UE 在拥塞的 MBMS 频率上建立 RRC 连接，但问题是增加了信令开销。

方案 2 不需要 UE 从其他的频率上接收 MCCH/MTCH，而方案 1 需要从别的频率上接收 MBMS，而不是驻留在这个小区上。因此，两种方案的区别在于能不能实现不让 UE 驻留在一个小区上而让他接收到 MBMS。

为保证 MBMS 服务的连续性，方案 2 得到了更多的支持。同时，基于方案 2 也给出了一些具体的控制机制。例如，有方法在现有 SIB13 中加入拥塞指示(congestion indicator)，同时复用 RRC Connection Release 消息中 t320 定时。此外，可以将涉及的 MBMS UEs 分为两类：一类是一直处于 Idle 状态的 UEs；一类是由于

MBMS 频率上发生拥塞且指示优先 MBMS 接收而被释放 RRC 连接的 UEs。针对这两类 UE 分别设计处理方法如下。

① 对于一类 UEs，当终端要求建立一个连接时，应首先执行如下过程：读取 SIB13 中的 congestion indicator，若为 0，则表示在此频率上没有发生拥塞，则 UE 在此频率上发送 RRC Connection Request 消息，建立 RRC 连接；若 congestion indicator 为 1，则表示该频率上发生拥塞，UE 应自己决定是否还要在拥塞的频率上建立 RRC 连接，即 UE 需在知道 MBMS 发生拥塞后选择优先 MBMS 接收还是优先单播接收，若 UE 选择优先 MBMS 接收，则放弃建立单播连接，不发送 RRC Connection Requst 消息，继续驻留在 MBMS 频率上；若 UE 选择优先单播接收，UE 按照普通优先级进行小区重选，重选到非拥塞频率上，然后发送 RRC Connection Request 消息，在新驻留的频率上建立 RRC 连接，流程如图 5-22所示。

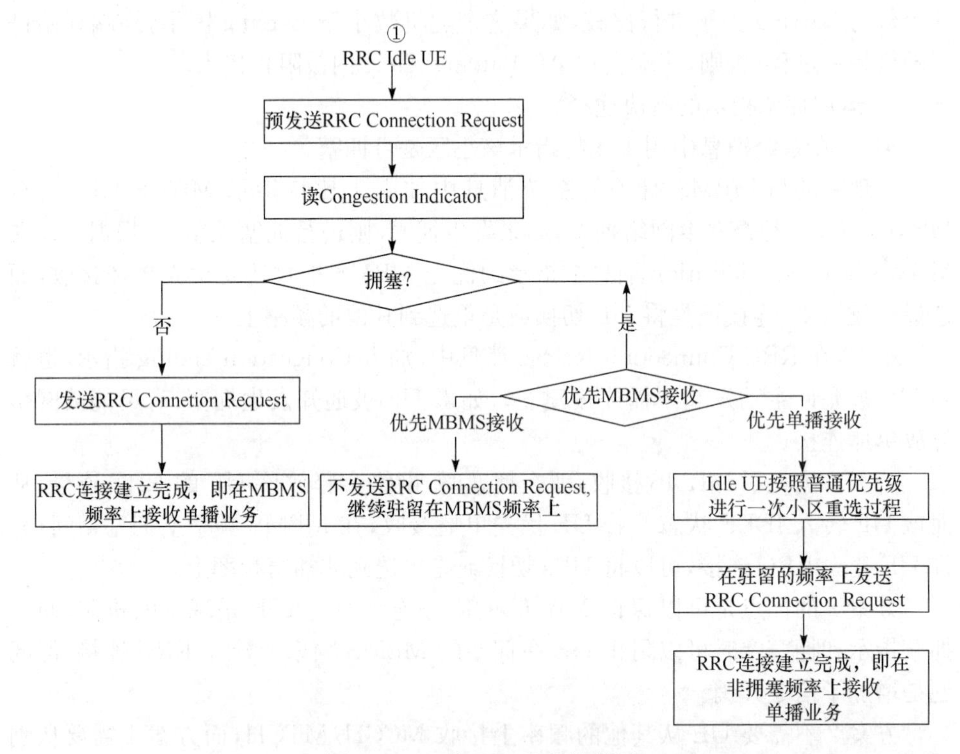

图 5-22　一类 UEs 流程控制图

② 对于二类 UEs，UE 应在 t320 期间不被允许发起 RRC 连接建立过程，且在 t320 期间 MBMS 频率具有最高重选优先级，以保证 UE 在优先 MBMS 接收后能继续驻留在此频率上。当 t320 释放后，该类 UEs 又进入一类 UEs，流程如图 5-23所示。

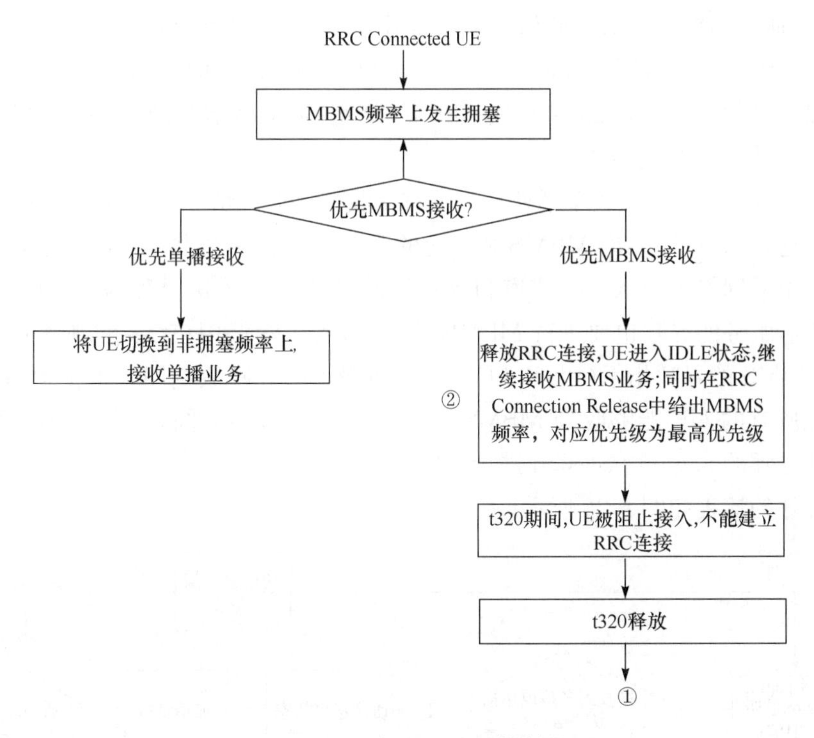

图 5-23　二类 UEs 流程控制图

5.4.2　多播寻呼机制

为了节省能耗，当终端结束数据传输时，会断开与网络连接，进入空闲状态。终端仅在离散间隔内周期性地接收下行广播数据，侦听网络侧发送的寻呼消息。当语音呼叫或数据业务到达网络侧时，网络在各小区内执行寻呼过程，搜索终端当前所处小区，从而建立网络连接。能够支持 MBMS 服务的寻呼机制需要考虑如下问题。

① 终端需要同时监听来自多播服务和单播服务的寻呼信息，如何避免过多的信令开销和能量消耗。

② 如果终端在某一时刻工作在 SFN 网络，由于 SFN 网络无法传送寻呼信息，将引起非 SFN 频率的通信不能有效建立等严重问题。

③ 在一个寻呼时机(paging occasion)需要既能寻呼单播信息，又能寻呼多播信息。

为解决上述问题，在单播空闲状态下，网络侧需要知道用户是否在使用多播网络接收 MBMS 业务，当用户在接收 MBMS 业务时，寻呼消息将通过多播网络与多播业务一起发送；当用户没有接收 MBMS 业务时，寻呼信息在单播寻呼信道上传送，用户通过周期性的监听此信道来获得寻呼消息，以降低能量消耗。因此，可以将单播寻呼和多播寻呼放在同一个帧中，使网络侧可以同时对用户进行单播信息和多播信息的寻呼。在 SFN 传输模式下，改变 SFN 帧结构，使得网络侧可以在 SFN 网络中对用户终端进行寻呼。

(1) 用户既没有接收单播业务又没有接收多播业务情况下的寻呼机制

在这种场景下，无论 MBMS 和普通的服务是否在一个共享的频率下传递，网络侧在单播网络的 PDCCH 信道和寻呼信道(PCH)上传送寻呼信息。由于既要进行普通服务的寻呼也要进行 MBMS 的寻呼，为了降低用户终端的唤醒时间，需要将 MBMS 的寻呼指示(PI)和 PCH 与普通服务的寻呼放到同一个帧中，并且为了保证所有的 UE 能够收到 MBMS 的寻呼，MBMS 的寻呼将会在给定时间内每个普通寻呼的 paging occasion 进行重传。

寻呼的流程如图 5-24 所示。

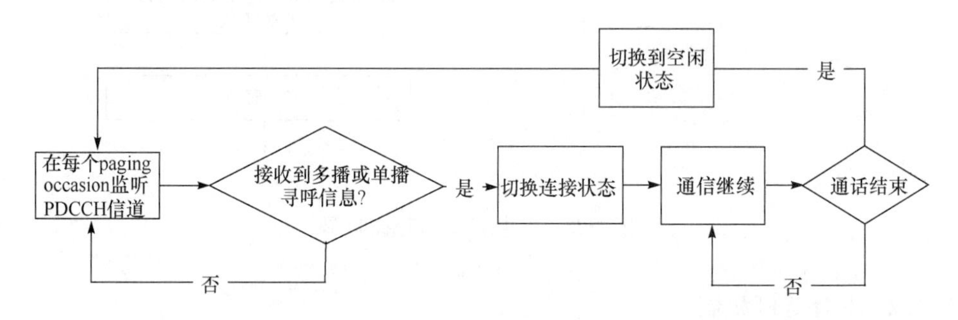

图 5-24　通过单播网络进行寻呼

(2) 用户没有接收单播业务而在接收多播业务情况下的寻呼机制

在这种场景下，由于用户在使用多播网络接收数据，寻呼信息通过多播网络传送可以避免在单播网络中周期监听寻呼信息，从而降低终端的功耗。特别地，当使用 SFN 传送多播业务时，由于现有的 SFN 网络中，是不能够传递寻呼信息的，需要对 SFN 帧做适当的修改，以使其在传递多播数据的同时能够传递寻呼信息。

寻呼的基本过程如图 5-25 所示。网络侧了解用户终端在使用多播网络接收数据，当有该用户的寻呼信息到来时，网络侧通过多播网络中的控制信道或 SFN 帧发送寻呼信息，而用户终端不需要在单播网络中周期性的监听 PDCCH 信道，节省能量消耗。

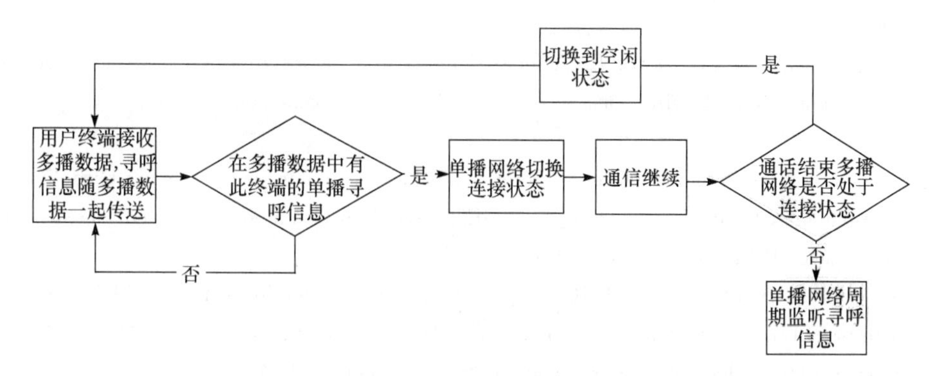

图 5-25 通过 SFN 网络进行寻呼

5.5 小 结

本章详细介绍了广播多播无线资源管理的重要研究方向和相关关键技术。首先,从时域、频域、空域的角度分别描述面向多播的无线资源调度方法,并给出其在LTE 系统中的应用方案;其次,介绍单播与广播多播业务融合系统中的接入控制技术,包括资源共享模型、带宽抢占策略以及具体的接入控制方案;最后,对多播业务移动性管理中的关键技术进行阐述,包括拥塞控制、寻呼机制等。

广播多播无线资源管理技术将是未来移动通信系统的一个重要研究方向,在本章介绍的代表性方法的基础上,需要继续进行深入研究,优化广播多播与单播融合业务对无线资源的使用,从而达到更高的频谱效率和系统容量。

参 考 文 献

[1] Ofuji Y, Morimoto A, Abeta S, Sawahashi M. Comparison of packet scheduling algorithms focusing on user throughput in high speed downlink packet access[C]. Personal Indoor and Mobile Radio Communications IEEE International Symposium on, 2002, 3(1): 1462-1466.

[2] Liu Q, Zhou S, Giannakis G B. Cross-layer scheduling with prescribed QoS guarantees in adaptive wireless networks[J]. IEEE Journal on Selected Areas in Communications, 2006, 23(5): 1056-1066.

[3] Jiang Z. Max-utility wireless resource management for best-effort traffic[J]. IEEE Transactions on Wireless Communications, 2005, 4(1): 100-111.

[4] Ergen M, Coleri S, Varaiya P. QoS aware adaptive resource allocation techniques for fair scheduling in OFDMA based broadband wireless access systems[J]. Broadcasting IEEE Transactions on, 2003, 49(4): 362-370.

[5] Wong I C, Shen Z, Evans B L, et al. A low complexity algorithm for proportional resource allocation in OFDMA systems[C]// Signal Processing Systems. SIPS. IEEE Workshop on,

2004:1-6.

[6] Parag P, Bhashyam S, Aravind R. A subcarrier allocation algorithm for OFDMA using Buffer and channel State Information[C]// IEEE Vehicular Technology Conference, 2005, 1: 622-625.

[7] Song G, Li Y (G), Cimini L J, et al. Joint channel-aware and queue-aware data scheduling in multiple shared wireless channels[C]// IEEE Wireless Communications and Networking Conference. IEEE, 2004, 3: 1939-1944.

[8] Shen Z, Andrews J G, Letaief K B. Adaptive resource allocation in multiuser OFDM systems with proportional constrains[J]. IEEE Trans. Wireless Commun, 2005, 4(6): 2726-2737.

[9] Song G, Li Y. Adaptive subcarrier and power allocation in OFDM based on maximizing utility[C]// IEEE Vehicular Technology conference, 2003: 905-909.

[10] Letaief K B, Zhang Y J. Dynamic multi-user resource allocation and adaptation for wireless systems[J]. Wireless Communications IEEE, 2006, 13(4): 38-47.

[11] Fang S, Li L H, Cui Q M, et al. Non-unitary codebook based precoding scheme for multi-user MIMO with limited feedback// IEEE Wireless Communications and Networking Conference, 2008: 678-682.

[12] Liu J X, She X M, Chen L, et al. A multi-stage hybrid scheduler for codebook-based precoding system[C]. [S. I.]: IEEE Wireless Communications & Networking Conference. IEEE, 2008: 1804-1808.

[13] WU K Y, Wang L, Cai L Y. Joint multiuser precoding and scheduling with imperfect channel state information at the transmitter[C]// IEEE Vehicular Technology Conference, 2008: 265-269.

[14] Maciel T F, Klein A. A low-complexity SDMA grouping strategy for the downlink of multi-user MIMO systems[C]// IEEE International Symposium on Personal, Indoor & Mobile Radio Communications, 2006: 1-5.

[15] Koutssopoulos I, Tassiulas L. Adaptive resource allocation in SDMA-based wireless broadband networks with OFDM signaling[C]// Infocom Twenty-first Joint Conference of the IEEE Computer & Communications Societies IEEE. IEEE, 2002.

[16] Deng P, Yang Y Y. FIFO-based multicast scheduling algorithm for virtual output queued packet switches[J]. Computers IEEE Transactions on, 2005, 54(10): 1283-1297.

[17] Wu Y N, Chou P A, Kung S Y. Minimum-energy multicast in mobile Ad Hoc networks using network coding[J]. Communications IEEE Transactions on, 2005, 53(11): 1906-1918.

[18] Agashe P, Rezaiifar R, Bender P. CDMA2000 high rate broadcast packet data air interface design[J]. IEEE Communications Magazine, 2004, 42(2): 83-89.

[19] Kim J Y, Cho D H. Enhanced Adaptive modulation and coding schemes based on multiple channel reportings for wireless multicast systems[C]// Vehicular Technology Conference, 2005, 2(2): 725-729.

[20] Villalon J, Cuenca P, Orozco-barbosa L, et al. ARSM: a cross-layer auto rate selection mul-

ticast mechanism for multi-rate wireless LANs[J]. IET Communications, 2007, 1(5): 893-902.

[21] Won H, Cai H, et al. Multicast scheduling in cellular data networks[C]// Proc. IEEE Infocom, 2007, 1: 1172-1180.

[22] IEEE 802.16e. IEEE Standard for Local and metropolitan area networks Part 16: Air Interface for Fixed and Mobile Broadband Wireless Access Systems Amendment 2: Physical and Medium Access Control Layers for Combined Fixed and Mobile Operation in Licensed Bands and Corrigendum 1[S]. 2005.

[23] Shi J, Fang G, Sun Y, et al. Improving mobile station energy efficiency in IEEE 802.16e WMAN by burst scheduling[C]. California: IEEE Globecom, 2006: 1-5.

[24] Cohen R, Rizzi R. On the trade-off between energy and multicast efficiency in 802.16e-like mobile networks[J]. Mobile Computing IEEE Transactions on, 2007, 7(3): 346-357.

[25] 田霖，杨育波，方更法，等. 基于调度集合的多播单播数据联合调度算法[J]. 软件学报，2008, 19(12): 3196-3206.

[26] Liu J, Chen W, Cao Z, et al. Dynamic power and sub-carrier allocation for OFDMA-based wireless multicast systems[C]// Communications. icc. ieee International Conference on, 2008: 2607-2611.

[27] Ngo D T, Nguyen H. Efficient resource allocation for OFDMA multicast systems with spectrum-sharing control[J]. Vehicular Technology IEEE Transactions on, 2009, 58(9): 4878-4889.

[28] Shi J, Qu D, Zhu G. Utility maximization of layered video multicasting for wireless systems with adaptive modulation and coding[C]// Communications. icc. ieee International Conference on, 2006: 5277-5282.

[29] Kuo W H, Liu T, Liao W. Utility-based resource allocation for layer-encoded IPTV multicasting in IEEE 802.16 (WiMAX) wireless networks[C]// IEEE ICC, 2007: 1754-1759.

[30] Kim J, Cho J, Shin H. Layered resource allocation for video broadcasts over wireless networks[J]. IEEE Transactions on Consumer Electronics, 2008, 54(4): 1609-1616.

[31] Suh C, Mo J. Resource allocation for multicast services in multicarrier wireless communication[J]. IEEE Transactions on Wireless Communications, 2008(1): 27-31.

[32] Deb S, Jaiswal S, Nagaraj K. Real-time video multicast in wimax networks[C]//IEEE INFOCOM, 2008: 2252-2260.

[33] Li P, Zhang H, Zhao B, et al. Scalable video multicast in multi-carrier wireless data systems [C]// IEEE International Conference on Network Protocols. IEEE, 2009: 141-150.

[34] Tian L, Pang D, etc. Subcarrier allocation for multicast services in multicarrier wireless systems with QoS guarantees[C]// IEEE Wireless Communications and Networking Conference, 2010, 29(16): 1-6.

[35] Wong C Y, Cheng R S, Letaief K B, et al. Multiuser OFDM with adaptive subcarrier, bit, and power allocation[J]. IEEE Journal on Selected Areas in Communications, 1999, 17

(10):1747-1758.

[36] Alexiou A, Bouras C, Kokkinos V, et al. Optimal MBMS power allocation exploiting MIMO in LTE networks[C]// IEEE 69th Vehicular Technology Conference, 2009:26-29.

[37] Ge W, Zhang J, Shen S. A cross-layer design approach to multicast in wireless networks [J]. IEEE Transactions on Wireless Communications, 2007, 6(3):1063-1071.

[38] Ozbek B, Ruyet D L, Khiari H. Adaptive resource allocation for multicast OFDM systems with multiple transmit antennas[C]// IEEE International Conference on Communications. IEEE, 2006:4409-4414.

[39] Xu J, Lee S, Kang W, et al. Adaptive resource allocation for MIMO-OFDM based wireless multicast systems[J]. IEEE Transactions on Broadcasting, 2010, 56(1):98-102.

[40] Hu F, Sharma N K. Priority-determined multiclass handoff scheme with guaranteed mobile QoS in wireless multimedia networks[J]. Vehicular Technology IEEE Transactions on, 2004, 53(1):118-135.

[41] Yao J X, et al. Virtual partitioning resource allocation for multiclass traffic in cellular systems with QoS constraints[J]. IEEE Transactions on Vehicular Technology, 2004, 53(3):847-864.

[42] 吴越,毕光国. 无线多媒体网络中一种基于测量网络状态的动态呼叫接纳控制算法[J]. 计算机学报,2005,28(11):1823-1830.

[43] 姜爱全,赵阿群. 无线移动网络中自适应的接纳控制算法及性能分析[J]. 通信学报,2004,25(6):147-156.

第6章　广播多播网络部署优化技术

6.1　引　　言

随着移动通信系统的发展,支持广播多播业务传输的网络部署方式也从与单播业务相同的单小区方式,发展到单频网,以及混合组网方式。在引入单频网广播多播传输机制前,蜂窝通信系统主要通过单小区点到多点的方式传输广播多播业务。然而,单小区点对多点传输机制中频谱效率的提高受限于以下两个主要因素:一是接收该业务的用户组中信道质量最差的用户(一般是小区边缘的用户);二是相邻小区间的干扰。因此,为进一步提高广播多播业务的传输效率,蜂窝通信系统中借鉴了数字音频广播(digital audio broadcasting,DAB)、数字视频广播(digital video broadcasting,DVB)等地面广播系统中的单频网思想,开始单频网广播多播机制的研究。单频网传输机制的核心思想就是在一组相邻小区中使用相同的无线资源同步传输相同的业务,从而可以通过信号合并等方法提高小区边缘用户的载干比,获得比点对多点传输机制更高的频谱效率[1]。第四章已经对E-MBMS标准中的单频网机制进行了详细介绍。

然而,既有标准为了能够尽快推出,主要关注快速部署多播服务的需求和可用性,而没有充分研究和考虑各种场景下的性能优化方案。例如,如何进行单频网配置才能实现多播服务的广域覆盖,如何进行单频网之间的资源管理才能提高资源利用率等,都是网络部署优化需要考虑的问题。因此,本章首先给出一种融合单小区、单频网等传输方式的新型广播多播网络架构设计,基于该架构,重点介绍单频网部署的相关技术研究,包括组网方式、网络管理及资源管理等。

6.2　新型广播多播网络架构

4G系统进行增强多媒体多播部署需要解决三个重要问题,即如何在蜂窝系统中有效实现多媒体多播服务的广域覆盖,如何提升小区边缘的传输性能,以及如何尽量减少服务基站的数量。针对以上问题,企业界和学术界均提出了多播混合组网方案,利用单频网和中继网络混合的方式提供大范围覆盖,在此基础上提出网络层优化技术,在混合组网场景下提升多小区服务质量,通过中继技术提升小区边缘效率并有效的减少基站数量。混合组网方式的逻辑架构如图6-1所示。通过混合组网方式,可以支持各种不同类型的业务传输模型和业务覆盖。通过设计系统中不同层次之间的协同方式，满足新的网络架构对多播系统的良好支持，从而有效提高系统传输多播业务的能力并支持更大范围的服务覆盖。

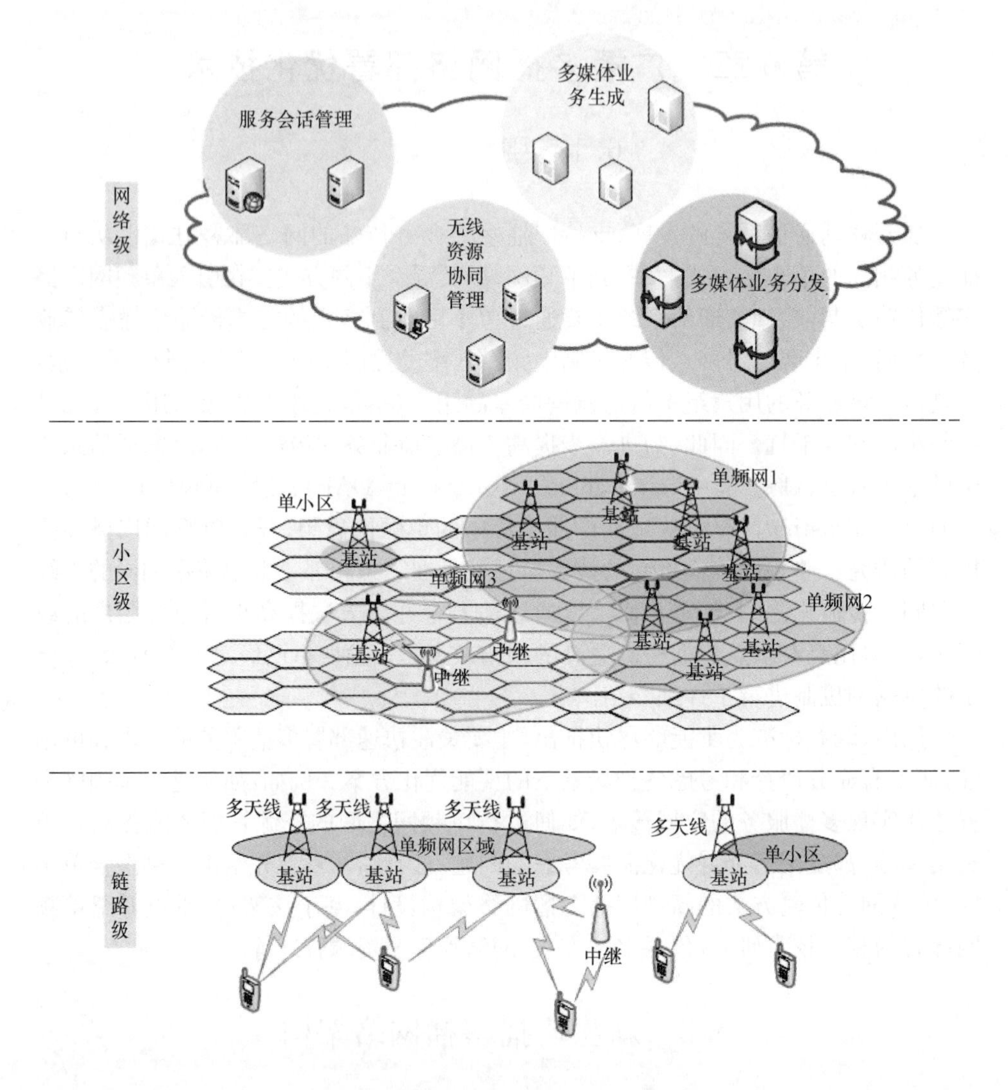

图 6-1　增强多媒体多播混合组网架构

在该架构中，将多播业务覆盖区域包括的小区集合划分为两种传输方式，即单小区多播区域和多小区同步多播区域，对于多小区采用单频网方式进行传输。对于覆盖范围较小或者订阅用户非常分散的多播业务，可以采用在一个或多个小区中使用独立分配的无线资源，即单小区广播方式进行传输。这种传输方式的好处在于不需要协同多个小区之间的资源使用，从而能够很好的满足快速的业务部署，简化系统设备、降低管理的复杂度。为了适应单频网物理同步区域和业务层面的服务覆盖区域之间的不同，在一个单频网中允许同时进行多个多播服务数据的分发。同时，一个单频网的覆盖范围既可以是静态配置的，也可以通过系统优化进行动态的改变。这样既具备部署简单的特性，又能够满足灵活布网的要求，从而节约了系统资源，允许更多的多播和单播业务进行传输。

为了弥补由于混合传输和配置带来的覆盖盲区，可以充分利用中继技术，在以基站为节点的传输网络中通过中继节点构建中继扩展网络。在单小区广播不能满足少数用户需求及单频网覆盖范围与业务覆盖范围不完全一致时，利用中继扩展覆盖区域来进行业务的传输。对于单小区广播方式，可能有少数订阅了某多播业务的用户在该小区范围之外，或者其接收的服务质量太差，即可以使用业务层次的中继转发技术，在小区覆盖范围之外使用中继技术，将业务层数据发送给用户，从而满足少量用户和高数据流传输的需求。对于单频网覆盖不能满足用户需求的情况，可以在单频网内部和单频网边缘布置中继网络，通过物理层的中继技术进行数据传输。对于单频网内部的中继节点可以作为系统扩容的解决方案，而单频网外部的中继节点则可以起到扩大服务覆盖范围的作用。

在图 6-1 所示的混合组网架构中，单小区和中继协作的传输方式并不是多播业务独有的，已经进行了长期深入的研究。单频网传输方式是蜂窝通信系统专门为多播业务引入的，尚有较多需要解决的问题，主要包括如下方面。

① 支持单频网广播与多播的网络架构及机制。分析单频网广播多播对蜂窝通信系统架构的影响，设计支持混合组网架构的新型网络实体、信令及协同机制。

② 单频网部署优化。如何选择一组小区组成单频网区域是组网需要首要考虑的问题。研究单频网区域选择算法，满足较大覆盖范围和多变用户订阅情况，提高单频网传输的频谱效率。同时，研究如何随着单频网区域内用户分布、资源使用等情况的变化而进行区域的动态调整，设计高效实用的单频网区域管理机制。

③ 单频网无线资源管理。研究单频网业务的资源调度方法，设计单频网与单小区的资源复用机制，解决多个单频网重叠区域的资源竞争问题，在保证业务服务质量的前提下，提高单频网资源利用率。

此外，单频网多基站协同传输机制也是需要研究的方向，它对改善小区边缘用户的接收性能，有效提高单频网的覆盖能力及业务传输速率非常重要。由于第五章已经对该技术进行了详细阐述，本章将着重介绍其他三方面技术的原理及研究进展。

6.3　单频网网络架构及主要机制

引入单频网广播与组播机制后，原有小区之间的交互将增加，并需要进行单频网区域内及区域间的控制。因此，为了支持单频网机制，蜂窝移动通信系统的网络架构需要进行修改，包括增加新的控制实体，定义新的接口和信令等。3GPP 已决定加入 MCE(multi-cell/multicast coordination entity)实体支持单频网区域内多小区之间的协调与控制，MCE 与原有各实体之间的接口和信令在第四章进行了详细介绍。然而，由于 SFN 之间的重叠覆盖等问题，导致了资源的竞争与冲突，必须通过 MCE 的合理部署来解决。当前，MCE 的部署问题仍然是一个重要且开放的问题，即当在一个 PLMN 中配置多个 MCE 时，如何配置其管理范围、相邻 MCE 如何协同等。因此，本节首先分析 SFN 重叠覆盖的问题，然后针对该问题给出 MCE 部署方式的分析，并对 SFN 中的同步机制和计数机制进行介绍。

6.3.1　重叠覆盖

SFN 重叠覆盖问题可以分为 MBSFN 区域重叠和 MBMS 服务区域重叠。从本质上来说，重叠就意味着资源的分配不均和竞争。当两个不同的服务区域相互有交集时，作为区域中的基本管理单位——基站可能就难以服从不同区域的多个分配策略了，因为这些资源的分配是互斥的。

MBSFN 区域重叠一般会在以下两种情况下发生：MBSFN 区域分属不同的 MBMS 服务，且 MBMS 服务区域有重叠，或者是动态管理的 MBSFN 区域由于 UE 移动而改变，使得两个 MBSFN 区域有了交集[2]。如图 6-2 所示，两个不同的 MBSFN 区域(分别用斜线和水平线区分，其保留小区用 G1 和 G2 标出)发生了重叠，从而产生两种复合的小区，一种是同时承担两个 SFN 任务的小区，用方格线标出，在其上需要同时为两个 MBSFN 区域服务；一种就是充当了两个 MBSFN 区域中保留小区角色的小区，用 G12 标出。保留小区虽然并不承担 MBMS 服务传输，但是却会为所属的 MBSFN 区域预留所需要的资源。因此，所有上述情况都在重合的小区内争夺资源，如果资源的需求有冲突，则 MBSFN 区域将被破坏，这就需要 MCE 或 MCE 之间进行协调。

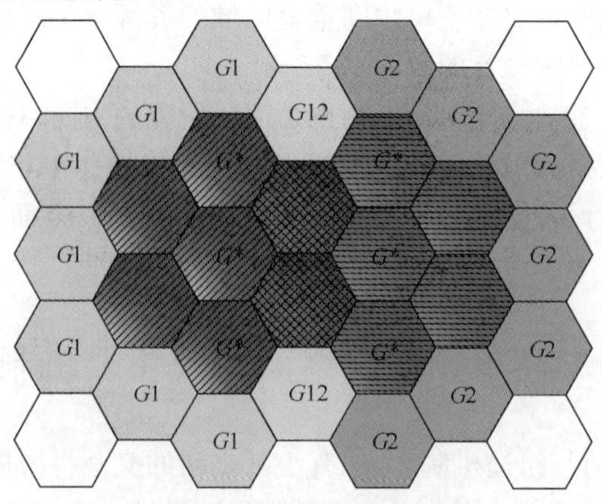

图 6-2　SFN Area 的重叠情况[2]

从更大的范围来看,MBMS 服务区域之间同样可能相互重叠[3],如图 6-3 所示。图中的服务之间重叠,出现的问题和 MBSFN 区域的重叠一样,都会造成资源的分配竞争。一方面,MBMS 服务区域中的 MBSFN 区域可能与其他 MBMS 服务区域争夺资源。另一方面,即使通过动态配置,在同一个 MBMS 服务区域中使用 MBSFN 区域和非 MBSFN 区域避免资源的竞争,但会导致 MBSFN 区域边缘的用户无法使用信号合并,服务质量会急剧下降。

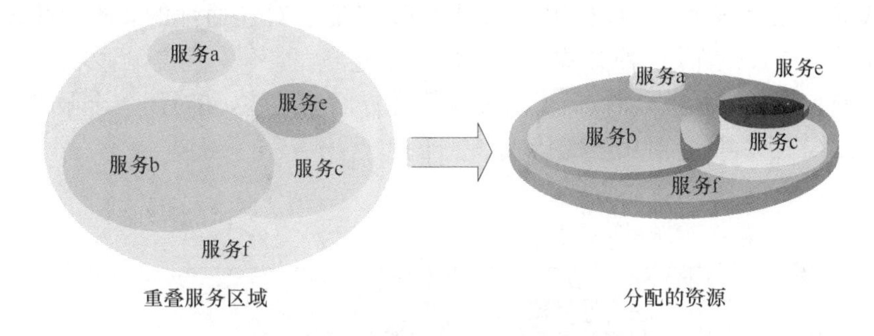

图 6-3　MBMS 服务区域重叠示意[3]

6.3.2　MCE 部署

目前有两类主要的 MCE 部署方式,即层次结构和扁平结构。下面将给出几种例子[4],并分析相应的优缺点。

① 最简单的情况,一个 MCE 管理所有全局范围内 MBSFN 的配置,如图 6-4 所示。使用该结构使得 MCE 可以非常方便的进行 SFN 传输控制和资源分配,提

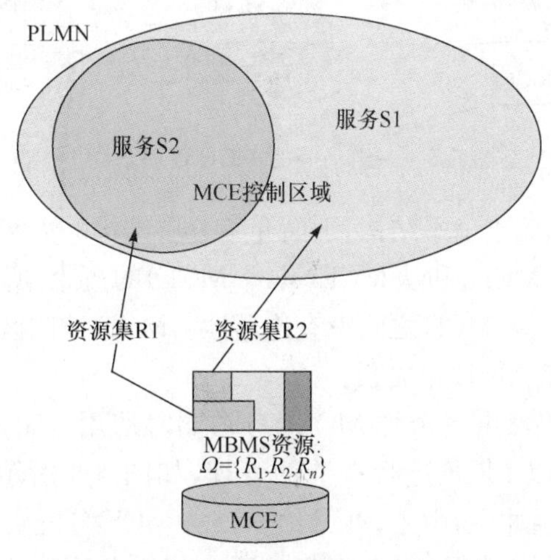

图 6-4　单 MCE 控制全局的服务[4]

供无缝覆盖。这样的部署存在以下问题：首先，唯一的 MCE 将负责整个 PLMN 范围内所有服务的配置。在服务的数目不是很多时，这种部署方式是可以接受的，但服务的数目往往是很大的。采用唯一的 MCE 控制整个 PLMN 范围内的服务会引起潜在的连通性问题，因为唯一的 MCE 需要与整个 PLMN 范围的全部 eNB 相连。

② 使用一组 MCE 来进行控制，MCE 之间是平等的关系，如图 6-5 所示。这种方式的优点是多个 MCE 分担了控制任务，降低了对连通性的要求，MCE 的结构也比较简单。然而，这种方式不能提供一个连续的 SFN 覆盖，当多个 MCE 控制的区域有临近或者重叠时，就会有资源管理方面的问题，如对同一个服务分配了不同的无线资源，将会对用户的接收产生干扰。

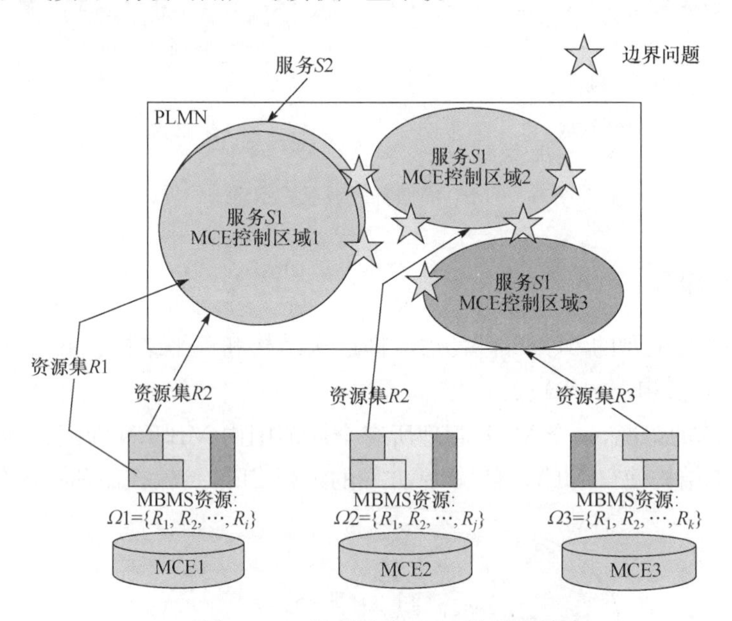

图 6-5　一组平等的 MCE 管理全局[4]

这两种部署方式属于扁平结构，下面介绍分层结构的方案。在分层结构中，引入了主 MCE(master MCE)和从 MCE(slave MCE)的概念，所有的从 MCE 都由一个主 MCE 进行协调，从 MCE 之间没有连通性。MCE 控制区域可能重叠，因此一个 eNB 有可能和多个 MCE 相关联。

③ 资源的分配仍然由一个主 MCE 完成，同时使用一组从 MCE 在不同的区域管理不同的服务，以 MCE 进行自治的管理，如图 6-6 所示。为了防止与其他 MCE 控制的区域发生冲突，由主 MCE 给一个从 MCE 分配资源。设定从 MCE 不能协调它们之间的动态映射，一个国家范围内的服务由一个控制区域覆盖整个 PLMN 范围的 MCE 控制。区域性的服务将根据它们各自的地理区域被分配到相

应的从 MCE。这种部署方式的优点是服务管理在几个 MCE 间是平衡的，然而当一个从 MCE 负责整个 PLMN 范围的服务时也会有连通性问题。

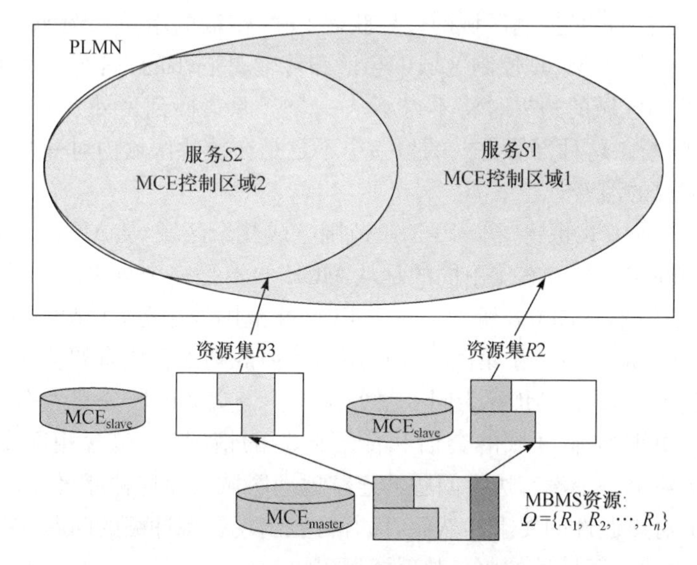

图 6-6 从 MCE 分别管理不同的服务[4]

④ 与上一个结构类似，也采用了从 MCE 的自治管理而由主 MCE 统一管理资源的分配，其不同点在于将整个 PLMN 范围分成几个区域，从 MCE 分别管理不同区域内的所有服务，如图 6-7 所示。这种部署方式的优点是降低了 MCE 和

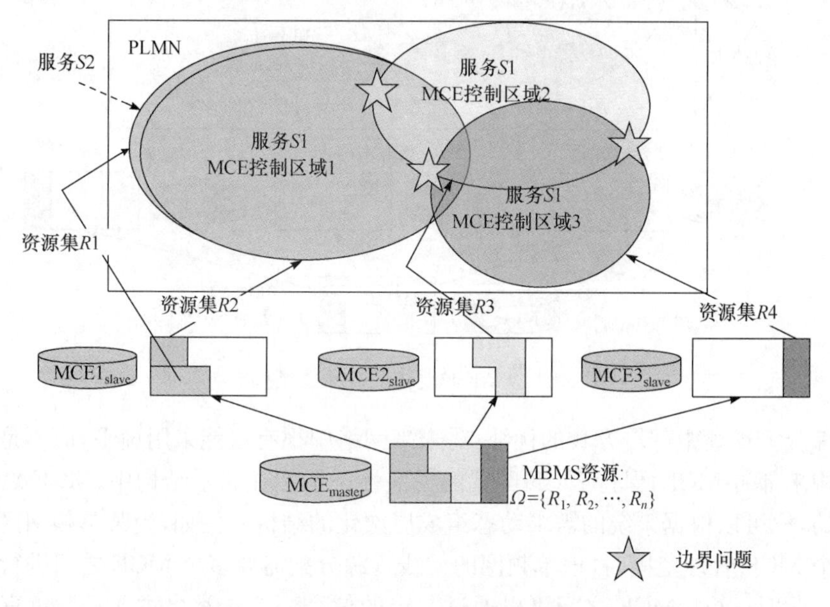

图 6-7 从 MCE 管理不同区域的所有服务[4]

eNBs 之间的连通性，然而这种部署方式不能建立一个 PLMN 范围内的 SFN 区域。因为较大范围内的服务在采用不同资源的多个 MCE 控制区域进行传输，用户将不能在各个 MCE 控制区域的边界获得 SFN 传输的增益。例如，对于 PLMN 范围的服务，在各个 MCE 控制区域中会话和传输是同步的，然而一个用户跨越不同的 MCE 控制区域的边界时将不得不从一个资源集换到另外一个资源集上，从而导致服务间断。这种部署方式的另一个不足是在重叠区域内对一个业务要重复传输，导致资源的浪费。

⑤ 最后一种方式也将整个 PLMN 范围分成几个区域，从 MCE 分别管理不同区域内的所有服务，与方案④不同的是从 MCE 并不是完全自治的，资源的分配需要主 MCE 的协调，如图 6-8 所示。对于 PLMN 范围的服务，主 MCE 在每个服务的每次会话和相应的资源子集间采用通用的映射规则配置所有的从 MCE，因此可以解决方案④中不同从 MCE 为同一服务在同一个交叉区域分配了不同资源的问题。在假定 MCE 控制区域的会话和传输同步的情况下，包含相同服务的各个 MCE 联合构建了一个没有边界问题的连续地理区域。在这种部署方式中，通过从 MCE 降低了对连通性的要求。然而，仍有可能出现资源冲突的问题，因为从 MCE 可能需要独立地给区域性的服务映射资源。

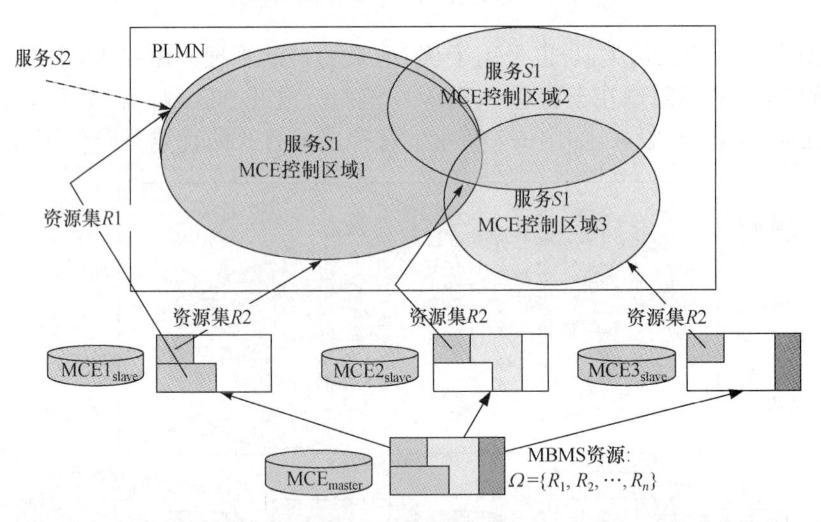

图 6-8　从 MCE 受控的分布式结构[4]

综合上述集中部署方式的优缺点，未来网络中很有可能采用扁平，而不是分层的结构来部署 MCE，保持 MCE 配置的灵活性。虽然在扁平结构中，MCE 之间是平等的，但可以根据系统的需求动态组成层次化的结构。例如，当某单频网区域跨越多个 MCE 管理范围时，该单频网的无线资源分配需要多个 MCE 之间进行共同决策。此时，这些 MCE 之间可以通过一定的信令协议选举出主 MCE，负责资源的协调和分配，从而形成层次化的结构。MCE 之间的关系是动态的，随着系统的需求变化进行生成、改变和结束。

6.3.3　同步机制

在业务层面，一个多媒体多播服务将在整个蜂窝网络覆盖范围内进行分发。该服务的覆盖范围由一个到多个相互之间不重叠的区域组成。对该服务而言，业务数据将在整个覆盖范围之内同步的进行发送。该同步的层次指对业务应用而言，即处于其覆盖范围内接收该服务的不同用户应该在相同的时间体验相同的服务内容。因此，其同步的精度要求主要以接收方的感知粒度为基准。在网络传输层面，对于一个特定的相邻蜂窝区域集合，一方面可以承载不同的多播业务，这些多播业务在该区域的覆盖范围不尽相同；另一方面，该区域内的各个基站可以使用不同的资源分配来传输这些服务内容，对于被配置为多个小区使用同一个频率来进行传输的单频网方式而言，单频网内的所有小区使用一定的频率传输不同种类的多播业务，因此这些用于发送某个特定多播业务的频率资源在网络区域中并不相同。因此，单频网传输首先需要解决的就是内容同步问题，包括数据同步和时间同步。LTE 标准制定了相应的同步机制支持单频网传输的内容同步，下面进行介绍。

在 LTE E-MBMS 中，MBSFN 时间同步的基本原则是 MBSFN 区域中来自多个小区的相同内容可以在 UE 上进行合并。因此，MBSFN 区域内的多个小区传输必须遵守严格的时间同步，精度为几微秒，在循环前缀内实现符号级对齐。此外，还需要将 MBSFN 物理资源块的内容对齐，这需要在业务级别上进行同步，避免包含不同数据的资源块在接收机上产生干扰。

为了保证无线帧的数据同步传输，E-MBMS 在 M1 接口上使用同步(SYNC)协议。E-MBMS 网关在进行数据传输时会携带 SYNC 信息，eNB 会根据这些 SYNC 信息来发送无线帧。在 MBSFN 同步区域内，所有 eNB 的 SYNC 信息是统一的。对于特定的 MBMS 传输，会由特定的 E-MBMS 网关负责通过 M1 接口向所有相关的 eNB 发送业务数据，E-MBMS 网关不需要知道准确的无线资源分配的信息，包括精确的时间分配，只需要在 MBMS 业务数据中携带 SYNC 信息即可。SYNC 信息应包含以下指示位。

① 时间标记。每次广播组播信息数据流的第一个包，应在其 SYNC 信息中带一个时间标记，用以指示小区处理并开始传输此信息流的时间。

② 封包计数器标识。用来说明 E-MBMS 网关已经传送了多少该广播组播服务的数据包给小区。

③ 比特计数器标识。用来标记传输这个数据包之前，E-MBMS 网关已经传输了多少比特的信息给小区。

通过 SYNC 信息携带的这些标识，一旦发生数据包丢失，小区通过此次收到的数据包与前次收到的数据包计数器信息就可以侦测是否有数据包丢失，以及丢失包的个数。再通过包比特计数器信息就可以知道丢失的比特总数。因此，小区可以空出对应该数据包的位置，并将下一个正常收到的包放到相对应的位置上，以便继续与其他小区维持同步。

6.3.4 计数机制

在单频网管理中，用户分布的变化是需要考虑的主要因素。例如，对 MBMS 业务是采用 SFN 方式传输，还是用单小区 PTM 的方式传输，主要判断准则之一就是频谱效率。LTE 中有仿真指出[5]，若单小区 PTM 方式支持自适应速率调整，则只有小区中平均用户数小于 2～3 个时，PTM 方式的频谱效率才高于 SFN 方式，其他情况均为 SFN 方式频谱效率高。因此，可以给出一个小区中平均用户数(users/cell)的临界值，根据该值进行单频网区域的调整，可以在保证频谱效率的前提下较大地降低动态管理的开销。因此，如何统计单频网区域中的用户分布，成为一个亟需解决的问题。

LTE 标准已经定义了相关的计数机制，目前只统计处于连接状态的 UE，需要正在接收特定 MBMS 业务或对特定 MBMS 业务感兴趣的处于连接状态的 UE 都进行反馈。然而，接收 MBMS 业务的 UE 可以处于 Idle 状态，只统计连接状态的 UE 是不准确的。若通过 UE 反馈的方式统计 Idle 状态的 UE，需要 Idle 状态的 UE 都进入连接状态，这可能给网络带来拥塞。因此，为用最小的系统代价对 UE 进行计数，很多公司都提出比例反馈的方法，下面基于 LTE 标准来说明该方法的基本流程。

对于一个单频网区域，MCE 周期性地或根据需求统计该区域中接收某业务的用户分布，流程图如图 6-9 所示，具体方法如下。

① MCE 确定一个反馈比例，反馈比例可以取大于 0 小于 1 的任何数。

② 只需要占 eNB 总数一定比例的 eNB 对接收该业务的 UE 数目进行统计，并将统计结果反馈给 MCE。该比例即反馈比例。

要实现这一目标，可以采取的一种方法是 MCE 将反馈比例发送给单频网区域中的所有 eNB。eNB 收到该消息后，生成一个 0～1 的随机数，若该随机数小于反馈比例，则 eNB 对本小区内接收该业务的 UE 数目进行统计，并将统计结果反馈给 MCE，否则不执行任何操作。

可以采取的另一种方法是 MCE 随机选择出需要反馈的 eNB，需要反馈的 eNB 数目占单频网区域中 eNB 总数的比例为反馈比例。MCE 向选择出的 eNB 发送反馈请求消息。eNB 收到该消息后对本小区内接收该业务的 UE 数目进行统计，并将统计结果反馈给 MCE。

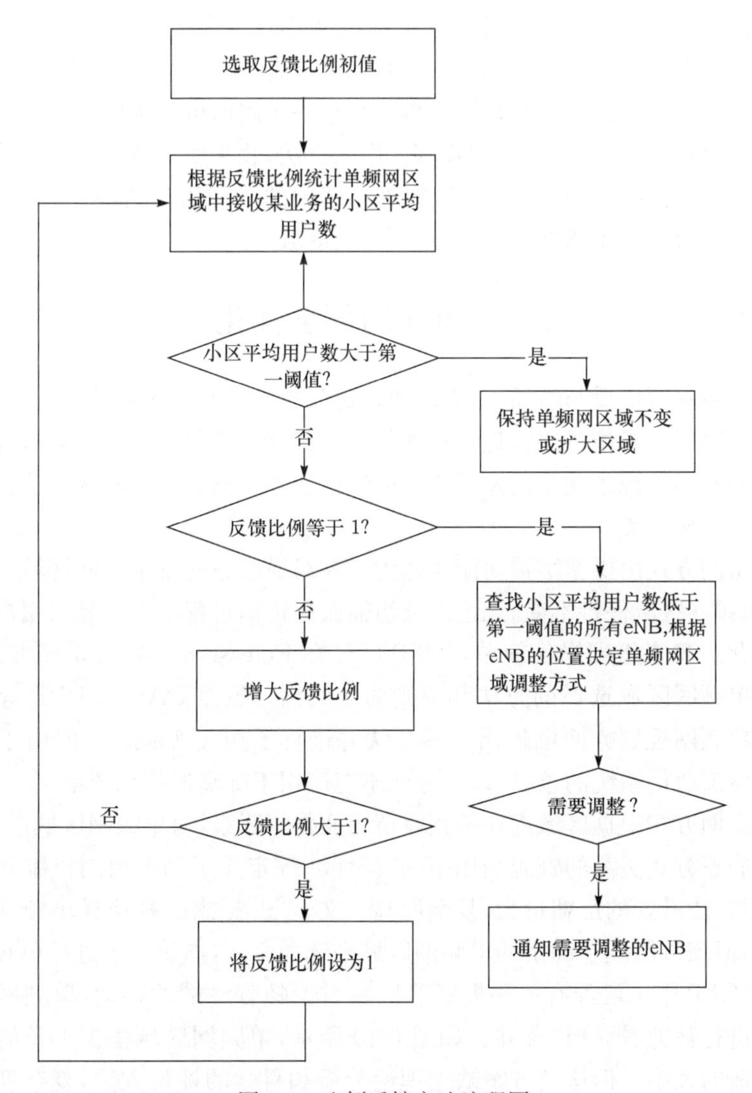

图 6-9 比例反馈方法流程图

③ MCE将接收到的所有反馈中的接收该业务的UE总数除以反馈的eNB数,得到小区平均用户数。若该平均用户数不小于一定阈值,可以保持单频网区域不变或扩大该区域;若该平均用户数小于一定阈值,且比例等于1,执行步骤⑤;否则,执行步骤④。

④ 增大反馈比例(将反馈比例乘以M,M可以等于阈值除以当前小区中平均用户数),若反馈比例大于1,将反馈比例设为1,重新进行步骤②。

⑤ 检查该单频网区域内所有eNB中接收该业务的的UE数目,找到低于小区平均用户数的eNB,根据eNB的位置来决定单频网区域的调整方式,如拆分、收

缩、取消等。若需要进行调整，通知需要调整的 eNB，例如通知其加入该单频网区域、退出该单频网区域、或变更到新的单频网区域；否则本次更新结束。

此外，步骤③中提到，若平均用户数不小于一定阈值可以采取扩大单频网区域的策略。在这种情况下，可以采用步骤②中的方法，收集所有或部分与该单频网相邻的 eNB 中接收该业务的 UE 数目，计算小区中的平均用户数，从而确定是否需要将这些小区合并到单频网中，扩大单频网的区域。

6.4 单频网部署优化

要实现单频网广播与组播，首先需要确定组成单频网的区域，即进行单频网的部署。单频网区域是指一组物理上相邻的，并可以提供同步传输的小区，被配置成使用相同的时频资源来同步的发送广播或组播业务数据。单频网区域选择可以分为静态和动态两大类。

静态组网方式由操作维护功能实体为广播组播服务配置单频网区域。一旦配置完成，单频网区域保持不变，无论广播组播服务传输过程中该区域内用户接收情况如何变化。静态组网操作简单，3GPP 已经在 Release 8 中定义了该方式，但静态组网中单频网区域选择的方法和原则尚未给出。虽然 DAB 和 DVB 等地面广播系统在单频网规划方面已提出一些方法并进行了相关实验[6,7]，但由于地面广播系统与蜂窝通信系统的差异，以上方法不能应用于蜂窝通信系统中。

动态组网方式根据区域内业务接收情况变化等因素，对单频网区域进行改变，以达到比静态方式更高的资源利用率。文献[8]等定义了动态组网机制并给出相关算法，但算法需要的反馈量大，复杂度高。文献[9]提出一种选择单频网广播业务的机制，但该机制基于确定的单频网区域来选择业务，本质上未进行单频网区域的改变。3GPP 中也已经有一些提案[10,11]在讨论随着终端的移动，单频网区域需要动态地进行裁剪、拆分和合并。如图 6-10 所示，单频网区域根据 UE 的分布而设定成合适的大小。但这类方案缺乏理论分析和科学的评价方法，复杂度明显高于静态方式，而在性能提高方面却不能给出有力的证明。

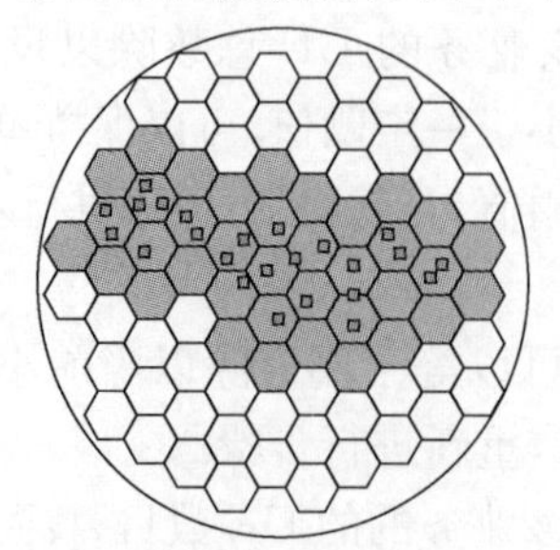
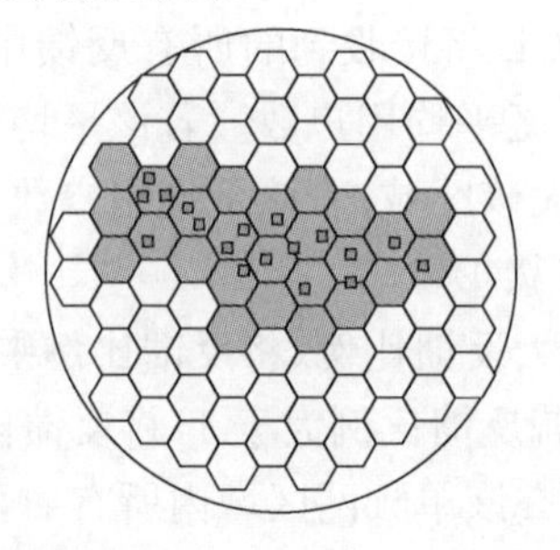

图 6-10　动态组网方式示意[10]

因此，本节将介绍一种半动态组网的方法[12]，该方法基于预设的阈值和用户的移动性，判断如何对单频网进行扩展或收缩，使其在满足 SFN 性能的同时，降低重新组网的频率和组网方案的复杂度。

6.4.1　系统模型

如图 6-11(a)所示，当 UE1 从核心小区 A 移动到 SFN 边界小区 B 时，为了满足用户服务的连续性，小区 B 的 eNB 向 MCE 发送延展 SFN 请求，MCE 判断是否需要对 SFN 进行延展。若是，则相应进行 SFN 的延展操作，否则保持 SFN 覆盖不变。

SFN 收缩相对于 SFN 延展，操作相对简单。边界小区 eNB 定期向 MCE 发送计数结果，如果在有效周期时间段内此小区业务状态低于某个指标，则执行 SFN 收缩操作。如图 6-11(b)，标号为 B 的小区在一段时间内业务分布状态低于某个阈值，所以执行 SFN 收缩操作。此时，B 不再属于 SFN 区域，且标号为 A 的小区变为边界小区。

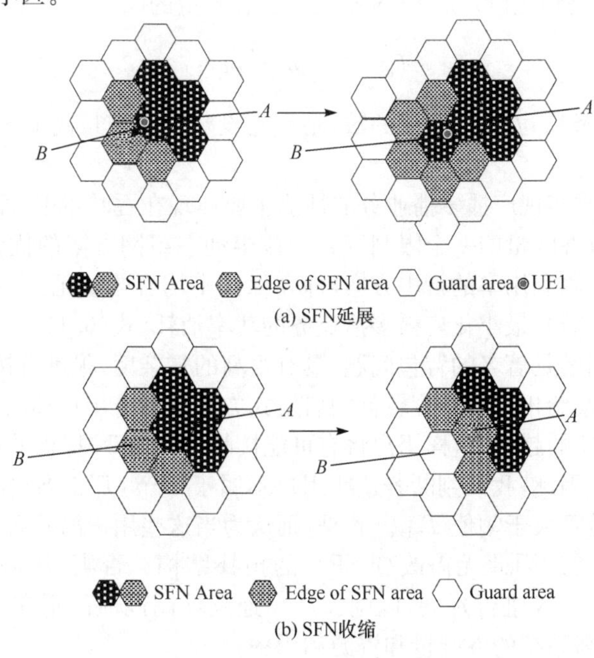

图 6-11　SFN 延展/收缩模型

6.4.2　单频网半动态组网方法

本节介绍的半动态组网方法的核心思想就是在网络运行过程中，当有边界小区的用户分布因用户移动而发生变化时，若单频网边界小区的吞吐量达不到预定的阈值，则执行单频网延展或收缩的操作。由于对 SFN 进行延展和收缩的判断条件和具体流程不同，因此将分别对这两种情况进行介绍。

1. 延展 SFN 算法

如 6.4.1 系统模型中提到的，当 UE1 从核心小区 A 移动到 SFN 边界小区 B 时，MCE 需要判断是否对 SFN 进行延展。那么，要遵循什么判断条件，也就是在何种情况下才进行 SFN 延展操作，是延展 SFN 的关键问题。

该方法的优化目标为

$$\min \sum s_i P_i \tag{6.1}$$

$$\sum s_i m_i r_i \geqslant T_{\min} N \tag{6.2}$$

$$s_i \in (0,1) \tag{6.3}$$

其中，m_i 是 SFN 内接收多播广播业务 i 的终端数目；N 是组成 SFN 的小区数；P_i、r_i 和 s_i 分别是业务 i 所需功率、数据速率和是否用 SFN 传输的标识。

若 $s_i=1$，多播广播业务 i 为 SFN 多播广播业务；否则，业务 i 为非 SFN 多播广播业务。$T_{\min}$ 是预先设定的 SFN 平均小区吞吐量的阈值，即

$$T_{\min} = \frac{1}{N} p \sum_{i=1}^{M} m_i r_i \tag{6.4}$$

其中，M 为总业务数；p 为 0 到 1 的数，是预先设定的吞吐量阈值与最大平均吞吐量的比值。

以 SFN 方式实现广播多播业务的性能主要体现在吞吐量上，而网络中有限的功率资源又是对吞吐量的一个限制因素。该半动态组网方案的优化目标，就是寻找一种性能和资源利用率的折中方案，即在保证平均吞吐量至少达到某个设定值的前提下（式(6.2)），最小化广播多播业务的功率消耗（式(6.1)）。

这个优化问题是著名的背包问题，具有很高的复杂度，很难直接应用于实际系统。因此，该方案给出了复杂度较低的启发式方法。当有用户移动到边界小区时，用户有离开 SFN 的趋势，这样用户将有可能接收不到 SFN 提供的业务，导致接受业务的不连续。因此，我们判断若这些用户不属于 SFN，那么 SFN 剩余用户产生的平均吞吐量是否大于阈值 $T_{\min}$。若是，则认为当这些用户离开后，多小区协作广播仍能体现出优势，因此无需改变 SFN 的拓扑结构。否则，认为此时不能达到 SFN 性能，应对 SFN 进行延展，以确保用户连续性的同时降低单/多小区模式切换的开销，并提高系统的吞吐量和资源利用率。

这种启发式的方法，可以达到系统的吞吐量要求。为了进一步最小化广播多播业务的功率消耗，该方案将对 SFN 中传输的多播广播业务做适当调整。在两种广播多播业务使用功率相同的情况下，如果我们选择吞吐量相对较高的业务作为 SFN 广播多播业务，可以获得较高的效率，此时更多的终端可以得到 SFN 广播多播带来的增益。定义广播多播业务 i 的代价值为

$$c_i = \frac{P_i}{m_i r_i} \tag{6.5}$$

其中，c_i 与业务 i 的功率消耗成正比，与传输业务 i 产生的吞吐量成反比。

在调整操作中，我们选择代价值最低的广播多播业务作为 SFN 广播多播业务。综上所述，半动态组网中延展 SFN 的流程如图 6-12 所示，基本步骤如下。

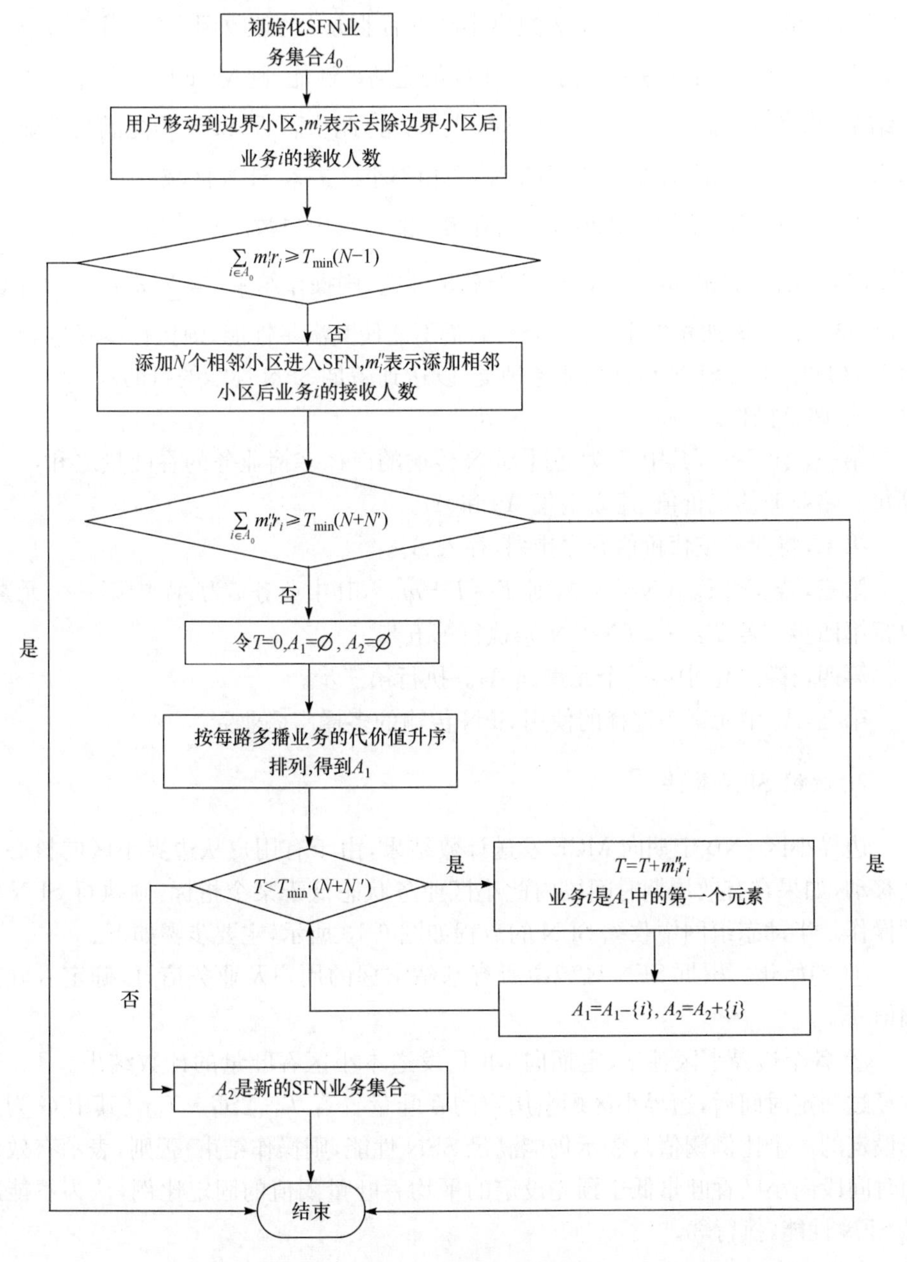

图 6-12　延展 SFN 流程图

① 初始化。根据 SFN 区域中所有基站掌握的用户及业务信息，确定吞吐量阈值 $T_{\min}$。

② 若某边界小区发生用户移动情况，该基站向 MCE 发出请求，询问是否可以执行 SFN 延展操作。令 m'_i 表示除去边界小区以后业务 i 的接收用户数，当 $\sum m'_i r_i \geqslant T_{\min}(N-1)$ 时，表示若去掉此小区，SFN 仍能满足性能，则 MCE 驳回基站请求，操作结束。当 $\sum m'_i r_i < T_{\min}(N-1)$ 时，表示去掉此小区后，SFN 不能满足性能，则 MCE 同意基站请求，添加此小区的 N' 个相邻小区进入 SFN 区域。

③ 令 m''_i 表示添加相邻小区以后业务 i 的接收用户数。当 $\sum m''_i r_i \geqslant T_{\min}(N+N')$ 时，表示添加相邻小区后，SFN 能满足性能，则操作结束。当 $\sum m''_i r_i < T_{\min}(N+N')$ 时，表示添加相邻小区进入 SFN，仍不能使其满足性能，则执行步骤④，调整 SFN 区域中使用 SFN 传输的业务种类，以达到满足 SFN 性能的目的。

④ 调整操作。

第一，令 $T=0$，其中 T 为通过 SFN 传输的广播多播业务的吞吐量之和，并计算每一路业务的代价值，建立空集 A_1 和 A_2。

第二，将业务按代价值升序排列，存入 A_1。

第三，若 $T<T_{\min}(N+N')$，则 $T=T+m''_i r_i$，其中业务 i 为 A_1 中第一个元素。执行第四步。若 $T\geqslant T_{\min}(N+N')$，执行第五步。

第四，移除 A_1 中第一个元素到 A_2。执行第三步。

第五，A_2 中元素为选择的使用 SFN 传输的多播广播业务。

2. 收缩 SFN 算法

边界小区 eNB 定期向 MCE 发送计数结果，由于有用户从边界小区向核心小区移动，如果在有效周期时间段内此小区业务状态低于某个指标，则执行 SFN 收缩操作。半动态组网中收缩 SFN 的流程如图 6-13 所示，主要步骤如下。

① 初始化。根据 SFN 区域中所有基站掌握的用户及业务信息，确定吞吐量阈值 $T_{\min}$。

② 各个边界小区基站，定期向 MCE 发送本小区吞吐量的计数结果。T_{rest} 表示经过一定时间后，边界小区剩余用户的吞吐量。若 $T_{\text{rest}}\geqslant G\cdot T_{\min}$（其中 G 为预先设定的一个比例阈值），表示仍能满足 SFN 性能，则操作结束；否则，表示有效周期时间段内小区吞吐量低于预先设定的平均吞吐量阈值的固定比例，认为不能满足 SFN 性能，执行③。

③ MCE 将此边界小区从原有 SFN 区域中剔除。

在 SFN 收缩之后，也可以添加延展 SFN 中的调整操作。由于收缩 SFN 与扩

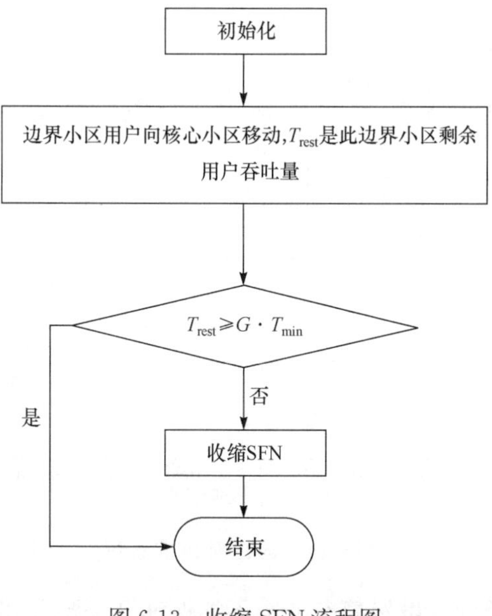

图 6-13　收缩 SFN 流程图

展 SFN 不同，操作仅与一个小区直接相关，因此对结果的影响不大。仿真结果也表明，收缩 SFN 后添加调整操作，并不能很明显地节省功率。

6.4.3　性能分析与验证

假定单频网内有 20 路广播多播业务，它们的数据速率可能是 16Kb/s、32Kb/s、64Kb/s、96Kb/s。设 SFN 区域每个小区用户数是 20，非 SFN 区域每个小区用户数是 15，用户移动服从泊松分布，小区半径为 1km。以下将从网络配置变化频率、吞吐量等角度比较不同组网策略的性能。

图 6-14 表示的是预先设定的阈值占吞吐量比例不同的情况下，半动态组网方案延展 SFN 的概率。可以看到，T_{min}与吞吐量比值小于 0.93 时，延展 SFN 的概率为 1，随着吞吐量比例的增加，延展 SFN 的概率有所下降，当 T_{min}与吞吐量相等时，延展概率为 0 。这是因为，T_{min}越小，将相邻小区加入 SFN 后，吞吐量要求越容易满足，而 T_{min}与原有吞吐量相同时，由于设定的非 SFN 小区的小区用户数本来就小于 SFN 小区用户数，所以一般不能满足阈值的要求，将相邻小区加入 SFN 的概率为 0。静态组网改变网络结构的概率为 0，动态组网改变概率为 100%，半动态组网在特定情况下可以将改变概率控制在一定数值。因此，半动态方案的调整概率比动态方案小得多，从而实施复杂度远低于动态方案。

图 6-15 表示系统达到的吞吐量与设定的 T_{min}的比值。可以看出，静态组网的吞吐量大部分在 T_{min}以下，动态组网的吞吐量大部分在 T_{min}以上，而半动态组网的

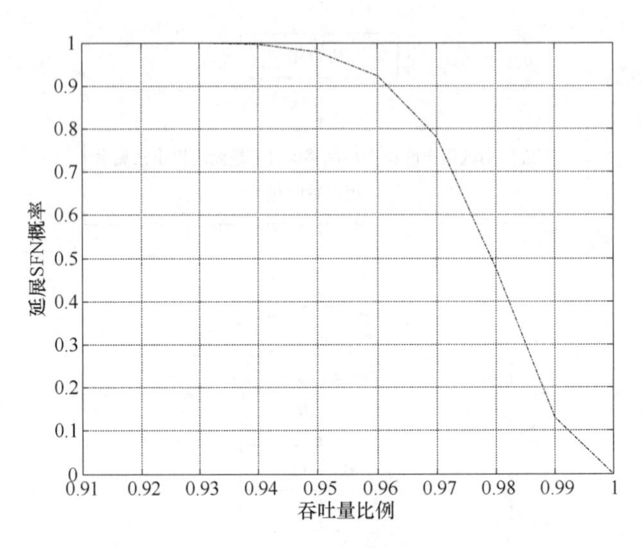

图 6-14　延展 SFN 的概率

吞吐量在 T_{min} 上下浮动。虽然静态方案不能保证 T_{min} 要求，但由于它的实施复杂度最低，所以还是一种有用的机制。同时，可以看出，动态组网方案的吞吐量优于半动态方案，但是它的变化频率过快，不适用于实际系统。

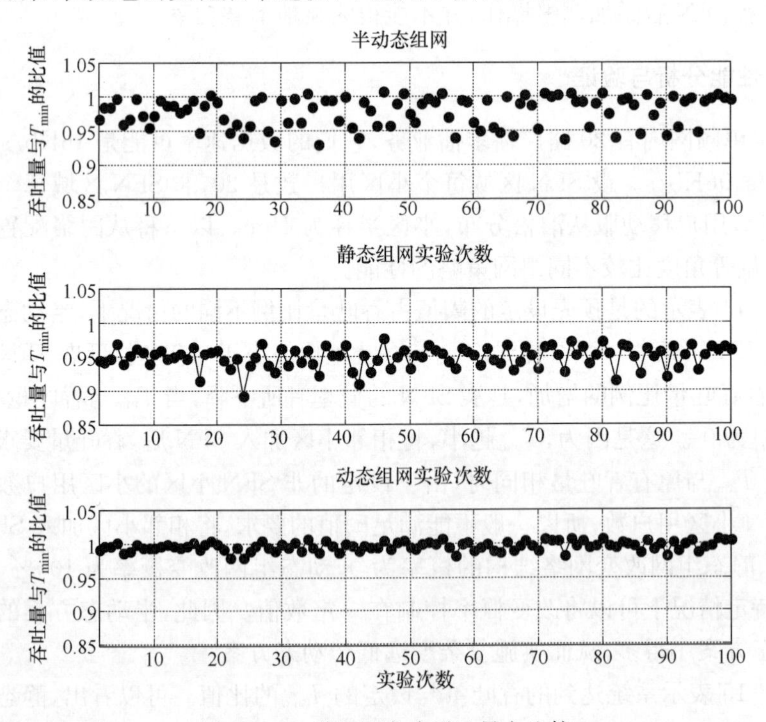

图 6-15　3 种组网方式吞吐量之比较

图 6-16 表示的是半动态方案中收缩 SFN 的概率。可见，G 值越大，此概率越大。因为 G 值越大，条件 $T_{rest} \geqslant GT_{min}$ 越不容易满足，则此时收缩 SFN 的几率将增大。随着吞吐量比例的增大，5 条曲线均有不同程度的增加。这是因为吞吐量比例越大，小区的剩余吞吐量越不容易满足 T_{min} 要求，则收缩 SFN 的几率增加。可以看出，半动态组网方案中收缩 SFN 的调整概率不是很高，即单频网更新网络拓扑结构的频率很低。

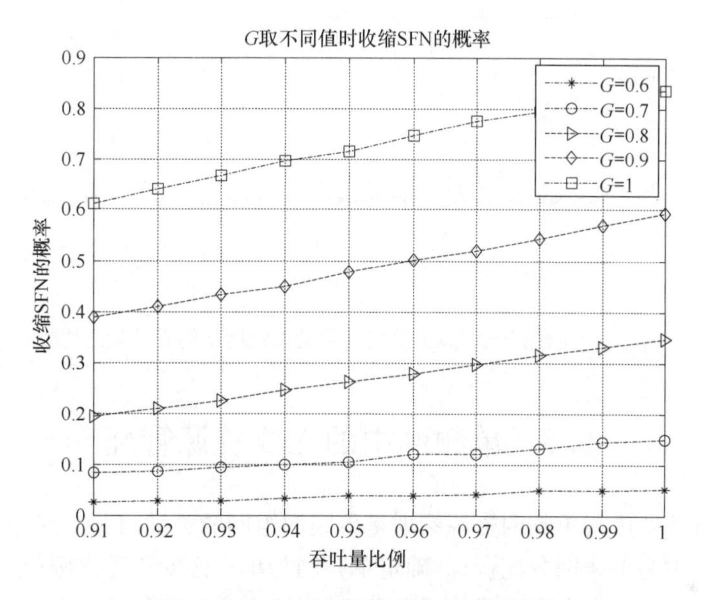

图 6-16　G 取不同值时收缩 SFN 的概率

图 6-17 表示系统达到的吞吐量与设定的 T_{min} 的比值。可以看出，无论静态组网还是半动态组网均可满足吞吐量性能。这是由于我们设定的 T_{min} 小于初始化时整个系统的平均吞吐量。静态组网的吞吐量一直不变，所以占 T_{min} 的比例为一个固定数值。半动态组网由于适当更新网络拓扑结构，所以吞吐量有所变化。可以看出，当有用户从边界小区向核心小区移动后，半动态组网的平均吞吐量一般情况下优于静态组网。

综合以上实验结果可以看出，在延展 SFN 时，半动态组网方式相比静态组网，可以实现有效覆盖，保证吞吐量和 SFN 性能。相比动态组网，更新网络拓扑结构概率有所降低。收缩 SFN 时，半动态组网吞吐量高于静态组网，且更新网络拓扑结构概率可控。该方案可以达到保证用户移动性和连续性及 SFN 性能间很好的折中，且更新网络拓扑结构的概率较小，更适合于实际系统的应用。

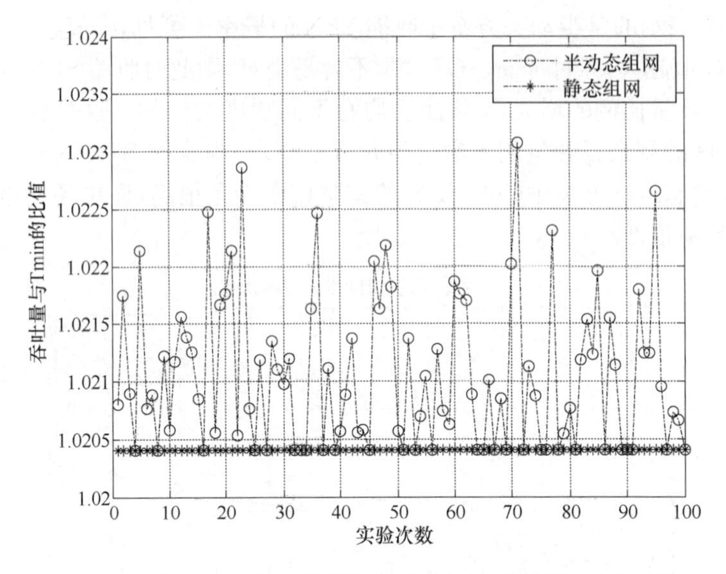

图 6-17　收缩 SFN,静态组网与半动态组网平均吞吐量之比较

6.5　单频网中的无线资源管理

如何有效地进行单频网资源管理是单频网组网的关键问题。首先是如何在已有无线资源中为单频网分配资源,确定单频网与单小区的资源比例;然后在确定的单频网资源中调度多个广播或组播业务。此外,在资源分配过程中,需要解决不同单频网之间的资源竞争问题。

目前,已经有一些单频网与单小区资源共享的基本机制,文献[13]定义的超帧是一种共享模式,3GPP 提案[14]也初步给出了共享原则的分析。对于如何确定单频网与单小区资源比例的解决方案非常少,但针对广播组播业务与单播业务的资源分配算法[15-17]可以借鉴。在单频网业务调度方面,已有的方案主要集中在对广播组播业务进行半静态的统计复用[18,19]。这些方案主要考虑业务的传输速率保证,未考虑其他服务质量要求及降低终端能耗的要求等。此外,是否有可行的动态调度算法也值得进一步研究。不同单频网区域若发生重叠,则可能出现资源分配的竞争。3GPP 中已经有提案分析了该问题[20],由于其解决方案需要与单频网区域选择、业务调度、网络架构设计等结合考虑,挑战很大,目前尚无较好的解决方案。

单频网资源的管理包括单频网与单小区、单频网之间及单频网内部三个层次。这三个层次的管理是互相联系的,例如单频网与单小区的资源复用比例受单频网内部业务调度的影响,解决单频网之间的资源竞争需要考虑与单小区业务的协调等。因此，只有同时考虑三个层次的资源管理需求和相互影响，设计联合调度机制，才能很好地解决单频网资源管理问题。6.5.1 节和 6.5.2 节将分别介绍单频网间[21]、单频网与单小区间的资源分配[9]，单频网内部资源分配可以直接参照多播资源分配方法。

6.5.1　单频网间资源分配

由于单频网间可能存在重叠覆盖，因此在进行无线资源的分配时，对重叠的 MBSFN 区域中不同的业务必须分配不同的无线资源，以保证重叠区域的基站能无冲突地传输数据。同时，为了提高系统容量，应分配相同的无线资源给非重叠 MBSFN 区域，以此实现资源复用。然而，处于 MBSFN 区域边缘的用户会受到很严重的来自使用相同资源的相邻 MBSFN 的同频干扰，这种干扰是经过大量使用相同资源的小区叠加的。有研究给出的改进算法主要思想为两个单频网同时满足不相交且不相邻才能使用相同资源，但是在 MBSFN 区域包含的小区数较少时性能改善状况不理想。这是由于在 MBSFN 区域包含小区数少时，两个资源复用的 MBSFN 即使不相邻，它们之间相隔的距离也相对较小，用户仍会受到较大干扰。

针对以上问题，本节将介绍一种优化的自适应多小区 MBSFN 资源分配算法(AMM-RA)[21]，综合考虑拓扑结构和发射功率对资源分配的影响。首先，通过基站位置信息对区域中所有 MBSFN 的拓扑关系进行简单建模，以量化 MBSFN 的大小和相对位置关系对同频干扰的影响。然后，研究发射功率对复用距离的影响，根据发射功率来调整复用距离，以减小 MBSFN 之间的同频干扰。

1. 方法概述

AMM-RA 算法主要根据基站位置信息对区域中所有 MBSFN 的拓扑关系进行建模，以量化 MBSFN 的大小和相对位置关系对同频干扰的影响。同时，基站分配的发射功率相对较大时，对附近使用相同资源的 MBSFN 内用户的干扰也较大，因此引入了基站发射功率对复用距离的影响，根据发射功率来调整复用距离，以减小 MBSFN 之间的同频干扰，提高系统整体性能。

MBSFN 之间的同频干扰与其区域大小有关。MBSFN 区域越大，即包含的小区数越多，多路信号合并后的分集增益虽然大大提高了 MBSFN 区域内的接收性能，但如此大量的基站对非 MBSFN 小区的干扰和对相邻资源复用的 MBSFN 小区的干扰也同样是经过合并的，其危害可能远强于单播系统内的小区间干扰。同时，MBSFN 之间距离越近，因资源复用产生的相互干扰就越大。因此，AMM-RA 算法给出了 MBSFN 区域大小、形状和位置关系的建模，并将其应用到资源分配中，以控制对 MBSFN 间的同频干扰。

如图 6-18 所示，将每个 MBSFN 区域边缘最远的两点进行连线，找到各自中点，即图中 o_1、o_2、o_3。$\alpha_{i,j}$ 和 $D_{i,j}$ 分别表示单频网 i 和 j 的两条连线的夹角及两条连线的中心距离。显然，中心距离 $D_{i,j}$ 越大，单频网 i 和 j 之间干扰也越小。当 $D_{i,j}$ 一定时，α 越大，MBSFN 之间受严重干扰的小区数越少，干扰越小。此外，单频网 i 和 j 包含的小区数越多，相互间的干扰影响也越大。根据以上分析，我们给出以下复用距离的公式，即

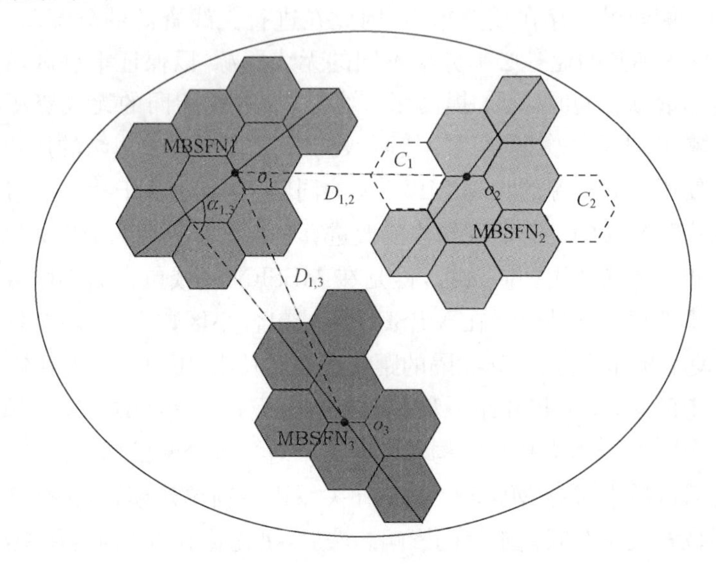

图 6-18　MBSFN 拓扑关系模型

$$d_{i,j}=k\times\cos\alpha\times(R/D_{i,j})\times(\text{cell\_num}/\text{cell\_num}_0) \tag{6.6}$$

其中，$d_{i,j}$ 为第 i 和 j 个 MBSFN 之间的复用距离；R 为小区半径；cell_num＝max(cell_num$_i$，cell_num$_j$)；cell_num$_0$ 等于 1，即以单小区结构作为基准，比例系数 k 为常数。

以上是对 MBSFN 拓扑结构进行的简单建模，当图中 MBSFN2 在不改变最远距离连线的情况下增加左侧小区（图 6-18 所示的小区 C_1），可能得到与增加前相同的拓扑结构参数。由于小区个数增加时，式(6.6)中 cell_num 参数值增大，因此复用距离 $d_{i,j}$ 也增大，且在资源分配过程中会比较 MBSFN1 与 MBSFN2 之间小区的最小距离、所求得的复用距离两者的大小，因此 MBSFN2 左侧小区增加时使用 AMM-RA 算法对 MBSFN1 干扰影响不大。增加右侧小区（图 6-17 所示的小区 C_2）时，由于距离 MBSFN1 较远，对其干扰也相对较小，产生的影响可以忽略。

不同的 MBSFN 传输不同 QoS 需求的业务，当该业务的 QoS 需求很高时，基站分配的传输功率也相对较大，此时对周围 MBSFN 干扰也会增加，应适当增大复

用距离。当基站的传输功率较小时，对其他 MBSFN 干扰也较小，可以适当减小复用距离以节省资源块的使用。因此，考虑发射功率对复用距离的影响，进一步完善式(6.6)，得到以下复用距离的公式，即

$$d_{i,j}=k\times\cos\alpha\times(R/D_{i,j})\times(\text{cell\_num}/\text{cell\_num}_0)\times(p/p_0) \tag{6.7}$$

其中，p 为 MBSFN 中的小区使用的实际发射功率；若 MBSFNi 和 MBSFNj 中小区使用不同的发射功率，则 p 取两者中较大的值；p_0 为基站最大发射功率。

由此可见，根据式(6.7)计算的 MBSFN 间的复用距离综合考虑了拓扑关系和基站发射功率的影响，更适用于实际中 MBSFN 形状不规则、分布随机的情况。

基于以上分析，AMM-RA 算法具体步骤如下。

① 将网络中所有 MBSFN 按照包含的小区个数按降序排列。

② 计算每两个 MBSFN 之间小区的最近距离(两个 MBSFN 各自包含的小区相距最近的基站间的距离)，得到一个 sfn_num× sfn_num 大小的矩阵 $d_{\min}$，其中 sfn_num 是网络中 MBSFN 的个数。

③ 计算两个单频网之间的最小复用距离。

第一，求单频网 S_i 和 S_j 各自内部的最长距离连线，得到连线中点 o_i、o_j 和连线夹角 $\alpha_{i,j}$。

第二，求中点 o_i、o_j 的距离 $D_{i,j}$，以及 S_i 和 S_j 各自包含的小区个数 cell_num_i，cell_num_j，令

$\text{cell\_num}=\max(\text{cell\_num}_i,\text{cell\_num}_j)$。

第三，根据式(6.7)计算复用距离 $d_{i,j}$。

第四，轮询所有 MBSFN，得到 sfn_num× sfn_num 的复用距离矩阵。

④ 构造拓扑关系矩阵 X。对单频网 S_i 和 S_j，当 $d_{\min}>d$ 时，对应元素 $X_{i,j}=0$，说明两个单频网之间可以使用相同资源；若 $d_{\min}<d$，则令 $X_{i,j}=1$，说明不能使用相同资源。X 为对称矩阵，对角线为 0。

⑤ 资源分配。

第一，在初始情况下，每个单频网都未分配资源，令 $C_0=-1\times X$。

第二，将资源块 1 分配给 S_1，令 C_1 的元素 $c_{1,1}=1$，同时根据式(6.8)替换 C_0 中相应的元素得到 C_1，即

$$\begin{cases}c_{i,q}=c_{q,q}, & c_{i,q}=-1, \quad i\in\{1,N\}\\ c_{q,j}=c_{q,q}, & c_{q,j}=-1, \quad j\in\{1,N\}\end{cases} \tag{6.8}$$

第三，即矩阵相应行、列中等于 1 的元素值被替换为分配的资源块的序号，用于下一次分配时提供判断依据。

第四，给 S_i 分配资源块时，判断矩阵 C_{i-1} 的第 i 行 i 列(对称)是否出现已使用

的资源块序号，若出现则说明周围已有单频网使用该资源，不能分配给 S_i。给 S_i 分配一个未出现的资源块序号，若所有已使用的资源块都不能用，则分配一个新的资源块 R_i 给 S_i。然后令 $c_{i,i}=R_i$。再将矩阵 C_{i-1} 的第 i 行 i 列中等于 -1 的值赋为 R_i，即得到 C_k。

第五，依次轮询，直至最后得到 C_n，C_n 的对角线元素就是资源分配方案。

2. 分析验证

为了便于比较，引入了不相邻算法和相邻 2 小区算法作为基准对比算法。不相邻算法的思想是不相邻的两个 MBSFN 可使用相同资源。相邻 2 小区算法的原理是不相邻且至少相隔两个小区的 MBSFN 才使用相同资源。测试指标包括统计覆盖率、吞吐量、消耗的资源块数三项，其定义分别描述如下。

① 覆盖率。设用户全集为 U，接收信干噪比大于某一事先指定的阈值 S_{Thres} 的用户集合为 S，则覆盖率则定义为 S 中的用户数和总用户数的比值，即

$$\text{Coverage}=\frac{|S|}{|U|},\quad \text{s. t.}\quad S=\{m\,|\,m\in U,\text{SINR}_m>S_{\text{Thres}}\}$$

其中，$|\cdot|$ 代表集合的势。

② 吞吐量。吞吐量定义为

$$\text{Throughput}=C\times \text{coverage}/B$$

其中，C 为用户 m 所在的单频网区域能达到的速率：$C=B\times\log_2(1+\min\limits_{m\in U}\text{SINR}_m)$；B 为系统带宽。

③ 消耗的资源块数。在所关注的单频网范围中进行资源分配之后，不同资源分配方案下系统需要消耗的频率资源块数平均值。

仿真场景为 3GPP TR 36.814 中指定的 3GPP Case 1 标准场景[22]。

(1) 随单频网包含小区数变化的系统性能仿真结果

图 6-19 给出了各种资源分配算法的性能随单频网包含小区数变化的仿真结果，发射功率设置为 40W，资源复用距离常数 K 设置为 20。图 6-19(a)给出了用户归一化吞吐量统计结果、图 6-19(b)给出了覆盖率统计结果、图 6-19(c)给出了平均消耗资源块数统计结果。从图 6-19 可以看出，与相邻 2 小区算法和不相邻算法相比，AMM-RA 算法可以获得更高的系统吞吐量、达到更高的用户覆盖率，使用的资源块也较多。

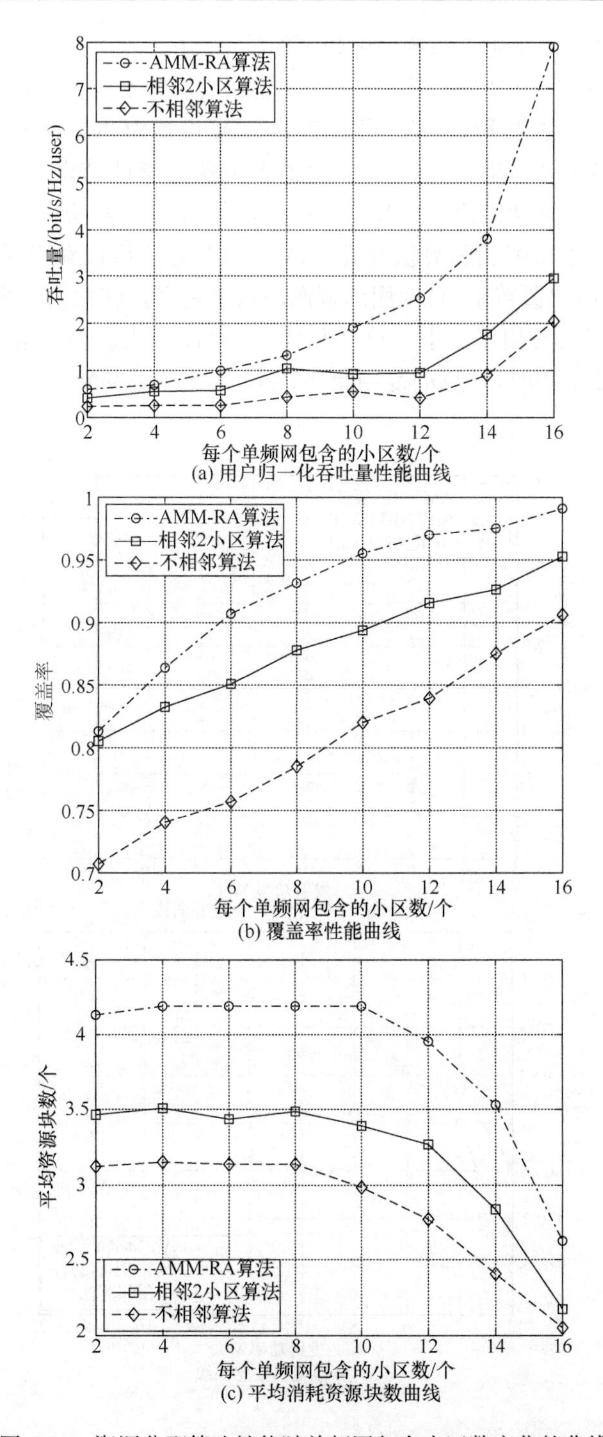

图 6-19　资源分配算法性能随单频网包含小区数变化的曲线

(2) 随发射功率变化的系统性能仿真结果

图 6-20 给出了各种资源分配算法的性能随发射功率变化的仿真结果，每个单频网包含的小区个数为 12，资源复用距离常数 K 设置为 20。图 6-20(a)给出了用户归一化吞吐量统计结果、图 6-20(b)给出了覆盖率统计结果、图 6-20(c)给出了平均消耗资源块数统计结果。从图 6-20 可以看出，在发射功率高于 8W 的时候，与相邻 2 小区算法和不相邻算法相比，AMM-RA 算法可以获得更高的系统吞吐量、达到更高的用户覆盖率，且使用的资源块数也更多。在发射功率低于 8W 的时候，AMM-RA 算法与相邻 2 小区算法相比，会导致吞吐量和覆盖率的降低，这是由于在发射功率很小时，计算的复用距离较小，影响了 AMM-RA 算法的资源分配方案。

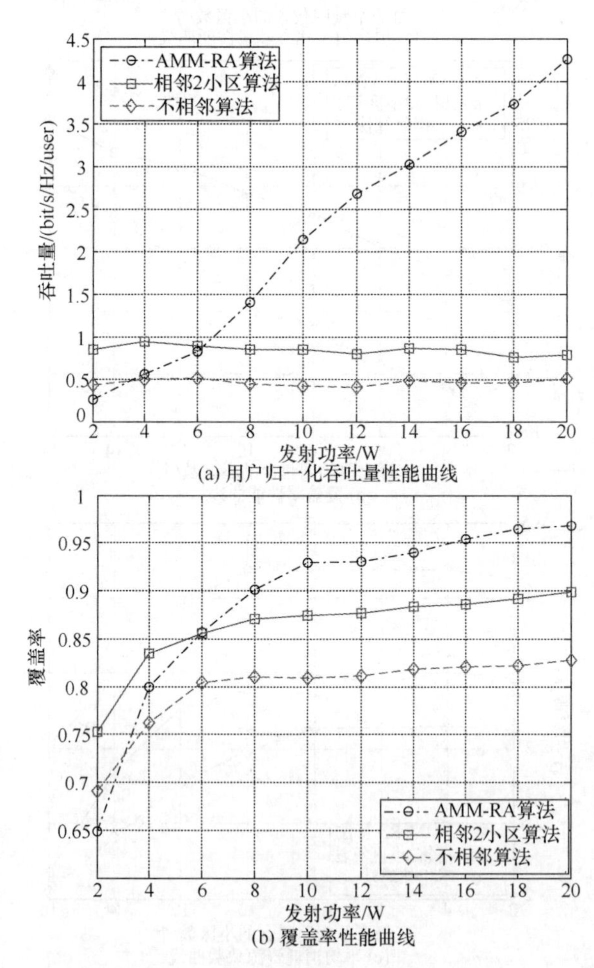

(a) 用户归一化吞吐量性能曲线

(b) 覆盖率性能曲线

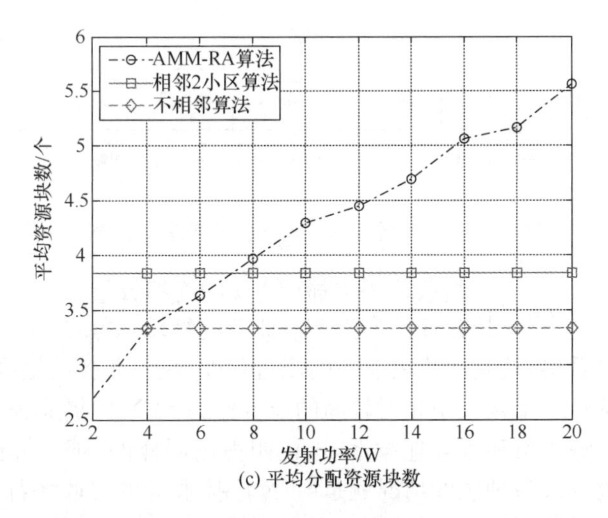

(c) 平均分配资源块数

图 6-20　资源分配算法性能随发射功率变化的曲线

综合以上实验结果可以看出，AMM-RA 方法在系统吞吐量和覆盖率上较其他算法均有明显改善，且利用该算法能够通过调整 k 值来取得资源块使用数和算法性能之间的折中，而在可用资源块数目一定的情况下亦可提高算法性能。

6.5.2　单小区与单频网传输方式选择

单频网与单小区间的资源分配比例取决于它们分别需要传输的业务量。若业务量从统计的角度能够得到一个稳定值，则可以根据该值进行资源分配。在蜂窝通信系统中，广播多播业务既可以通过单小区的方式传输，也可以通过单频网方式传输，这将影响单频网与单小区间的资源分配比例。因此，要进行单频网与单小区之间的资源分配，首先需要确定了每个多播业务的传输方式。下面介绍一种广播多播业务的传输方式选择方法，该方法可以在传输带宽消耗和性能之间寻找一个有效的折中[9]。

1. 系统模型

如图 6-21 所示，单频网数据帧和单小区数据帧以超帧的形式组合在一起[13]，超帧包含一个前导(preamble)，指示该超帧中单频网数据帧和单小区数据帧的分配信息。若一种广播多播业务通过单频网数据帧传输，则称它为 SFN 广播业务，需要在单频网区域中所有小区上传输；若一种广播多播业务通过单小区数据帧传输，则称它为非 SFN 广播业务，只需要在特定的小区内传输。

该方法通过 SFN 广播业务的接收率及占用的带宽来评价。SFN 广播业务 i 的接收率为

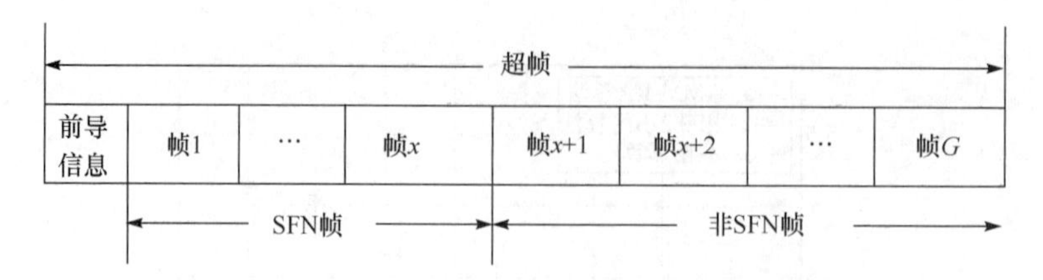

图 6-21　单频网与单小区资源共享方式示意图

$$m_i=\frac{\text{接收广播多播业务 } i \text{ 的终端数量}}{\text{接收任何广播多播业务的终端总数量}}$$

从定义可以看出，接收率代表业务的流行程度，热门业务的接收率比冷门业务要高。若我们选择一个接收率相对较高的业务作为 SFN 广播业务，将为更多的用户提供更高的传输质量和服务连续性，这说明占用同样的 SFN 带宽，热门业务可以带来更多的收益。最理想的情况就是 SFN 广播业务的接收率都为 1，这样通过 SFN 传输可以带来最大的收益。该方法将 $P_{\min}$ 定义为系统最小的接收率需求。基于以上定义，可以给出广播多播业务传输方式选择方法的目标，就是在满足系统最小接收率需求的前提下，最小化 SFN 广播业务占用的带宽，问题建模为

$$\min\sum_{i=1}^{N}s_i r_i \tag{6.9a}$$

$$\text{s. t.} \sum_{i=1}^{N}m_i s_i \geqslant P_{\min} \tag{6.9b}$$

$$s_i\in(0,1) \tag{6.9c}$$

其中，r_i 代表广播多播业务 i 所需的数据速率；N 为广播多播业务个数；s_i 指示广播多播业务 i 是否为 SFN 广播业务，s_i 若为 1，则该业务为 SFN 广播业务，否则为 0。

目标函数(6.9a) 代表 SFN 广播业务所占用的总带宽，限制条件(6.9b)保证 SFN 广播业务的总接收率不小于系统需求。

2. *方法概述*

问题(6.9)是一个典型的背包问题，是 NP 难的，可以采用动态规划、分支定界等方法来求解。我们可以根据系统对求解性能、计算复杂度等方面的需求来选择合适的方法。以下将介绍利用贪婪算法求解该问题的过程。贪婪算法的目标就是选择开销最低的广播多播业务使用 SFN 传输。广播多播业务 i 的开销 c_i 可以如下计算，与所需数据速率成正比，与接收率成反比，即

$$c_i=r_i/m_i \tag{6.10}$$

基于广播多播业务的开销定义，以下给出贪婪业务选择(greedy service selection，GSS)方法的步骤。

① 对于每个广播多播业务 $i(i=1,2,\cdots,N)$，根据式(6.10)计算其开销 c_i。

② 根据广播多播业务的开销 $c_i(i=1,2,\cdots,N)$进行升序排列，形成集合 I。

③ 将 K 作为选择的 SFN 广播业务的总接收率，K 设为 0。

④ 如果集合 I 为空，则算法停止；否则，选择集合 I 中的第一个业务作为 SFN 广播业务（假设被选择的业务为 j），并将其从集合 I 中移除，令 $K=K+m_j$。

⑤ 如果 $K \geqslant P_{\min}$，算法停止；否则，执行步骤④。

如果所有的广播多播业务所需的数据速率是相同的，则 GSS 方法可以得到最优解。若数据速率不同，这是一个 2-近似算法，在最差情况下至少达到 1/2 的最优算法性能[16]。

由于广播多播业务的接收率可能发生变化，如某些用户停止接收、新用户加入、用户移动等，这都将影响问题式(6.9)的求解结果。此时，可能需要重新调整 SFN 广播业务以满足系统需求。调整 SFN 广播业务需要中心管理单元将新的选择结果通知基站，基站需要根据结果重新确定单频网与单小区的资源分配比例，并对业务进行重新调度，这将使系统的执行开销变大。因此，下面给出三种不同的执行策略——静态策略(S-BSA)、动态策略(D-BSA)和半动态策略(SD-BSA)，以适应系统对执行开销和算法性能的不同要求。

(1) 静态策略(S-BSA)

静态策略是采用一段长时间内的平均接收率作为业务的 $m_i(i=1,2,\cdots,N)$，利用 GSS 方法选择 SFN 广播业务。一旦 SFN 广播业务确定，无论接收率如何变化都不会变化了。可以看出，静态策略只执行一次 SFN 广播业务选择方法，开销很小，但系统性能会受到业务接收率变化的影响。

(2) 动态策略(D-BSA)

动态策略与静态策略完全相反，是在任何广播多播业务的接收率发生变化时都执行 GSS 方法，重新选择 SFN 广播业务。动态策略可以总是达到最好的性能，但若业务的接收率变化频繁，则该策略的执行开销太高。

(3) 半动态策略(SD-BSA)

半动态策略是动态策略与静态策略之间的折中，只有当接收率变化造成的结果满足一定条件(定义为业务调整条件)时才重新执行 GSS 方法。假设 m_i^* $(i=1,2,\cdots,N)$ 为变化后的接收率，s_i^* $(i=1,2,\cdots,N)$为基于 m_i^* 的问题(6.11)的新结果，则业务调整条件可以定义为

$$\sum_{i=1}^{N} m_i^* s_i < P_{\min} \tag{6.11a}$$

$$\sum_{i=1}^{N} m_i^* s_i \geqslant P_{\min} \text{ and } \sum_{i=1}^{N} s_i^* r_i \leqslant Q \sum_{i=1}^{N} s_i r_i, \quad 0 < Q < 1 \tag{6.11b}$$

其中，Q 是系统参数，反映出 SFN 广播业务占用带宽与执行开销间的折中。

式(6.11a)保证 SFN 广播业务的总接收率不低于系统需求 $P_{\min}$。如果由于业务接收率的变化使得 SFN 多播业务总接收率了小于 $P_{\min}$，则需要重新执行 GSS 方法以满足系统需求，否则说明当前的方式是可行的。然而，若由新结果 s_i^* $(i=$

1,2,…,N)带来的所需带宽小于当前所需带宽的一定比例(用 Q 表示)时,说明当前所需带宽过大,这就是条件(6.11b)的意思。在这种情况下,我们需要重新执行 GSS 方法,根据新结果 s_i^* ($i=1,2,\cdots,N$)调整 SFN 广播业务,以降低所需带宽。因此,在半动态策略中,若接收率变化带来的新结果满足式(6.11a)和式(6.11b),则中心管理单元将根据新结果调整 SFN 广播业务,否则 SFN 广播业务保持不变。

基于以上选择方法,图 6-22 给出了 SFN 广播业务选择基本流程,其中需要基站和中心管理单元两类实体。基站通过计数等方法统计其小区内接收每个广播多播业务的终端,并上报给中心管理单元。中心管理单元计算出业务的接收率,基于此执行 SFN 广播业务选择方法,并将选择的结果通知 SFN 区域内的每个基站。基站将根据中心管理单元的指示在 SFN 数据帧上传输 SFN 广播业务,在单小区数据帧上传输非 SFN 广播业务。此外,若中心管理单元采用 D-BSA 或 SD-BSA 策略,则基站需要周期性上报计数结果。

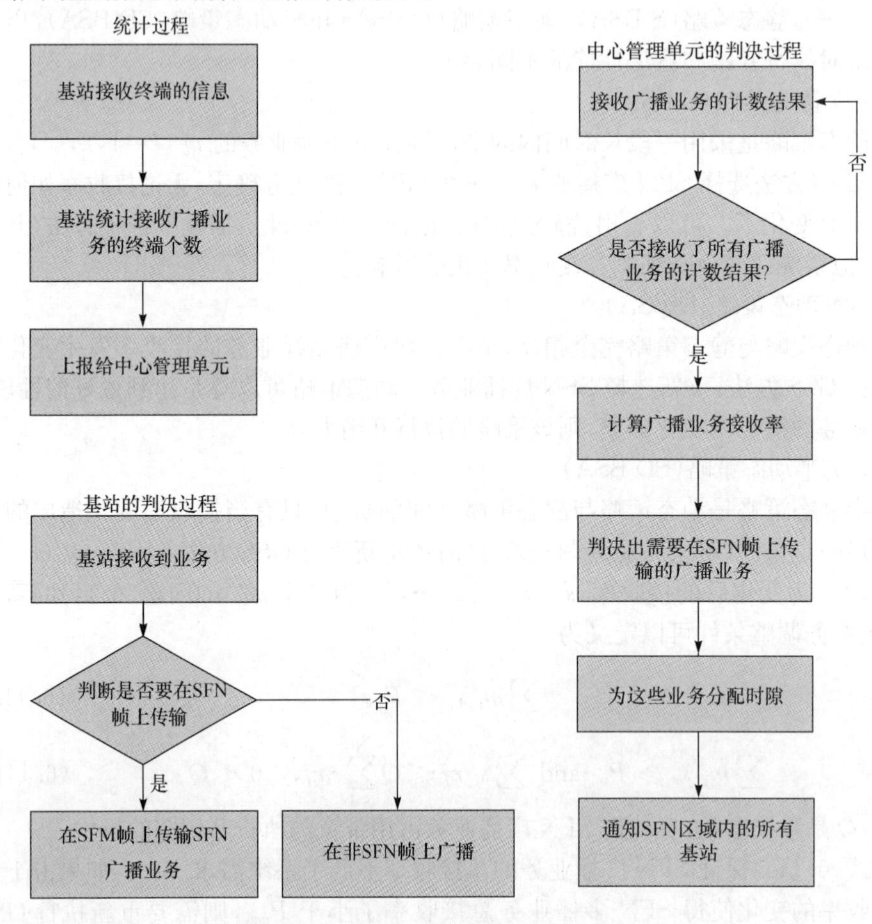

图 6-22　基站和中心控制单元的执行流程

3. 分析验证

图 6-23 给出了随着业务接收率的变化，S-BSA、SD-BSA 和 D-BSA 获得总接收率的变化情况，其中，P_{min} 和 Q 都取 0.7。从图 6-23 可以看出，SD-BSA 和 D-BSA 的总接收率始终高于系统所要求的接收率 P_{min}，而 S-BSA 的总接收率一直在 P_{min} 上下波动，这验证了三种策略的思想。尽管 S-BSA 不能始终保证最小接收率需求，但由于 S-BSA 的开销是最低的，因此当系统对最小接收率要求不是很严格时，S-BSA 是一种有效的方法。

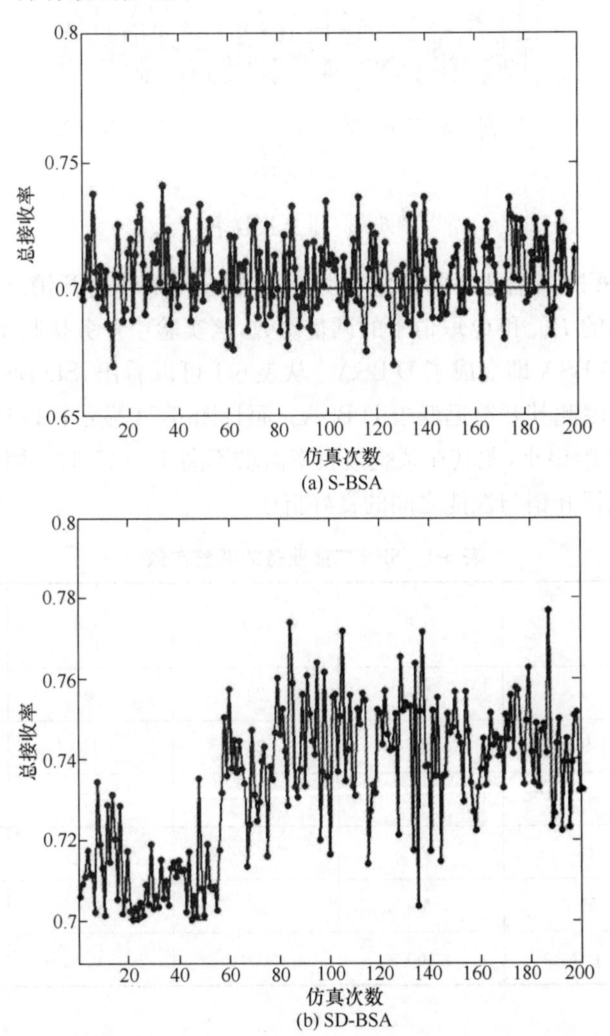

(a) S-BSA

(b) SD-BSA

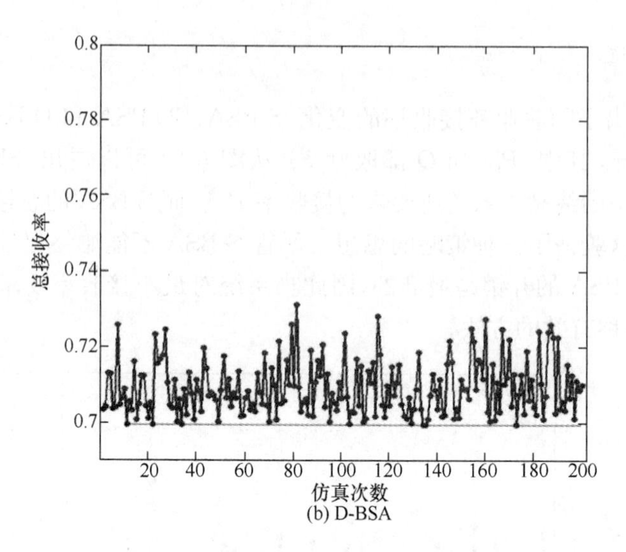

图 6-23　业务接收率

我们使用 SFN 广播业务的调整次数来衡量不同策略的开销。表 6-1 给出了 SD-BSA 在不同的 $P_{\min}$ 和 Q 取值下的调整次数，该实验中业务接收率变化 100 次。当 Q 为 1 时，SD-BSA 即变成了 D-BSA。从表 6-1 可以看出，SD-BSA 的调整次数远小于 D-BSA，因此其开销远低于 D-BSA。而且图 6-24 显示，SD-BSA 与 D-BSA 所占用的带宽差距很小，尤其在系统接收率需求不高于 0.85 时。因此，可以证明，SD-BSA 达到执行开销与性能之间的良好折中。

表 6-1　SFN 广播业务的调整次数

Q \ $P_{\min}$	0.5	0.6	0.7	0.8	0.9
0.5	9	25	24	0	0
0.6	9	25	24	17	0
0.7	9	25	24	17	2
0.8	15	25	24	17	1
0.9	59	45	48	20	37
1.0	100	100	100	100	100

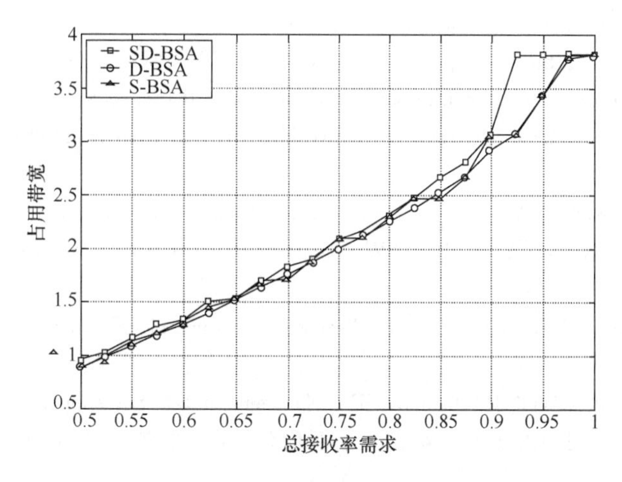

图 6-24 占用带宽与业务接受率的关系

6.6 小 结

4G 系统中存在着不同类型的逻辑网络，如中继节点网络、多播专有的单频网等。为了充分利用这些技术为多播传输带来的好处，本章介绍了新型广播多播混合组网架构及具有代表性的网络优化方法，包括 MCE 部署、单频网的半动态组网、单频网间，以及单频网与单小区间的无线资源管理方法等。通过网络部署优化技术，可以更加有效的为多播业务部署网络节点、规划无线资源，并向用户提供更好的业务质量。因此，网络部署优化技术是未来移动通信网络中高效提供广播多播服务的基础。

参 考 文 献

[1] Sun Y, Love R, Stewart K, et al. Cellular SFN broadcast network modeling and performance analysis[C]// Vehicular Technology Conference IEEE, 2005: 2684-2690.

[2] 3GPP TSG-RAN WG3 R3-071353. Resource demands of overlapping MBSFN areas[S]. Qualcomm Europe.

[3] 3GPP TSG-RAN WG2 R2-070771. Discussion on the MBMS services with overlapping SFN Area[S]. Alcatel-Lucent.

[4] 3GPP TSG-RAN WG3 R3-070661. Additional considerations related to MBMS coordination [S]. Mitsubishi Electric.

[5] 3GPP TSG-RAN WG1 R1-070536. Spectral efficiency comparison of possible MBMS transmission schemes[S]. Ericsson.

[6] Ligeti A, Zander J. Minimal cost coverage planning for single frequency networks[J].

Broadcasting IEEE Transactions on,1999:78-87.

[7] Kim J C,Kim J Y. Single frequency network design of DVB-H system[C]//Advanced Communication Technology,Icact International Conference. IEEE,2006:1594-1598.

[8] Eriksson M. Dynamic single frequency network[J]. Selected Areas in Communications IEEE Journal on,2001,19(10):1905-1914.

[9] Tian L,Yang S,Yang Y,et al. A novel SFN broadcast services selection mechanism in wireless cellular networks[C]// IEEE Wireless Communications & Networking Conference. IEEE,2008:1974-1978.

[10] 3GPP TSG-RAN WG3 R3-070551. discussion on dynamic SFN areas for EMBMS[S]. ZTE,2007.

[11] 3GPP TSG-RAN WG3 R3-071355. SFN Management[S]. Samsung,2007.

[12] 卢文茜. 单频网中的多小区组网方法及优化[D]. 北京:北京邮电大学博士学位论文,2013.

[13] 3GPP TSG-RAN WG1 R1-050654. Principles for E-UTRA Simulcast[S]. Qualcomm Europe,2005.

[14] 3GPP TSG-RAN WG3 R3-080354. Resource coordination between MCE and eNodeB at session start[S]. Huawei,2008

[15] Bai B,Cao Z. A convergence scheme for digital video/audio broadcasting network and broadband wireless access network[C]// IEEE Wireless Communications and Networking Conference,2007:3291-3295.

[16] Cohen R,Rizzi R. On the trade-off between energy and multicast efficiency in 802. 16e-like mobile networks[J]. Mobile Computing IEEE Transactions,2007,7(3):346-357.

[17] Hanbyul S,Seoshin K,Byeong G L. Channel structuring and subchannel allocation for efficient multicast and unicast services integration in wireless OFDM systems[C]// Global Telecommunications Conference,2007:4488-4493.

[18] 3GPP TSG-RAN WG3 R3-071797. E-MBMS functions of statistical multiplexing[S]. Alcatel-Lucent,2007.

[19] Yu C. Statistical multiplexing for LTE MBMS in dynamic service deployment[C]// Vehicular Technology Conference. vtc Spring. ieee,2008:2805-2809.

[20] 3GPP TSG-RAN WG3 R3-071353. Resource demands of overlapping MBSFN areas[S]. Qualcomm Europe,2007.

[21] 许帅. LTE系统中多播广播的资源分配机制研究[D]. 北京:北京邮电大学博士学位论文,2011.

[22] 3GPP TR 36. 814v2. 0. 0. Further advancements for E-UTRA. Physical layer aspects [S]. 2010.

第7章　基于终端协作的多播传输技术

7.1　引　言

协作通信技术作为实现未来无线通信系统目标的关键技术之一，近年来受到学术界和产业界的广泛关注。在多播研究领域，也提出了基于终端协作通信的多播传输技术，通过多播组中信道条件好的用户协作给信道条件差的用户发送数据，利用空间分集增益提高了信道条件差的用户的接收信噪比，从而可以提高多播系统容量，解决传统多播中随着用户数目的增长系统容量趋于饱和的问题[1-5]。

终端协作通信是指在多用户环境中，使用单天线的各邻近移动用户按照一定的方式共享彼此的天线协作发送，从而产生一种类似多天线发送的虚拟环境，获得空间分集增益，提高系统的传输性能。作为一种分布式虚拟多天线传输技术，协作通信融合了分集与中继传输技术的优势，在不增加天线数量和其他硬件设备的情况下，可在传统通信网络中实现并获得多天线与多跳传输的性能增益[6]。在多播传输方式下，终端协作具有更加明显的优势。因为中继节点属于目标接收者的一部分，不存在单播协作通信中遇到的协作动机和安全性问题。同一多播组内信道条件好的终端充当中继节点，为信道条件差的用户转发从基站接收到的数据，能够解决由于多播用户信道条件差异性造成的多播容量受限问题，同时也能很好地兼顾用户之间的公平性。因此，基于终端协作的多播传输成为目前的研究热点之一。

7.2　协作通信技术

协作(cooperate)这个词来源于拉丁文 co-和 operate 的组合，直译为一起工作(working together)。协作的概念最早来自对生物界现象的观察，例如关于吸血蝙蝠行为的研究等，用以描述通过给予、共享或者容许以获得好处的行为，此后被引入社会学、经济学和其他自然科学领域中。近年来，在无线通信领域，随着网络拓扑结构由完全集中式逐渐转变为分布式与集中式相结合，各种协作技术在无线通信系统中的应用和研究日益普及[7]。

协作通信技术的起源可以追溯到 Cover 在 1979 年关于中继信道的研究工作[8]。他从信息论的角度证明了离散无记忆、加性高斯白噪声(AWGN)中继信道的容量大于源节点与目的节点间信道的容量。中继信道模型包括源节点、中继节点与目的节点，如图 7-1 所示。该模型可分解为广播信道(源节点 A 发送信号、中

继节点 B 与目的节点 C 接收信号)和多址信道(源节点 A 发送信号、中继节点 B 收到的信号处理后再进行转发,目的节点 C 则接收来自节点 A 和节点 B 的所有信号)。Cover 的研究为协作通信提供了指导方向。

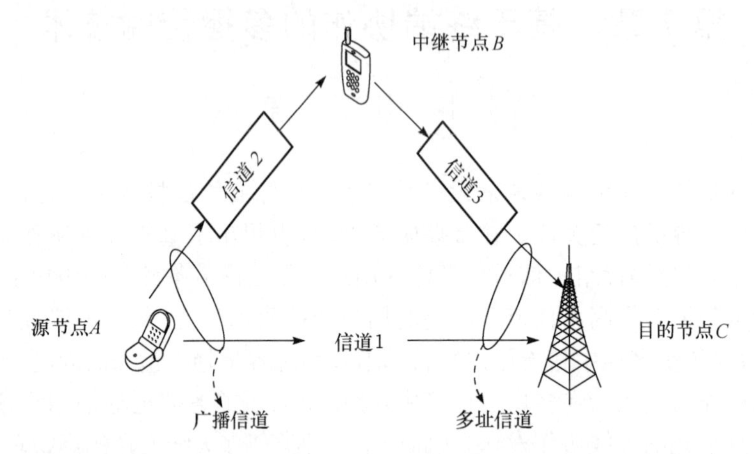

图 7-1　中继信道模型

随后多年的研究中,协作通信技术在信息论方面虽然取得了较大突破,但在技术应用方面推进较慢。直到 21 世纪初,才有学者陆续提出了具体的协作方法。麻省理工大学的 Laneman 博士提出并分析了协作中继系统的常用协作方法,包括放大转发(AF)、解码转发(DF)等[9]。美国德州大学的 Hunter 博士在此基础上进一步提出了编码协作(CC)协议,其本质上是解码转发(DF)的一种特例,并可与分布式空时编码(DSTC)结合起来使用[10],进一步提高了协作分集系统的性能。高通公司的 Sendonaris 系统地提出并定义了用户协作分集的概念,给出了两用户互为协作中继节点的系统模型及其性能分析[6]。同时,3GPP、无线世界论坛(WWRF)等组织也开展了相关的标准研究[11]。

在终端的协作通信中,多个终端组成协作伙伴,协作伙伴之间对数据进行中继转发,即每个终端不仅发送自己的信息,还要发送协作伙伴的信息。对于协作伙伴之间如何处理自己和伙伴的信息问题,需要设计具体的机制,以尽可能地利用有用信息,消除干扰,在处理复杂度较低的情况下有效提高系统的可靠性。以下将具体介绍几种有代表性的终端协作通信机制,包括放大转发(AF)、解码转发(DF)及编码协作(CC)等。

1. 放大转发机制(AF)

放大转发机制最早由 Laneman 提出,是一种实现起来最为简单的协作方式。AF 方式的信号处理可概括为 3 个阶段,如图 7-2 所示[12]。第 1 阶段,源节点 S 首先将信号进行广播发送,中继节点 R 和目的节点 D 同时进行接收。第 2 阶段,中

继节点 R 对接收到的源节点 S 发送的信号直接进行功率放大后转发给目的节点 D。第 3 阶段，目的节点 D 对接收到的两路信号进行合并解码，恢复出原始信息。因此，AF 也被称作为非再生中继方式，其本质是一种模拟信号的处理方式。

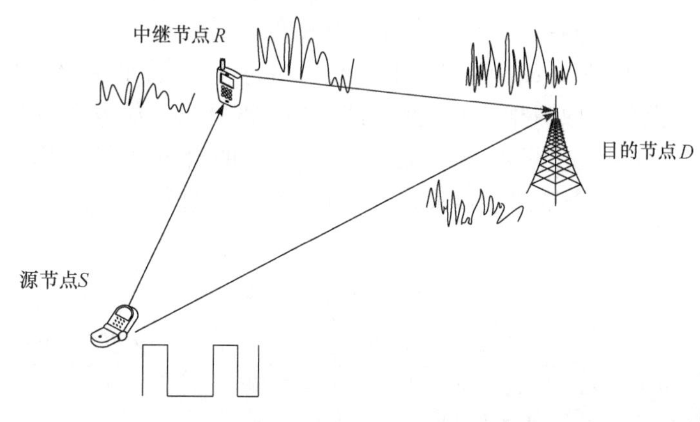

图 7-2　放大转发的信号处理流程

在放大转发过程中，由于中继节点 R 在放大信号的同时也放大了源-中继信道引入的噪声，因此 AF 方式存在着噪声传播效应。对目的节点 D 而言，它接收到两路独立的衰落信号，采用一定的准则如软合并或最大比合并(MRC)对接收到的信号进行处理，从而做出比较正确的判断。Laneman 等分析了经典的三点模型下采用 AF 机制的系统性能，研究结果表明，系统可以获得满分集增益。

AF 机制下，S-R、S-D、R-D 链路上的接收信号分别为

$$\begin{aligned} y_R &= h_{SR}x + n_{SR} \\ y_{D1} &= h_{SD}x + n_{SD} \\ y_{D2} &= h_{RD}x_R + n_{RD} \\ &= h_{RD}\beta y_R + n_{RD} \\ &= \beta h_{SR}x + \beta h_{RD}n_{SR} + n_{RD} \end{aligned} \tag{7.1}$$

其中，x 是源节点 S 所发送的信号；x_R 是中继节点 R 转发的信号；y_R 是中继节点 R 接收到的信号；y_{D1} 是第一个时隙目的节点 D 接收到的信号；y_{D2} 是第二个时隙目的节点 D 接收到的信号；h_{SR} 是源节点 S 和中继节点 R 之间链路的信道衰落因子；h_{SD} 是源节点 S 和目的节点 D 之间链路的信道衰落因子；h_{RD} 是中继节点 R 和目的节点 D 之间链路的信道衰落因子；n_{SR} 是源节点 S 和中继节点 R 之间的加性高斯白噪声，方差为 σ_{SR}^2；n_{SD} 是源节点 S 和目的节点 D 之间的加性高斯白噪声，方差为 σ_{SD}^2；n_{RD} 是中继节点 R 和目的节点 D 之间的加性高斯白噪声，方差为 σ_{RD}^2；β 是放大转发系数。

β 的取值应满足中继节点 R 处的功率约束，即

$$\beta=\frac{\sqrt{P_R}}{\sqrt{P_S\ |h_{SR}|^2+\sigma_{SR}^2}} \tag{7.2}$$

其中，P_S 和 P_R 分别是源节点 S 和中继节点 R 的发射功率。

目的节点 D 对 S-D、R-D 链路的接收信号进行合并，若采用软合并方式，则对 S-D、S-R-D 链路的接收数据分别进行加权相加，恢复出原始发送符号，然后再进行软解调以及解码，这里的合并是一种符号级的合并。若采用最大比合并(MRC)[13]，需要对两条链路上接收到数据的噪声部分进行功率归一化，则有

$$\begin{gathered}\frac{y_{D1}}{\sqrt{\sigma_{SD}^2}}=\frac{h_{SD}x}{\sqrt{\sigma_{SD}^2}}+\frac{n_{SD}}{\sqrt{\sigma_{SD}^2}}\\ \frac{y_{D2}}{\sqrt{\beta^2\ |h_{RD}|^2\sigma_{SR}^2+\sigma_{RD}^2}}=\frac{\beta h_{SR}h_{RD}x}{\sqrt{\beta^2\ |h_{RD}|^2\sigma_{SR}^2+\sigma_{RD}^2}}+\frac{\beta h_{RD}n_{SR}+n_{RD}}{\sqrt{\beta^2\ |h_{RD}|^2\sigma_{SR}^2+\sigma_{RD}^2}}\end{gathered} \tag{7.3}$$

MRC 合并后可以得到的信号 y_{MRC}，即

$$y_{\mathrm{MRC}}=\frac{(\beta h_{SR}h_{RD})^*}{\sqrt{\beta^2\ |h_{RD}|^2\sigma_{SR}^2+\sigma_{RD}^2}}\cdot\frac{y_{D2}}{\sqrt{\beta^2\ |h_{RD}|^2\sigma_{SR}^2+\sigma_{RD}^2}}+\frac{(h_{SD})^*}{\sqrt{\sigma_{SD}^2}}\cdot\frac{y_{D1}}{\sqrt{\sigma_{SD}^2}} \tag{7.4}$$

然后再对 y_{MRC} 进行检测，即可获得源节点 S 发送的信号 x。

2. 解码转发机制(DF)

DF 方式最早由高通公司的 Sendonaris 等给出。类似 AF 方式，DF 方式的信号处理亦可概括为 3 个阶段，其信号处理流程如图 7-3 所示。除第 2 阶段外，第 1、3 阶段的处理和 AF 方式完全相同。在第 2 阶段，中继节点 R 对接收到的源节点 S 信号先进行译码或者软译码，然后再将所得的译码或者软译码结果发给目的节点 D。基于此，也称 DF 为再生中继方式。可见，DF 方式在本质上是一种数字信号处理方式。

根据有无校验，解码转发又可以分为无校验 DF 和有校验 DF。在无校验 DF 机制下，中继节点 R 对接收信号进行解码，不论译码正确与否，都重新编码转发给目的节点 D。无校验 DF 机制下，当中继节点 R 处解码错误时，如果再进行转发，将引起误码传播，从而会大大降低系统误码性能。为避免这种现象，中继节点 R 通过采用循环冗余检验(CRC)对接收到的数据进行校验，无误码时进行转发，否则中继节点将丢弃该错误的数据帧。

对于协作模式，根据是否进行转发又可以分为固定协作模式和非固定模式。常称上述讨论的 AF 和 DF 方式为固定协作模式：无论信道传输特性如何，中继节点总是参与协作通信过程。事实上，协作带来的未必全是好处，例如在半双工模式下会降低系统传输速率，以及系统自由度的利用率。显然，这涉及协作时机及是否

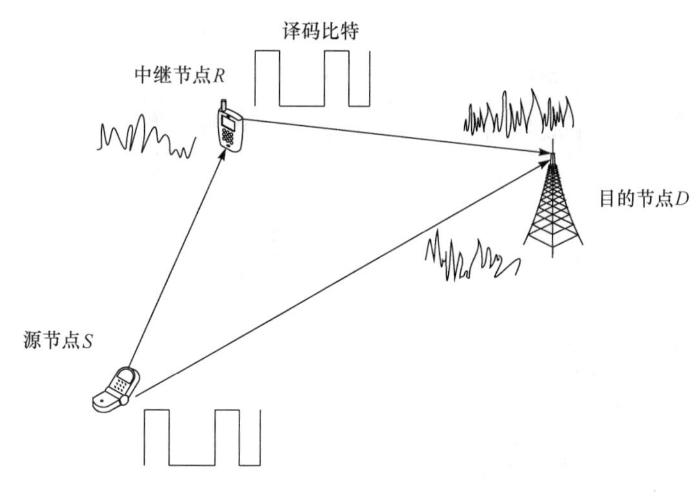

图 7-3　解码转发的信号处理流程

协作的问题。基于此，人们提出选择模式与增强模式两种非固定模式。选择模式将源-中继节点间的信道传输特性与某一阈值比较，只有大于该阈值时才选用协作通信方式，否则由源节点重复发送。可见，选择模式重点考虑的是源-中继节点间的信道状况。增强模式是利用目的节点的反馈信息来判断直传是否成功，若成功，则源节点发送新的信息，否则中继节点参与协作通信过程。这一处理相当于对中继传输增加了冗余或者自动检测重传机制。因此，增强模式重点考虑的是源-目的节点的信道状况。在上述几种模式中，采用固定协作模式时，中继节点一直重复发送源节点信息，这样势必会造成系统自由度利用率的降低。非固定模式则只在必要的时候才采用协作通信方式，可以较好地解决这一问题，但它需要反馈信道。

3. 编码协作协议(CC)

AF 和 DF 方式下，中继节点总是重复发送源节点信息，这会降低系统自由度的利用率。Hunter 等将信道编码的思想引入协作通信技术中，提出了编码协作方式[10]。信号处理流程如图 7-4 所示。该方式通过两条不同的衰落路径发送每个用户码字的不同部分。中继节点对接收到的源节点信息进行正确解码后再重新编码发送，这时系统性能的改善是通过在不同空间重复发送冗余信息而获得的。在这种方式下，各节点通过重新编码发送了不同的冗余信息，把分集和编码结合起来，可大大提升系统性能。此外，这种方式不需要协作中继的信息反馈，中继节点不能正确解码时还可自动切换到非协作模式，从而保证系统的效率。

图 7-5 给出一种编码协作实例。首先，把移动终端要发送的信息比特分块进行编码，并加上循环冗余校验码(CRC)；在协作通信时，将编码后的信息分成两段，

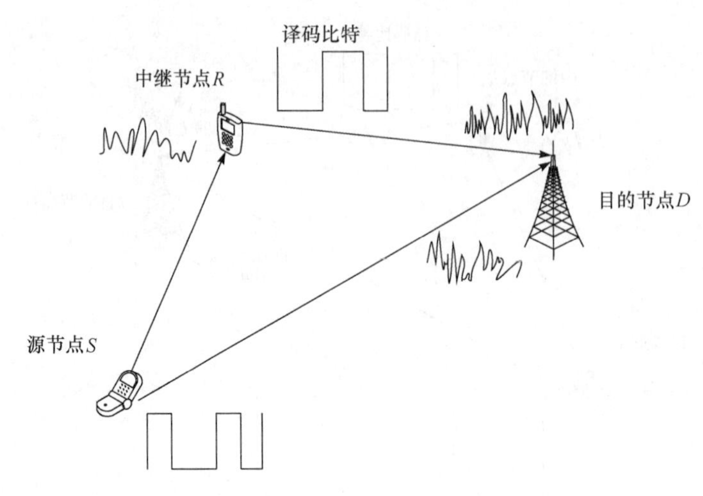

图 7-4 编码协作方式的信号处理流程

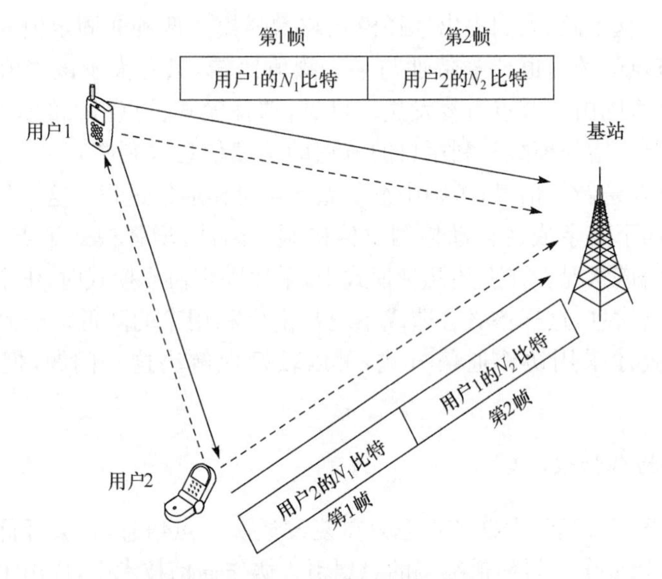

图 7-5 编码协作方式信号处理流程实例

分别含有想要传送的信息比特 N_1 和凿空信息比特 N_2(原始码字的长度为 N_1+N_2 比特)。显然,总共需要两个时隙(称为帧)来分别发送 N_1 和 N_2 两部分比特信息。在第一帧中,每个移动终端发送各自 N_1 比特的信息,同时每个移动终端都试图解码对方的第一帧信息。如果正确解码——通过循环冗余校验码来校验,就在第二帧中发送其协作伙伴 N_2 比特的信息;如果不能正确解码,则发送自己 N_2 比特的信息。这样每个移动终端在两个发送时隙总是传送 N_1+N_2 比特的信息块,最后由目的节点解码接收到的信息块。与选择译码转发(SDF)方式不同,编码协作方式通过编码设计实现协作与非协作方式之间的的自动切换，无需考虑源节点与中继节点之间信道的传输特性。

7.3　终端协作多播技术

终端协作多播技术是利用多播组中的某些终端充当中继，为多播组中的其他用户转发自己已经接收到的来自基站的相同信息。两阶段终端协作多播传输如图 7-6 所示。原多播传输时间被划分成两个阶段，基站在第一阶段以较高的速率进行传输，成功接收到数据的终端充当中继，在第二阶段进行传输。终端协作多播可以提高多播组中信道条件差的用户的接收信噪比，从而提高多播系统容量，因此得到广泛的关注。

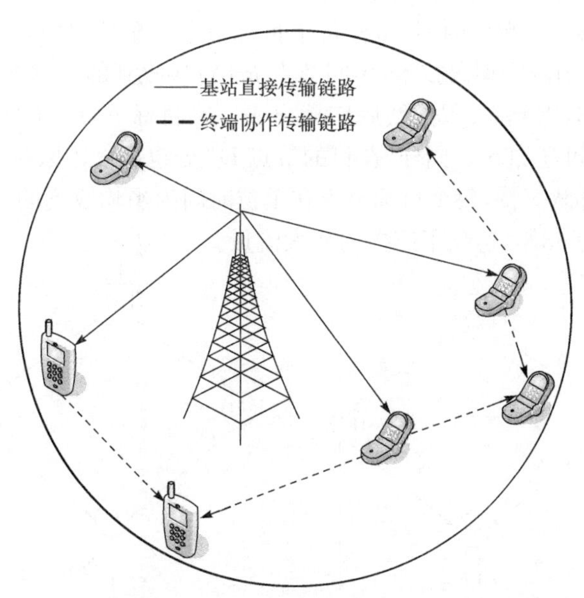

图 7-6　终端协作传输方式

由于 AF 转发模式容易造成错误扩散，所以终端协作多播的主要研究集中在 CC 模式和 DF 模式。根据采用的编码方式不同，CC 模式又可以分为基于网络编码的协作多播和基于空时编码的协作多播，下面分别进行介绍。

7.3.1　基于网络编码技术的协作多播

传统的通信网络传送数据的方式是存储转发，即除了数据的发送节点和接收节点以外的节点只负责路由，而不对数据内容做任何处理，中间节点扮演着转发器的角色。网络编码是一种融合了路由和编码的信息交换技术，核心思想是网络的中间节点对各条信道上收到的信息进行线性或非线性的处理，然后转发给下游节点，中间节点扮演着编码器或信号处理器的角色。根据图论中的最大流-最小分割定理，数据的发送方和接收方之间通信的最大速率不能超过双方之间的最大流值(或最小割值)。如果采用传统多播路由的方法，一般不能达到该上界。Ahlswede 等通过研究指出，采用网络编码的蝶形网络可以达到多播路由传输的最大流界，提高了信息的传输效率，从而奠定了网络编码在现代网络通信研究领域的重要地位[7]。

基于蝶形网络结构的网络编码如图 7-7 所示。假设每一条链路的容量为 1，源节点 S 向目的节点 $D1$ 和 $D2$ 分别发送信息比特 b_1 和 b_2。在传统路由技术中，源节点 S 分别向节点 $R1$ 和 $R2$ 发送 b_1 和 b_2，中间节点 $R1$ 和 $R2$ 分别将接收到的数据转发给其他节点，那么节点 $R1$ 可以直接获得 b_1，节点 $R2$ 可以直接获得 b_2。当节点 $R3$ 准备转发 b_1 和 b_2 时，由于节点 $R3$ 和 $R4$ 之间的链路容量为 1，b_1 和 b_2 必须在此排队等候一个单位时间，这样每个目标节点在单位时间内平均收到的比特数为 1.5。若采用网络编码技术，中间节点 $R3$ 将接收到的信息 b_1 和 b_2 进行异或的线性编码操作，得到 $b_1 \oplus b_2$，然后广播出去。在目标节点 $D1$ 处，根据接收到的 b_1 和 $b_1 \oplus b_2$，即可还原 b_2。同样，在目的节点 $D2$ 处也可以还原 b_1。由于 $b_1 \oplus b_2$ 在中间节点不用排队等待，每个目标节点在单位时间内平均收到的比特数为 2，即此时的编码增益为 33%，达到了广播的最大流量。

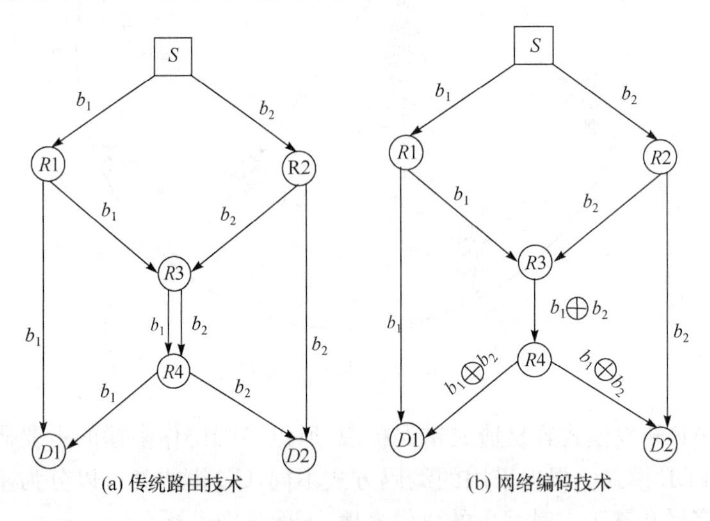

图 7-7　　网络编码原理

文献[14]指出基于网络编码的点到点优化传输属于 NP 难问题，在假定已知网络拓扑和分组丢失率的情况下，给出一种启发式的终端协作多播传输协议。文献[15]假定基站已知每条链路的信道状态的条件下，结合网络编码技术，以最优化多播速率为目标，研究了终端协作方式下的子信道和功率分配问题。文献[16]研究了适用于实际系统的基于网络编码的多播协议，但只针对一个中继节点存在的情况。

7.3.2　基于空时编码技术的协作多播

在两阶段协作多播通信中，通常存在多个中继节点和多个目标节点。由于每个目标节点从多个中继节点接收信号，因此在目标节点看来，是典型的多输入单输出(MISO)系统。通常中继节点向目标节点发送数据时，有两种资源分配方式：一种是中继节点采用正交的时频码资源发送(如 TDMA、FDMA 及 CDMA)，这样虽然可以达到满分集的效果，但由于需要给每个中继节点分配单独的资源，因此频谱资源的利用率较低；另一种是中继节点采用空时编码技术，多个中继节点可以同时同频发送相同的数据，能够显著提高频谱资源利用率。目前，这种空时编码技术已经被 LTE 系统采纳[17]。由于各个中继节点是相互独立的，所以中继间采用的空时编码属于分布式空时编码。分布式空时编码可以分为分布式空时块码(DSTBC)、分布式空时格码(DSTTC)和中继循环延时分集(RCDD)等。同时，根据中继模拟固定天线还是随机选择的天线，又可以分为空时编码与随机空时编码两类。下面将主要以分布式空时块码和随机分布式空时块码为代表进行介绍。

1. 分布式空时块码

Alamouti 最早在文献[18]中引入空时块码(STBC)的概念，只考虑了两个发射天线采用分集编码的场景。随后 Tarokh 等[19]把两发射天线推广到多发射天线的情况并提出了通用的正交设计准则。图 7-8 是 Alamouti 空时编码器的结构图，只考虑两个发射天线的情况，核心思想是在空域和时域上进行编码，使得两个天线发送的信号矢量相正交。

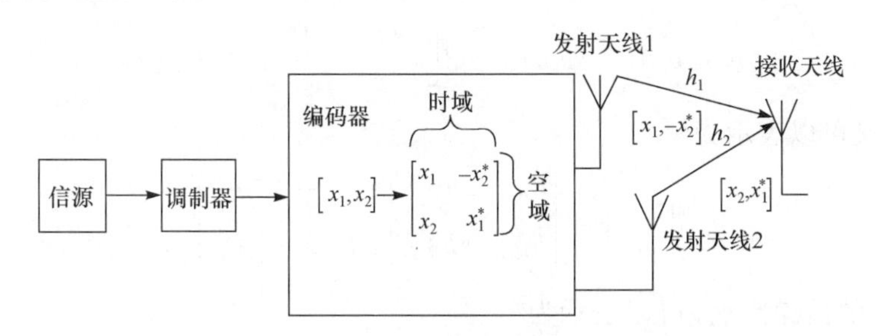

图 7-8　Alamouti 空时编码器结构

在第一个符号时间内，发射天线 1 发送 x_1，发射天线 2 发送 x_2。在下一个符号时间内，发射天线 1 发送 $-x_2^*$，发射天线 2 发送 x_1^*。h_1 和 h_2 分别表示发射天线 1 和 2 与接收天线之间的信道衰落因子。假定在两个相邻的符号间隔内信道保持不变，则接收端的信号可以表示为

$$[y_1, y_2] = [h_1, h_2]\begin{bmatrix} x_1 & -x_2^* \\ x_2 & x_1^* \end{bmatrix} + [n_1, n_2] \tag{7.5}$$

将 STBC 编码推广到多中继协作系统中，多个中继节点采用 DSTBC 编码构成虚拟天线阵列。两跳终端协作场景如图 7-9 所示。其中包含源节点 S，两个中继节点 $R1$、$R2$ 及一个目标节点 D。为简单起见，假设所有的节点都是单天线配置，并且两个中继节点转发的符号能够完全同步。

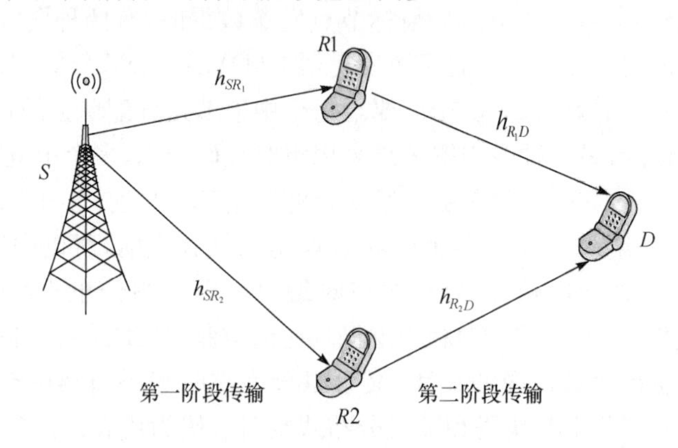

图 7-9 两协作中继节点时分布式空时块码的应用场景

中继节点 $R1$ 和 $R2$ 采用半双工方式及 DF 协议。第一传输阶段源节点 S 广播发送符号块 x。x 包含连续的两个符号 x_1 和 x_2，即 $x=[x_1, x_2]$，满足 $E(x^{\mathrm{H}} \cdot x) = P_s$，其中 P_s 是源节点的发送功率。假定中继节点 $R1$ 和 $R2$ 能够正确解码源节点 S 发送的数据，而目标节点 D 不能正确解码。第二传输阶段 $R1$ 向 D 发送$[x_1, x_2]$，$R2$ 向 D 发送$[-x_2^*, x_1^*]$，D 接收到的符号为

$$[y_{D_1}, y_{D_2}] = [y_{R_1D}, y_{R_2D}]\begin{bmatrix} x_1 & x_2 \\ -x_2^* & x_1^* \end{bmatrix} + [n_{D_1}, n_{D_2}] \tag{7.6}$$

式(7.6)又可以表示为

$$\begin{bmatrix} y_{D_1} \\ y_{D_2} \end{bmatrix} = \begin{bmatrix} h_{R_1D} & h_{R_2D} \\ h_{R_2D}^* & h_{R_1D}^* \end{bmatrix}\begin{bmatrix} x_1 \\ x_2^* \end{bmatrix} + \begin{bmatrix} n_{D_1} \\ n_{D_2}^* \end{bmatrix} \tag{7.7}$$

则接收端的信噪比 γ_{DF} 可以表示为

$$\gamma_{DF} = \frac{(|h_{R_1D}|^2 + |h_{R_2D}|^2)P_s}{\sigma^2} \tag{7.8}$$

2. 随机分布式空时编码

采用分布式空时编码虽然可以实现多个中继节点的同步传输，每个中继节点

相当于模拟空时编码中的一根天线。然而,为了实现同步传输,每个参与 DSTC 编码的中继必须精确的知道它在空时编码器中模拟的是哪根天线。此外,在 DSTC 编码中,当 STC 编码器的大小固定时,参与传输的中继节点数目就是固定的了,即使有其他信道条件好的节点,也无法参与中继传输,这极大地限制了系统的分集增益和编码增益。此外,DSTC 编码要求参与节点实现严格的时间同步,给实际系统设计带来很大挑战。

RDSTC 编码可以有效解决 DSTC 编码存在的限制,其主要思想是每个参与节点模拟天线阵列中的一根虚拟天线,而不用像 DSTC 编码那样,每个中继节点必须精确知道模拟的是哪根天线。RDSTC 编码的原理如图 7- 10 所示,在第一阶段,单个天线节点通过一个常规的单输入单输出(SISO)解码器解码源节点发送的信息,收到数据后中继节点进行 CRC 校验,检查是否正确接收到相应的数据包。为了在第二阶段协作传输数据,中继节点对收到的数据再进行编码处理并通过一个 STC 编码器。STC 编码器以 L 个并行的数据流形式输出编码结果 $X=[x_1, x_2,\cdots,x_L]$,每个数据流对应着 L 根多输入多输出(MIMO)系统中的一根天线。然而,与 MIMO 系统相比,在采用 RDSTC 编码的系统中,每个中继传输的数据是对 L 个数据流随机线性加权合并后的结果。例如,用户 i 对应 L 个流的权重可以表示为 $r_i=[r_{i1},r_{i2},\cdots,r_{iL}]$。

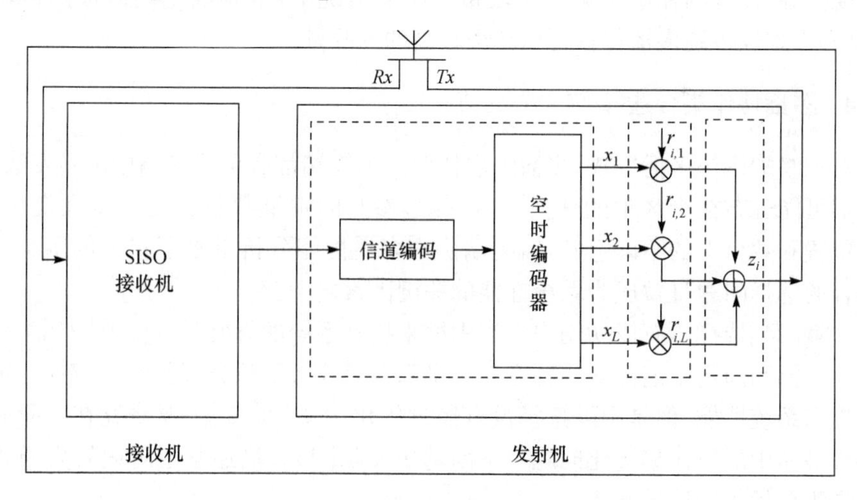

图 7-10　随机分布式空时编码

文献[20]分析了两阶段空时编码协作多播的中断容量。分析表明,协作可以提高低信噪比大规模网络的中断性能。文献[21]分析了采用空时编码协作广播的覆盖率和延时性能。文献[22]提出一种针对时延敏感类业务的多阶段协作多播策略,在该协作机制下,多个中继在不同的时间片内依次进行传输。同时,文献[22]

指出在只考虑小尺度衰落的情况下，参与协作传输的中继数目是一个阈值优化问题。

7.3.3　基于解码转发模式的协作多播

基于解码转发模式的协作多播技术是将协作通信中的解码转发模式应用于多播通信中。终端采用解码方式获得基站发来的信息，一旦解码成功，被标识为成功用户。那么，在协作多播中，这些成功用户就会组成中继候选集合。系统会从该中继候选集合中，选择部分用户作为中继，并使得这些中继为其他失败用户进行数据转发，保障未能成功接收到该多播数据的用户的服务质量。由于终端自身处理能力的限制，网络编码和空时编码提高了终端的复杂度，最直接的解码转发模式得到越来越多的关注和研究。

在基于解码转发模式下的协作多播技术主要研究中继选择、基站与中继之间的功率分配、基站多播的速率、多播组之间的资源分配等问题。文献[23]，[24]采用解码转发模式的两阶段协作多播机制，所有中继节点在第二个传输阶段全部参与传输。文献[23]研究了两种基于 MRC 合并的协作多播机制，分析了分布式和固定位置放置中继方式下的平均中断概率性能，在总功率给定的情况下，研究了基站和中继的优化功率分配方案。文献[24]提出一种用于 IEEE 802.16 的协作多播调度机制，该机制在给定第一阶段覆盖率的情况下，分别确定两阶段的传输速率，这种方式较传统多播传输可以获得较高的吞吐量。

7.3.4　多播协作集合选择

对于终端协作多播方式，多播组内任何一个终端都有可能充当中继转发数据，而终端可能分布在小区中的任何位置，并且参与的中继数目也是时刻在变化的。这种位置和数目上的不确定性，给终端协作多播性能分析带来了很大的困难。协作集合的选择问题日益成为系统性能的关键因素之一。

文献[24]选择所有成功用户充当中继来提高系统的吞吐量。文献[23]采用随机中继选择和固定中继部署两种方案。全部选择或者随机选择虽然能够在一定程度上提高系统性能，但是中继选择没有经过优化。文献[25]主要研究在两阶段终端协作多播中的协作集优化问题。下面基于文献[25]，描述基于解码转发模式下的协作集合优化和选择问题。

1. 系统模型

文献[25]考虑单小区中的下行多播系统，N 个请求接收相同多播业务的用户，均匀分布在小区中。在多播网络中，请求接收相同业务的用户逻辑上可以被划为一个多播组。例如，观看相同电视频道的用户构成的就是一个多播组。在实际系统中，通常会同时存在多个多播组，此处仅考虑单个多播组存在的情况。

在终端协作多播通信中，传统的多播时隙通常被划分成两个甚至多个时隙。在第一个时隙，基站向小区中的用户发送数据，成功接收到基站数据的用户成组成协作中继候选集合。在其余时隙，从协作中继候选集合中选择部分用户来充当中继，为小区中的其他未能成功接收到基站数据的用户服务，从而保障整个小区中用户的服务质量。由于将传统时隙划分成两个时隙，即基站向小区中用户发送数据的时隙和中继向失败用户发送数据的时隙，简单易行、便于部署，所以现有文献大都研究两阶段协作多播技术。文献[25]采用两阶段协作多播传输模型，如图 7-11 所示，整个传输时间 T 被划分为两个传输阶段 T_1 和 T_2（$T=T_1+T_2$）。基站在传输时间 T_1 内以速率 S_1 进行传输，成功接收到数据的终端在传输时间 T_2 内以速率 S_2 为其他未成功接收到数据的用户转发数据。在不考虑分层编码技术情况下，两阶段传输的数据量应满足 $S_1T_1=S_2T_2$。

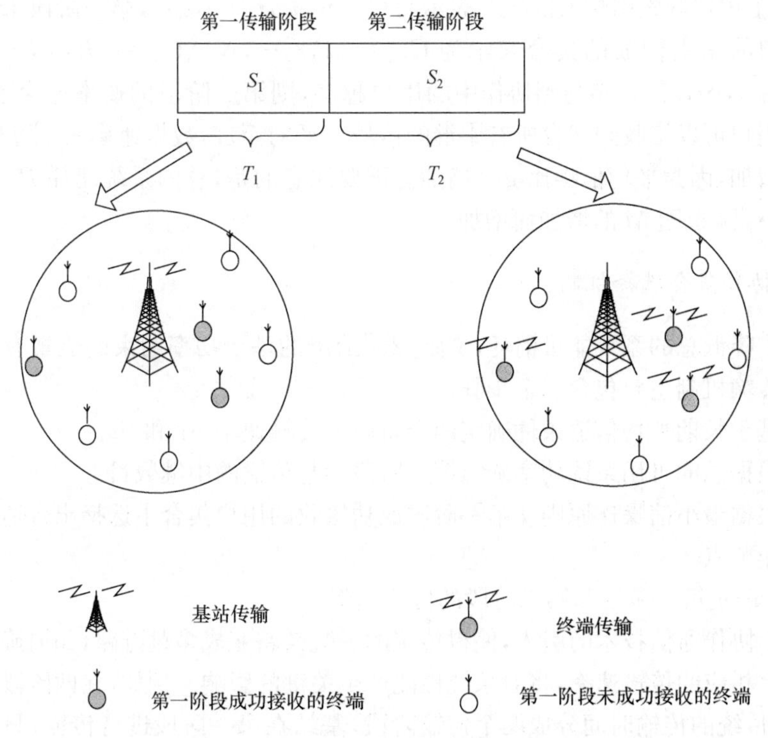

图 7-11　两阶段协作多播传输模型

本节描述过程涉及的主要符号及其含义如表 7-1 所示。

表 7-1　符号含义

符号	含义
N	多播组中总的用户数目
$C_{s,1}$	第一阶段成功接收的用户集合
$C_{f,1}$	第一阶段未成功接收的用户集合
S_1	第一阶段的平均速率
S_2	第二阶段的平均速率
T_1	第一阶段传输时间
T_2	第二阶段传输时间

在两阶段协作多播机制中，基站在第一个阶段以功率 P_{bs} 和速率 S_1 广播信号，在 N 个用户中有 M 个用户在第一阶段能够成功接收到基站传输的数据，成功接收的 M 个用户的索引构成的集合表示为 $C_{s,1}=\{i_1, i_2, \cdots, i_M\}$，第一阶段未成功接收的用户的索引构成的集合表示为 $C_{f,1}=\{1,2,\cdots,N\}\backslash C_{s,1}=\{i_1, i_2, \cdots, i_M\}=\{i_{M+1}, i_{M+2}, \cdots, i_N\}$。参与到协作中的用户越多，则第二阶段的速率就会越高，因为单个用户可以接收到来自所有中继的信号。平均而言，数据速率 $r_{i_j,2}$ 随着 M 的增加而增加，因为平均信噪比 $g_{i_j,2}$ 增加。需要注意的是，总的系统能耗 $P_{bs}\cdot T_1+M\cdot P_{ue}\cdot T_2$ 也随 M 的增加而增加。

2. 协作集合选择机制

为了降低总的系统能量消耗，文献[25]给出的基于功率约束的能量有效的协作多播传输机制主要包含三个步骤。

①基于长期平均信道条件确定两个阶段的传输速率 $S1$ 和 $S2$。

②根据总的可用系统功率确定第二阶段参与传输的中继数目。

③根据最小信噪比原则从第一阶段成功接收的用户集合中选择出合适的用户作为协作节点。

(1) 确定第一阶段和第二阶段的传输速率

由于协作通信技术的引入，使得传统的一跳链路变成多跳链路，如何确定每一跳链路上相应的传输速率，将对系统性能产生关键的影响。例如，在两阶段协作传输中，把传统的传输时间分成两个传输阶段，基站在第一阶段进行传输，只保证多播组内部分用户能够成功接收到数据；在第二阶段，成功接收到数据的用户充当中继为其他未成功接收的用户发送数据。在相同参数设置的条件下，如果基站提高第一阶段的传输速率，则第一阶段能够成功接收数据的用户数目将下降，即能参与到第二阶段传输的中继数目减少，意味着只有降低第二阶段的传输速率才能保证剩余的用户能够正确接收到数据。另一方面，如果基站降低第一阶段的传输速率，那么能够参与到第二阶段传输的用户数目将会增加，就意味着第二阶段的传输速率可以提高。因此，如何确定每一阶段的传输速率，使得资源利用率最大化的同时，保证所有用户的可靠接收，成为协作多播必须解决的关键问题之一。

为了确定两阶段的传输速率，文献[25]引入了文献[22]中定义的覆盖率 C，$C=E(M)/N$，其中 $E(M)$表示第一阶段平均成功接收的用户数目，N 是小区中总的用户数目。覆盖率 C 表示第一阶段的用户覆盖率，就是说当基站在第一阶段确定的传输速率 S_1 应该保证在第一阶段平均能够成功接收的用户数目为 NC，第二阶段的传输速率 S_2 应该能够保证剩余的用户 $N-E(M)$能够成功接收到数据。由于用户是均匀分布在小区中的，因此覆盖率 C 还可以表示为 $C=\pi d^2/\pi R^2$，其中 d 是能够在第一阶段成功接收到数据的用户对应的最大半径，R 是蜂窝小区半径，则用户在第一阶段和第二阶段的传输速率 S_1 和 S_2 可以分别表示为

$$S_1=\log_2\left(1+\frac{P_{bs}\mathrm{PL}(d)}{N_0}\right) \tag{7.9}$$

$$S_2=\log_2\left(1+\frac{P_{ue}\mathrm{PL}(R-d)}{N_0}\right) \tag{7.10}$$

其中，$\mathrm{PL}(d)$表示大尺度衰落。

定义 $G=[g_{1,1},g_{1,2},\cdots,g_{1,N}]$作为 N 个用户在第一传输阶段获得的信噪比。假定用户 i 在单位带宽上能够获得的最大速率为 $r_{i,1}$，则根据给定的第一阶段的传输速率 S_1 可以把 N 个用户划分为两个不同的集合 $C_{s,1}$ 和 $C_{f,1}$。如果用户 i 的速率 $r_{i,1}$ 不低于 S_1，则表明用户 i 在第一阶段能够成功从基站接收到数据，用户 i 对应的索引放入集合 $C_{s,1}$ 中，反之，用户 i 对应的索引放入集合 $C_{f,1}$ 中。

(2) 确定参与第二阶段传输的中继数目

在文献[22]中，$C_{s,1}$ 集合中所有用户都参与第二阶段的传输，这种中继选择方式虽然会带来最大的分集增益，提升系统吞吐量，但系统总能耗会随着参与中继传输的节点数目的增加而急剧增大。为了在系统吞吐量和系统能耗之间取得良好折中，能以较低的能耗换取较大的系统吞吐量提升，参与第二阶段传输的中继数目必须是有限个数的，而不是所有成功的用户全部参与传输。参与中继数目可以通过控制可用系统总功率实现，即

$$P_{bs}T_1+E(m)P_{ue}T_2=aPT \tag{7.11}$$

其中，参数 $E(m)$是期望参与到第二阶段传输的平均用户数目；aP 表示系统总的可用功率，参数 a 是功率控制因子。

不失一般性，P 的取值设定为 P_{bs}，即和基站第一阶段的传输功率相等。显然，参数 a 应满足 $a\geqslant T_1/T$。当第一阶段和第二阶段的速率 S_1 和 S_2 确定之后，易得到第一阶段和第二阶段的传输时间 T_1 和 T_2，根据式(7.11)就可以得到能够参与第二阶段传输的中继数目了。

(3) 选择参与第二阶段传输的中继

参与第二阶段传输的中继数目 $E(m)$ 确定之后，下一步就是要从成功接收的用户集合 $C_{s,1}$ 中挑选合适的中继。在蜂窝系统中，距离基站近的用户相比距离基站远的用户有更好的平均信道条件，主要是由于距离基站近的用户经历的路径损耗比较小。因此，可以合理地假设在第一阶段成功接收的用户比没有成功接收的用户距离基站的位置近。此外，在第一阶段所有成功接收的用户集合中，平均信噪比低的用户要比平均信噪比高的用户距离集合 $C_{f,1}$ 中的用户近。因此，从 $C_{s,1}$ 中选择平均信噪比低的用户作为中继节点参与第二阶段的传输，显然会带来更好的性能。综上，采用最小信噪比原则从集合 $C_{s,1}$ 中挑选合适的中继，其中 $g_{i_l,1}$ 表示用户在第一阶段的信噪比。

该挑选原则可以表示为

$$i_l^* = \arg\min_{i_l \in C_{s,1}} g_{i_l,1} \tag{7.12}$$

3. 性能分析

假定用户均匀分布在小区中，传输时间 T 和第一阶段用户覆盖率 C 分别设置为 1ms 和 0.5ms，基站和 UE 的发射功率分别设置为 43dBm 和 34.8dBm[26]。系统其他参数设置如表 7-2 所示。

表 7-2 系统参数

参数	值
中心载频	2.5GHz
系统带宽	10MHz
基站传输功率	43dBm
终端传输功率	34.8dBm
噪声功率	−128dBm
路径损耗	$PL(d)=34.5+35\log_{10}(d)$
小区半径	8km
覆盖率 C	0.5
传输时间间隔 T	1ms

下面将本节介绍的多播协作集机制与传统多播方式(简记为 Conventional)、文献[26]中给出的两阶段协作多播机制(简记为 CMS-all)进行比较。在传统多播传输方式中，基站的传输速率根据多播组内信道条件最差的用户进行确定。文献[26]给出的两阶段协作多播方式中，在第一阶段成功接收的用户全部充当中继参与第二阶段的传输。此外，为了说明本节介绍的基于最小信噪比原则(简记为 CMS-min)选择中继的有效性，还给出了随机选择(简记为 CMS-r)和基于最大信

噪比原则(简记为CMS-max)选择协作中继的性能。

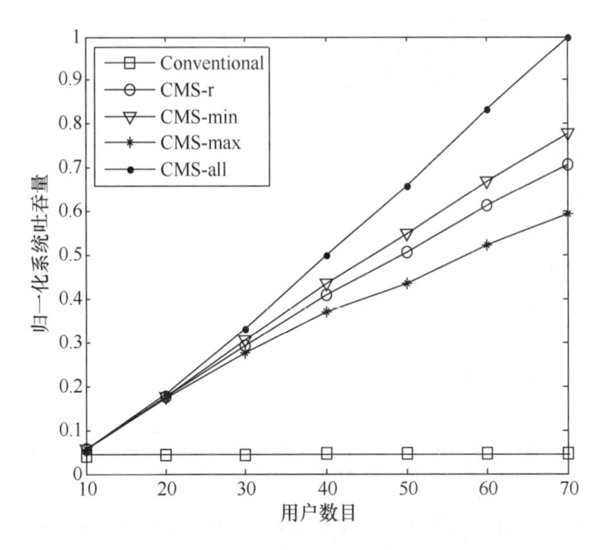

图7-12　Conventional, CMS-r, CMS-min, CMS-max和CMS-all机制的吞吐量vs用户数目

图7-12给出了系统吞吐量随着用户数目N变化的情况。设置功率控制因子$a=1$,根据(7.11)可以得到$E(m)=7$,也就是说,能够参与第二阶段传输的最大中继数目为7。从图7-12可以看出,Conventional算法的性能最差,而CMS-all算法在以第二阶段参与协作传输的中继功耗为代价的情况下能够获得最优的系统吞吐量性能。此外,基于功率控制的机制与传统多播机制相比,能够获得显著的吞吐量性能增益,而略低于CMS-all机制。在三种基于功率控制的不同中继选择机制中,可以明显看出,基于最小信噪比原则选择中继的方案对应的系统吞吐量性能最优,这充分验证了基于最小信噪比原则选择中继的有效性。比较CMS-all和CMS-r两种机制的吞吐量,可以看出,它们之间的性能差距随着用户数目的增加而增大。需要注意的是,当多播组内用户数目N不大于20时,CMS-all、CMS-r、CMS-min及CMS-max的吞吐量性能非常接近。这主要是由于当用户数目N不大于20时,第一阶段成功接收的用户数目通常不大于$E(m)$,大部分时间所有在第一阶段成功接收的M个用户都需要参与第二阶段的传输,因此这几种协作多播机制的吞吐量性能非常接近。

图7-13比较了Conventional、CMS-all及CMS-min机制的系统能耗与多播组内用户数目之间的关系。从图7-13可以看出,Conventional的能耗是一个常数值,CMS-all机制的能耗随着多播组内用户数目的增加而急剧增加。通过功率控制机制,CMS-min的能耗接近于Conventional机制的能耗。对比图7-12和图7-13,可以看出当多播组内的用户数目比较少时,CMS-all和CMS-min在吞吐

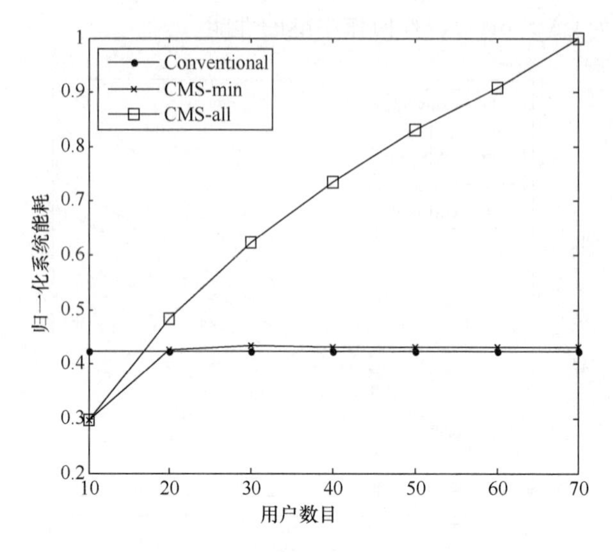

图 7-13 Conventional、CMS-all 和 CMS-min 机制对应的能耗 vs 用户数目

量和系统能耗方面都优于 Conventional 机制。当多播组内用户数目增加时，CMS-all 机制的吞吐量增加是以高的系统能耗为代价的。此外，可以看出 CMS-min 机制和 Conventional 机制相比，在几乎相同的系统能耗情况下，能够显著提升系统的吞吐量性能。因此，CMS-min 机制能够获得更好的能量效率。

当给定多播组内用户数目 N 为 60 的情况下，图 7-14 比较了 Conventional、CMS-all 和 CMS-min 机制获得系统吞吐量性能和功率控制因子 a 之间的关系。与图 7-12 一致，从图 7-14 可以看出，Conventional 在三种多播机制中获得的系统

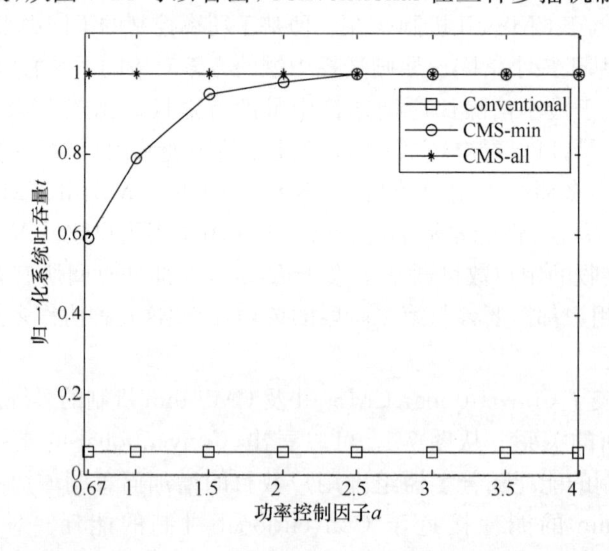

图 7-14 Conventional、CMS-all 和 CMS-min 机制的吞吐量 vs 功率控制因子 a

吞吐量性能最低而 CMS-all 获得最高的系统吞吐量。另一方面，CMS-min 机制的系统吞吐量性能随着功率控制因子 a 的增加而增加，这主要是由于第二阶段能够参与协作传输的中继数目 $E(m)$ 随着功率控制因子 a 的增加而增加。这意味着能够参与第二阶段传输的中继数目增多，因此，CMS-min 的系统吞吐量性能会得到相应改善。当功率控制因子 a 从 0.7 变化到 1.5 时，CMS-min 机制获得的系统吞吐量性能增益非常明显。然而，当功率控制因子 a 进一步增大时，系统吞吐量性能的改善变的已经不明显。

7.4　能量有效的终端协作多播技术

基于终端协作的多播传输技术在提高系统容量的同时，也给终端带来能耗大幅增加的问题。有研究表明，在现有的多播协作传输机制中，系统能耗随着参与协作的终端数目的增加呈线性增长[24]，这对依靠电池供电的移动终端来说是不可接受的。多媒体多播业务已经使终端的能耗越来越高，若协作多播传输机制又给终端带来额外的能耗，将进一步缩短终端待机时间，对移动终端的能耗管理带来了更大的挑战。

目前，针对能量效率的研究主要是针对传感器网络和单播协作场景的。例如，文献[27]考虑最大化系统的能量传输效率的调制编码方式；文献[28]研究了在传感器网络中主要由电池提供能量的网络节点的能量效率的最优传输策略，同时考虑发送和接收无线信号的能量；文献[29]从能量损耗的角度对协同增益进行了定义，并给出了中继位置与协同增益之间的关系；文献[30]同时考虑发射和接收信号处理能量损耗的前提下，研究了最大化能量效率的无线传输速率；文献[31]综合考虑双向中继蜂窝网络中的上下行业务不对称，基站、中继、用户的能量约束不同等特点，得到了协同传输的最大化能量效率的传输速率、协同蜂窝中的最优中继位置以及能量有效的协同传输区域。然而，在单播协作方式下，中继的个数或中继部署位置往往是固定的，而对于终端协作的多播方式，多播组内任何一个终端都有可能充当中继转发数据，终端可能分布在小区中的任何位置，并且参与的中继数目也是时刻在变化的，这种位置和数目上的不确定性，给终端协作多播的能量效率分析带来了很大的困难。下面以文献[32]，[35]为例，介绍协作多播的能量效率分析及相关的功率分配问题的研究思路。

7.4.1　终端协作多播能耗效率分析

两阶段协作多播的性能与诸多因素有关，例如第一阶段基站的传输功率、中继个数、用户密度、中继选择策略、接收端采用的信号合并方式等。因此，想要准确分析两阶段协作多播的性能非常困难。文献[32]重点关注两阶段协作多播中第一阶

段的基站功率 $P_{BS,C}$ 与系统总功耗之间的相互关系。

在进行能耗效率分析之前，文献[32]给出以下假设。首先，接收端采用基于平均接收信号强度的选择合并(SCA)策略，即单个未成功中继总是接收来自最近中继的信号，而忽略掉来自其他中继的信号。其次，小区中的用户密度假定为足够大。这是由于给定单个中继的传输功率 P_{MS}，系统总功率 P_{tot} 是由协作多播第一阶段中基站的发射功率和协作多播的第二阶段所选择的中继个数决定的，而中继个数与用户密度具有很大的关系。例如，当用户密度较小的时候，极端情况为小区中仅有一个用户，此时只能采用传统多播方式来保障覆盖，通过两阶段协作多播完全不能节省系统能耗；若假设小区中用户密度足够大，能够保障在小区中的任何位置周围的一个范围内，存在至少一个成功用户，从而使得在多播协作的第二阶段，任何位置都有成功用户可供选择，来充当中继。

1. 中继部署策略

基于小区中平均覆盖的思想，在协作多播的第二阶段，采用环形中继的部署策略。如图 7-15 所示，给定基站覆盖率阈值 C_{th}，当基站第一阶段的传输功率为 $P_{BS,C}$ 的时候，可以得到一个相应的覆盖半径 $R_{BS,C}$，满足在覆盖半径内的平均覆盖率达到给定的覆盖率阈值。在该区域内没有必要继续选择中继来保障其覆盖率，中继应该被部署在半径 $R_{BS,C}$ 到小区半径 R 之间的环形区域内。该环形区域被进一步划分成了若干个小的环形区域。每个环形区域的覆盖率在基站第一阶段的多播传输之后，都小于系统给定的阈值，并且越靠近小区边缘的区域，其第一阶段的覆盖率越低。我们期望在这些小的环形区域内部署中继(即选择相应的终端作为中继，以下称为中继)，以使其覆盖率达到给定的阈值。每个小的环形区域内的中继覆盖半径依次记录为 $R_{MS}(0)$，$R_{MS}(1)$，…。

经过两阶段协作多播传输之后，要保障小区中的覆盖率达到给定阈值 C_{th}，没有必要使得每个环形区域内的覆盖率都恰好等于给定阈值。某个环内的覆盖率可以小于给定阈值，只要其他环的覆盖率高于阈值，从而使得整个小区的平均覆盖率等于给定阈值。从用户公平性上来考虑，有必要要求每个环内的平均覆盖率都恰好等于给定的阈值 C_{th}。

此外，尽管单个中继的传输功率是固定的，单个中继的有效覆盖范围随着其距离基站的位置不同而不同。当中继靠近基站的时候，由于协作多播第一阶段的成功率已经非常高，所以需要达到给定覆盖率，所需要的来自中继的第二阶段的成功率就很小。需要的来自中继的成功率越小，单个中继的有效覆盖半径也就越大。因此，单个中继的有效覆盖半径随着其与基站的距离的增加而不断减小，距离基站越远的环形区域内，需要部署更多的中继。

假定单个中继覆盖区域的覆盖率等于包含该中继的环形区域的覆盖率，一共

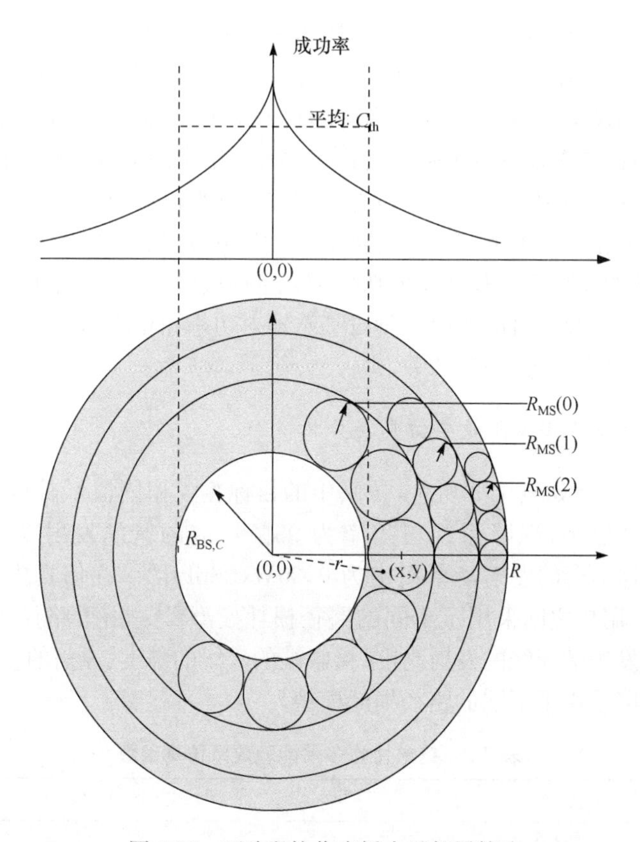

图 7-15　两阶段协作多播中继部署策略

有 M 个环形区域，并且标记第 i 个环中中继的覆盖半径为 $R_{MS}(i)$ ($i=0,1,\cdots,M-1$)，那么相应的单个中继的覆盖面积可以表示为 $S_{MS,i}=\pi R_{MS}^2(i)$，第 i 个环形区域的面积可以表示为

$$S_{Ring,i}=\pi\left(R_{BS,C}+2\sum_{j=0}^{i}R_{MS}(i)\right)^2-\pi\left(R_{BS,C}+2\sum_{j=0}^{i-1}R_{MS}(i)\right)^2$$

因此，要保障第 i 个环形区域内的覆盖率，所需在该环内部署中继的个数近似为

$$N(i)\approx\frac{S_{Ring,i}}{S_{MR,i}}=\frac{\left(R_{BS,C}+2\sum_{j=0}^{i}R_{MS}(i)\right)^2-\left(R_{BS,C}+2\sum_{j=0}^{i-1}R_{MS}(i)\right)^2}{R_{MS}^2(i)} \tag{7.13}$$

基于此，两阶段协作多播的总功率可以表示为

$$P_{tot}=P_{BS,C}\frac{T_1}{T}+\sum_{i=0}^{M-1}N(i)P_{MS}\frac{T_2}{T} \tag{7.14}$$

从式(7.14)可以看出，总功率是由协作多播第一阶段的基站功率 $P_{BS,C}$ 和第二阶段第 i 个环内所需要的中继个数 $N(i)$ 所决定，其中 $N(i)$ 是第 i 个环的半径 $R_{MS}(i)$ 的函数；$R_{MS}(i)$ 需要使得在第 i 个环内的用户满足在通过基站第一阶段多播和第二阶段协作多播联合覆盖下的覆盖率等于给定阈值 C_{th}，其中在第二阶段的协作多播中，环内的用户由距离其最近的理想中继来提供服务。

因此，在覆盖率约束下，$N(i)$ 也是基站发射功率 $P_{BS,C}$ 的函数，从而建立起两阶段协作多播的总功率与基站发射功率 $P_{BS,C}$ 的函数关系，通过数值搜索就可以找到最小总功率，以及其对应的第一阶段基站发射功率和相应的理想中继部署方案。具体分析过程可以参考文献[32]。

2. 终端协作多播能耗效率仿真与分析

系统仿真参数如表 7-3 所示，仿真中的目标覆盖率阈值 C_{th} 设定为 95%。在传统一阶段多播中，保障系统覆盖率为 95% 对应的基站发射功率为 33.88W (45.3dBm)，移动台的发射功率设定为 0.20W(23dBm)。在仿真中，对于基站到用户和中继与用户之间采用了不同的路径损耗模型[33]。由于路径损耗取决于诸多因素，例如发送端天线的发射高度、接收端的天线的高度、通信的参考距离、子载波频率等，所以采用了不同的路径损耗模型。

表 7-3　终端协作多播能耗效率仿真参数

载波频率	2.5G
带宽 B	10M
基站到用户的路径损耗 $\overline{PL}_{BS}$	$17.39+37.6\log_{10}(d[m])$/dB
用户到用户的路径损耗 $\overline{PL}_{MS}$	$37.78+37.6\log_{10}(d[m])$/dB
路径损耗因子 γ	3.76
传统多播基站功率 P_{BS}	45.3dBm
单个用户发射功率 P_{MS}	23dBm
噪声功率密度 N_0	−169dBm/Hz
覆盖率 C_{th}	95%
小区半径 R	1500m
多播速率 R_{one}	0.89bps/Hz

利用表 7-3 的仿真参数，根据式(7.14)，实现最小系统功率传输所对应的最优基站功率如图 7-16 所示。图 7-16 中基站功率 $P_{BS,C}$ 从 4W 变化到 64W。在不同基站功率下，需要的保障覆盖率为 95% 的中继个数如图 7-17 所示。可以看出，当基站功率从 4W 逐渐增加到 $P_{BS,C}=11.32$W 的时候，系统功率取得了最小值 19.2W。此时，整个小区被基站和三个环完全覆盖。三个环内分别部署 31,47 和

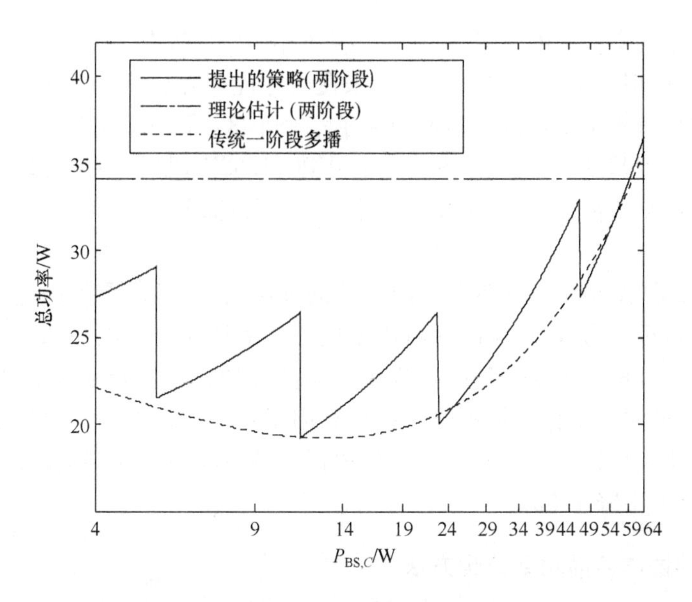

图 7-16　总功率与基站功率的相互关系

60 个中继，三个环内中继的覆盖半径依次为 $R_{MS}(0)=127.9$、$R_{MS}(1)=104.9$ 和 $R_{MS}(2)=94.0$ 米，所以需要的总的中继个数为 138 个。如图 7-16 所示，当基站的发射功率进一步增加的时候，总功率消耗也在上升。值得注意的是，总功率与基站功率 $P_{BS,C}$ 的相互关系曲线并不是光滑的，而是呈现出了锯齿形。例如，当基站功率 $P_{BS,C}=6\text{W}$ 的时候，整个小区可以被基站和 4 个环形完全覆盖，一共需要 190 个

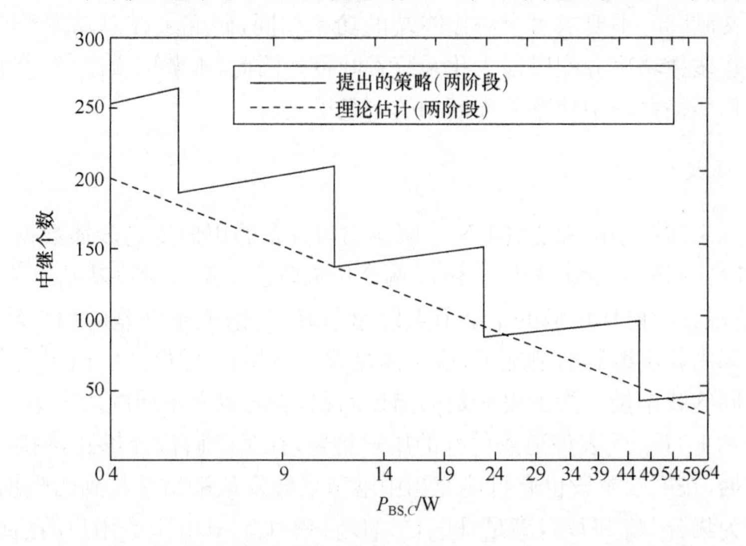

图 7-17　保障覆盖率条件下所需中继个数与基站功率的关系

中继。当基站功率上升的时候，基站覆盖半径在增大，从 $R_{BS,C}$ 到 R 之间的环形区域面积在下降，但是仍然需要 4 个环形来覆盖才能保障整个小区的覆盖为 95%。由于基站与部署 4 个环形的覆盖面积大于整个小区，导致部分中继的功率实际上被浪费了。随着基站功率 $P_{BS,C}$ 进一步上升到 11.32W，整个小区恰好能够被基站和 3 个环形区域所覆盖，一共需要 138 个中继，所以需要的中继个数和总功率迅速下降。

文献[32]还给出了总功率与中继个数的理论估计，可以看到理论估计与提出的策略非常接近。另外，传统的一阶段多播的功率消耗也被画在图 7-16 中，可以看到在保障小区覆盖率为 95%时，提出的两阶段协作多播能够降低总功耗超过 40%，原因是两阶段协作多播策略有效地利用了路径损耗增益。与传统的基站到用户的通信距离相比，中继与未成功用户的通信距离较短。此外，由于协作中继的加入，基站功率下降了 80%。

7.4.2　终端协作多播功率分配方法

现代移动通信系统的无线资源多种多样，包括功率资源、时间资源、频率资源和空间资源[34]。非协作下的多播资源分配技术已经在第五章进行了详细的介绍。在协作多播中，协作终端之间功率资源的分配是研究的重点，因此主要讨论终端协作多播功率分配算法。文献[23]研究了两种基于 MRC 合并的协作多播机制，分析了分布式和固定位置放置中继方式下的平均中断概率性能，在总功率给定的情况下，研究了基站和中继的优化功率分配方案，但其中为每个中继分配的功率都是相同的。文献[35]不要求每个协作终端的功率相同，研究了在总功率约束条件下的终端协作多播功率分配以最大化系统吞吐量。因此，本节以文献[35]为代表，描述终端协作多播系统中功率分配问题的研究思路。

1. 系统模型

基站位于圆形小区中心，向 N 个服从均匀分布的用户传输多播数据。传统的多播传输时间间隔 t 被划分为 t_1 和 t_2 两个传输阶段。第一阶段基站以速率 R_1 传输，第二阶段参与协作传输的中继节点以速率 R_2 为信道条件差的用户转发数据。在不考虑采用分层编码的情况下，应该满足 $R_1t_1=R_2t_2$，即保证多播组内所有用户接收到相同的数据量。为了更清楚的描述问题，首先定义不同的用户集合。

定义 7.1　U_g 代表信道条件好的用户集合，在第一阶段能够正确接收到基站传输的数据，在第二阶段也有可能充当中继节点转发从基站接收到的数据。U_g 进一步划分为集合 U_{gh} 和 U_{gl}，满足 $|U_{gh}|+|U_{gl}|=|U_g|$，U_{gh} 中的用户的信道条件优于 U_{gl} 中的用户。U_{gh} 中的用户不参与第二阶段的传输，U_{gl} 中的用户充当中继节点参与第二阶段的传输，其中 $|\cdot|$ 表示集合的势，即集合中元素的个数。

定义 7.2　U_b 代表信道条件差的用户集合，在第一阶段不能成功解码基站传输的数据，在第二阶段需要 U_g 中的用户充当中继为其转发从基站接收到的数据。

本节描述过程中涉及的主要符号及其含义如表 7-4 所示。

表 7-4　CMS-PA 所涉及的参数

符号	含义
N	多播组中总的用户数目，$\|U_g\|+\|U_b\|=N$
R_1	第一阶段的平均速率
R_2	第二阶段的平均传输速率
t	传统传输时间间隔
t_1	第一阶段传输时间
t_2	第二阶段传输时间
U_g	第一阶段成功接收的用户集合
U_{gh}	第一阶段成功接收但不参与协作传输的用户集合
U_{gl}	第一阶段成功接收参与协作传输的用户集合
U_b	第一阶段未成功接收的用户集合

在两阶段协作的第一阶段，基站以功率 P_{bs} 进行数据的发送，假定用户 i 在第一阶段的信噪比和数据速率分别为 $g_{i,1}$ 和 $r_{i,1}$，根据香农公式可得 $r_{i,1}=\log_2(1+g_{i,1})$。定义第一阶段覆盖率为 C，表示第一阶段基站传输时能够正确接收的用户数目占总用户数目 N 的比例。假定 $|U_g|=L$，即第一阶段有 L 个用户能够成功接收到数据。显然有

$$C=L/N \tag{7.15}$$

为了更具体的说明问题，假定基站在每个传输时刻开始之前，通过上行信道反馈可以获得 N 个接收多播业务的用户的信道条件 $G=\{g_{i,1},g_{i,2},\cdots,g_{i,N}\}$，通过计算出 N 个用户对应的最大可达速率并进行排序 $r_{(1),1}\geqslant r_{(2),1}\geqslant\cdots\geqslant r_{(L),1}\geqslant\cdots\geqslant r_{(N),1}$，符号 $r_{(i),1}$ 中下标(i)表示排序后第 i 个位置处对应集合$\{1,2,\cdots,N\}$中的用户索引值。根据给定的覆盖率定义，基站在第一阶段的传输速率 R_1 可以表示为

$$R_1=r_{(L),1} \tag{7.16}$$

给定第一阶段的传输速率 R_1，则用户 i 在第一阶段能够成功解码必须满足以下条件，即

$$r_{i,1}\geqslant R_1 \tag{7.17}$$

则第一传输阶段内，系统获得的总吞吐量 S_1 可以表示为

$$S_1=|U_g|R_1 \tag{7.18}$$

在两阶段协作多播中，假定在每个调度时刻开始之前，基站和所有用户及任意两个用户对之间的信道条件都是可以获得的，并且在整个调度时间间隔 t 内保持

不变。集合U_{gl}中的用户会全部参与到第二阶段的传输中，假定各协作节点之间能够实现理想同步。因此，对于用户 $i_j \in U_b$，它在第二阶段的接收信号 $y_{i_j,2}$是由$|U_{gl}|$个中继节点广播的信号的叠加，可以表示为

$$y_{i_j,2} = \sum_{i_l \in U_{gl}} \sqrt{P_{ue,i_l} (d_{i_j,i_l})^{-\eta}} h_{i_j,i_l} x + n_{i_j} \tag{7.19}$$

其中，符号 $y_{i_j,2}$中的下标 i_j 和 2 分别表示集合 U_b 中的一个用户 i_j 和第二个传输阶段；参数 d_{i_j,i_l}是参与协作的中继节点 $i_l \in |U_{gl}|$ 和用户 $i_j \in |U_b|$ 之间的距离；P_{ue,i_l}是参与协作传输的终端的发射功率，用户 $i_l \in |U_{gl}|$ 和用户 $i_j \in |U_b|$ 之间的信道衰落$\{h_{i_j,i_l}\}$；路径衰落因子 η，背景噪声为 n_{i_j}。

因此，采用 MRC 合并技术，则用户 i_j 在第二阶段的接收信噪比 $g_{i_j,2}$可以表示为

$$g_{i_j,2} = \frac{\sum_{i_l \in U_{gl}} P_{ue,i_l} |h_{i_j,i_l}|^2 (d_{i_j,i_l})^{-\eta}}{N_0} \tag{7.20}$$

则在第二传输阶段，用户 $i_j \in U_b$ 在单位带宽上能够获得的最大可达速率可以表示为

$$r_{i_j,2} = \log_2(1 + g_{i_j,2}) \tag{7.21}$$

参与协作传输的中继节点的发射功率需要满足以下约束，即

$$\begin{aligned} &\sum_{i_l \in U_{gl}} P_{ue,i_l} + P_{bs} \leqslant 2P \\ &P_{ue,i_l} \leqslant P_{ue,max} \end{aligned} \tag{7.22}$$

其中，$P_{ue,max}$ 为终端的最大发射功率，文献[35]取 $P = P_{bs}$，则 $\sum_{i_l \in U_{gl}} P_{ue,i_l} \leqslant P_{bs}$。

令 $\gamma = \min_{i_j \in U_b} g_{i_j,2}$表示 U_b 中最差信道条件用户对应的接收信噪比，为了保证多播组内所有用户都能正确接收到数据，则速率 R_2 应满足以下条件，即

$$R_2 = \log_2(1+\gamma) \tag{7.23}$$

则第二传输阶段内，系统获得的总吞吐量 S_2 可表示为

$$S_2 = |U_b| R_2 \tag{7.24}$$

2. 功率分配算法

在给定总的系统功率限制为 $2P$ 的情况下，由式(7.23)和式(7.24)得出系统在传输时间 t 内获得的总吞吐量 S 可以表示为

$$\begin{aligned} S = S_1 + S_2 &= |U_g| R_1 + |U_b| \min_{i_j \in U_b} \left(\log_2 \left(1 + \frac{\sum_{i_l \in U_{gl}, i_j \in U_b} P_{ue,i_l} |h_{i_j,i_l}|^2 (d_{i_j,i_l})^{-\eta}}{N_0} \right) \right) \\ &= |U_g| R_1 + |U_b| R_2 = |U_g| R_1 + |U_b| \log_2(1+\gamma) \end{aligned} \tag{7.25}$$

则求解的目标函数可以表示为

$$\begin{aligned}&\max_{P_{\mathrm{ue},i_l},i_l\in U_{\mathrm{gl}}} S\\&\mathrm{s.t.}\sum_{i_l\in U_{\mathrm{gl}}}P_{\mathrm{ue},i_l}\leqslant P_{\mathrm{bs}}\\&0\leqslant P_{\mathrm{ue},i_l}\leqslant P_{\mathrm{ue,max}},\quad i_l\in U_{\mathrm{gl}}\end{aligned}\tag{7.26}$$

从式(7.17)和式(7.18)容易看出,当第一阶段的覆盖率 C 取值给定时,第一阶段的传输速率 R_1 是一常数值,即第一阶段的吞吐量 S_1 是常数值。因此,总吞吐量 S 仅受限于第二阶段传输速率 R_2,即集合 U_b 中信道条件最差的用户。显然,由式(7.23)已得出 R_2 是 γ 的单调递增函数,因此原优化问题可以转化为

$$\begin{aligned}&\max_{P_{\mathrm{ue},i_l},i_l\in U_{\mathrm{gl}}} \gamma\\&\mathrm{s.t.}\sum_{i_l\in U_{\mathrm{gl}}}P_{\mathrm{ue},i_l}\leqslant P_{\mathrm{bs}}\\&0\leqslant P_{\mathrm{ue},i_l}\leqslant P_{\mathrm{ue,max}},\quad i_l\in U_{\mathrm{gl}}\end{aligned}\tag{7.27}$$

其中,γ 表示集合 U_b 中的最差信道条件用户在第二阶段的接收信噪比。

式(7.27)对应的求解目标是如何确定协作集合 $|U_{\mathrm{gl}}|$ 的大小,并且在 $|U_{\mathrm{gl}}|$ 集合中的终端之间分配功率,尽可能提升集合 $|U_b|$ 中最差信道条件用户的接收信噪比。

式(7.27)是一个典型的组合优化问题,为了得到全局最优解,计算复杂度很高。借鉴 OFDM-MIMO 系统中资源分配问题求解的常用思路,文献[35]将其分解为确定集合 U_{gl} 大小和功率分配两个子问题,以下将详细说明。

(1) 子问题 1:确定集合 U_{gl}

为了解除确定集合 U_{gl} 大小和功率分配问题之间的耦合,在确定集合 U_{gl} 阶段,先假定参与协作传输的中继节点具有相同的功率,即 $P_{\mathrm{ue},i_l}=P_{\mathrm{bs}}/|U_{\mathrm{gl}}|$。如果 $P_{\mathrm{ue},i_l}>P_{\mathrm{ue,max}}$,则令 $P_{\mathrm{ue},i_l}=P_{\mathrm{ue,max}}$,算法详细步骤如下。

步骤 1,算法输入。

$$G=\{g_{i,1},g_{i,2},\cdots,g_{i,N}\}$$

U_g:第一阶段成功接收的用户集合,初始化为空集。

U_b:第一阶段未成功接收的用户集合,初始化为空集。

U_{gl}:用户存放从 U_g 中挑选出的用户集合,初始化为空集合。

L:第一阶段的覆盖的目标用户数目。

步骤 2,计算 N 个用户在第一阶段单位带宽上的可达速率 $r_{i,1}$。

步骤 3,对计算出 N 个用户对应的单位带宽上的最大可达速率按从大到小的顺序进行排列,不失一般性,$r_{1,1}\geqslant r_{2,1}\geqslant\cdots\geqslant r_{L,1}\geqslant\cdots\geqslant r_{N,1}$。

步骤 4,按照式(7.16),确定基站第一阶段的传输速率 R_1。

步骤5，根据确定的速率R_1，按照式(7.17)划分集合$U_g=\{1,2,\cdots,L\}$和$U_b=\{L+1,L+2,\cdots,N\}$。

步骤6，构建集合$S_1=\{1\},S_2=\{1,2\},\cdots,S_L=\{1,2,\cdots,L\},S_1\subset S_2\subset\cdots\subset S_L$。

步骤7，从$l=1$到L，重复以下步骤。

第一，根据$P_{\mathrm{ue},i_l}=P_{\mathrm{bs}}/|S_l|$，计算出第二阶段参与中继节点的发射功率。

第二，按照式(7.20)计算集合U_b中$(N-L)$个用户在第二阶段的接收信噪比$g_{i_j,2}$。

第三，根据$\gamma_l=\min\limits_{i_j\in U_b}g_{i_j,2}$，计算给定协作集为$S_l$时，集合$U_b$中用户在第二阶段的最差接收信噪比。

步骤8，由$\hat{l}=\arg\max\limits_{l\in\{1,2,\cdots,L\}}\gamma_l$，求解最佳的协作集$S_{\hat{l}}=\{1,2,\cdots,\hat{l}\}$。

步骤9，令$U_{\mathrm{gl}}=S_{\hat{l}}$。

(2) 子问题2：功率分配

确定协作集合U_{gl}大小阶段，假设参与协作传输的中继节点具有相同的发射功率，会造成系统容量损失。为尽量提升集合U_b中信道条件最差用户的接收信噪比γ，式(7.27)对应的优化问题可以转化为

$$
\begin{aligned}
&\max_{P_{\mathrm{ue},i_l},i_l\in U_{\mathrm{gl}}}\gamma\\
&\text{s.t.}\sum_{i_l\in U_{\mathrm{gl}}}P_{\mathrm{ue},i_l}\leqslant P_{\mathrm{bs}}\\
&\sum_{i_l\in U_{\mathrm{gl}}}P_{\mathrm{ue},i_l}h_{i_l,i_j}-s_{i_j}=\gamma,\quad i_j\in U_b\\
&0\leqslant P_{\mathrm{ue},i_l}\leqslant P_{\mathrm{ue,max}},\quad i_l\in U_{\mathrm{gl}}\\
&s_{i_j}\geqslant 0,\quad i_j\in U_b
\end{aligned}
\tag{7.28}
$$

其中，s_{i_j}为松弛变量。

式(7.28)对应的问题为典型的线性规划问题可以采用单纯形法[36]求解。

3. 仿真结果与分析

文献[35]提出的协作多播功率分配算法包括等功率分配(cooperative multicast scheme with equal power allocation，CMS-EPA)和优化功率分配(cooperative multicast scheme with optimal power allocation，CMS-OPA)。

在仿真实验中，假定用户均匀分布在小区中。基站和UE的最大发射功率分别设置为43dBm和34.8dBm。系统其他参数设置如表7-5所示。

表 7-5　系统参数设置

参数	值
中心载频	2.5GHz
系统带宽	10MHz
基站传输功率	43dBm
终端最大传输功率	34.8dBm
噪声功率	−128dBm
路径损耗因子 η	4
小区半径	8km
覆盖率 C	0.6
传输时间间隔 T	1ms

首先,图 7-18 给出了平均中继数目随着用户数目 N 变化的情况。从图 7-18 可以看出,CMS-EPA 算法中平均参与中继的数目远远大于 CMA-OPA 算法。比较 CMS-EPA 和 CMS-OPA 两种算法的平均中继数目,可以看出它们之间的差距随着用户数目的增加而增大。需要注意的是,当多播组内用户数目 N 不大于 20 时,CMS-EPA 和 CMS-OPA 的平均参与中继数目非常接近,这主要是由于当用户数目 N 不大于 20 时,大部分时间,所有在第一阶段成功接收的 M 个用户都需要参与第二阶段的传输,因此这几种算法中平均中继数目非常接近。当用户数目大于 20 时,两者之间的差距越来越大。当用户数目为 100 时,CMS-EPA 需要的平均中继数目为 46,而 CMS-OPA 仅为 21,充分说明 CMS-OPA 算法通过合理的功率分配机制,能够有效避免信道条件好的终端盲目参与协作传输而造成额外的功率浪费问题。

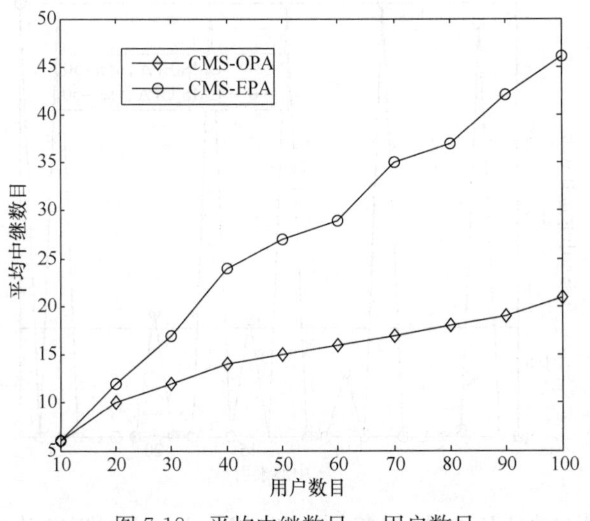

图 7-18　平均中继数目 vs 用户数目

接下来,图 7-19 给出了单位带宽上的系统吞吐量随着用户数目 N 变化的情况。从图 7-19可以看出,CMS-OPA 算法较 CMA-EPA 算法能够获得更高的单位带宽上的吞吐量,两者之间的性能差距随着用户数目 N 的增加而不断增大。当多播组内用户数目为 100 时,系统的吞吐量性能增益为 25%。结合图 7-18 和图 7-19 可以看出,CMS-OPA 机制尤其适合多播组内用户数目比较多的情况。

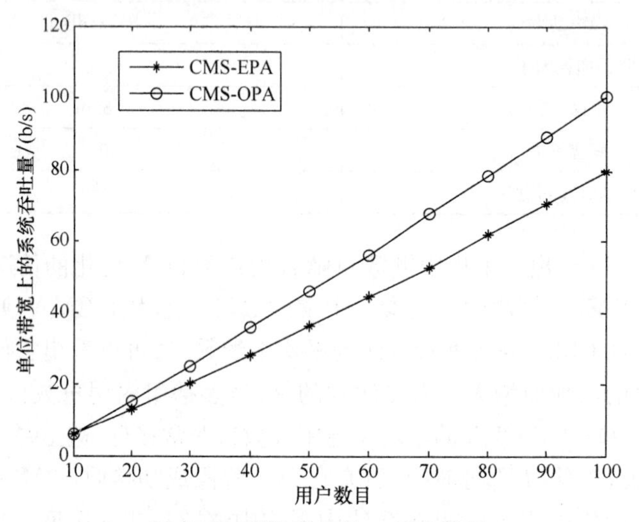

图 7-19 系统吞吐量 vs 用户数目

最后,图 7-20 和图 7-21 给出了多播组内用户数目为 50 和 100 时,CMS-EPA 和 CMS-OPA 算法中中继功率分配情况。

从图 7-20 和图 7-21 可以看出,在 CMS-EPA 算法中,每个中继平均分配的功

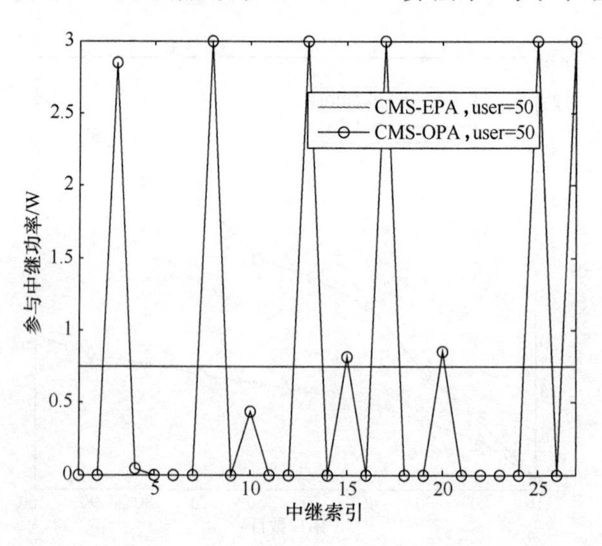

图 7-20 用户数目为 50 时, CMS-EPA 和 CSM-OPA 对应的中继功率分配情况

率是常数值,并且随着多播组内用户数目 N 的增加而减少。当用户数目为 50 时,参与中继的数目为 27 个,因此每个中继所分配的功率为 0.75W,而用户数目为 100 时每个中继的平均功率为 0.44W。在 CMS-OPA 算法中,当用户数目为 100 时,实际参与的中继数目为 21 个,但只有其中 9 个中继分配到的功率多于 CMS-EPA,而剩余的 12 个中继的功率都远低于 CMS-EPA 算法下的功率分配值。仿真结果说明,CMS-OPA 算法可以有效避免中继节点盲目占用功率发送数据的情况。

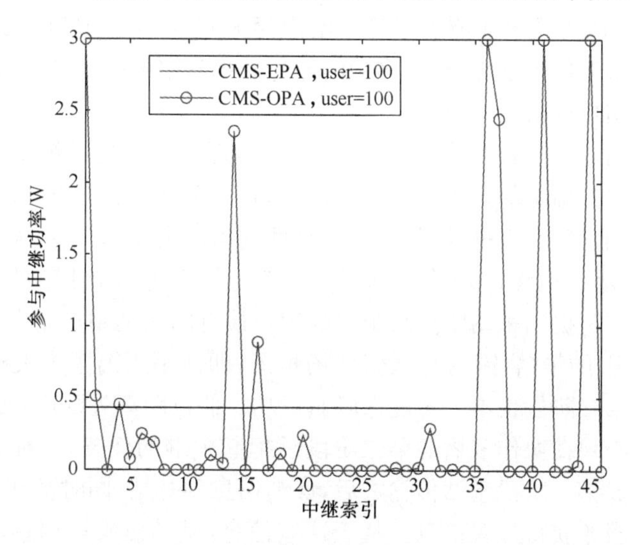

图 7-21　用户数目为 100 时,CMS-EPA 和 CSM-OPA 对应的中继功率分配情况

7.5　自适应多播传输技术

尽管协作多播的能耗效率已经被证明在很多情况下优于传统多播,但是关于协作多播能耗效率是否总能优于传统多播仍然是个问题。终端协作多播的能耗效率受小区中用户个数的影响很大。当小区中用户个数较少时,协作多播的路径损耗增益和分集增益较小,其性能可能会差于传统多播。因此,有必要研究在用户密度较小时终端协作多播的能耗效率,以选择合适的协作条件,充分发挥终端协作多播的优势。文献[37]对低密度条件下终端协作多播性能进行了研究,提出一种尽最大努力服务的中继选择策略,并获得在该策略下的两阶段协作多播用户数目的下界。当用户数目小于该下界的时候,在提供相同服务的条件下,两阶段协作多播的能耗会大于传统多播的能耗,应该选择传统多播方式为用户提供服务。本节基于文献[37],详细描述自适应多播传输技术。

7.5.1 用户密度的影响分析

假定在协作多播的第二阶段有 M 个中继，如果两阶段协作多播比传统多播更加节能，那么两阶段协作多播的总功耗应该满足 $P_{\mathrm{BS},C}T_1+MP_{\mathrm{MS}}T_2\leqslant P_{\mathrm{BS}}T$。因此，基站的发射功率应该满足 $P_{\mathrm{BS},C}\leqslant P_{\mathrm{BS}}T/T_1-\mathrm{MP}_{\mathrm{MS}}T_2/T_1$。另外，由于第二阶段的中继个数大于0，所以 $P_{\mathrm{BS},C}<P_{\max}=P_{\mathrm{BS}}T/T_1$ 是基站功率的上界。设定 $P_{\mathrm{BS},C}=P_{\max}$ 并且两阶段协作多播覆盖率等于给定阈值 $C_{\mathrm{CM}}=C_{\mathrm{th}}$，从而可以得到用户个数的下界。若小于这个下界，传统多播的能耗效率肯定更高，所以应该采用传统多播方式为小区用户提供服务。

当小区下用户个数较小的时候，应该设计合理的中继选择策略。由于成功用户和非成功用户都稀疏的散落在整个小区内，那么一个中继能够同时覆盖多个失败用户的概率相对较小。另外，从服务公平性的角度出发，无论该失败用户分布在小区中心，还是小区边缘，那么每个失败用户都应该获得一个中继的服务来保障它的成功。文献[37]提出采用距离某个失败用户最近的成功用户充当中继。这是一种尽力服务(TB)的策略，因为在低密度场景下，即使是距离某个失败用户最近的中继在传输的第二阶段也不一定能保障其成功。假设距离失败用户最近的那些成功用户已知其必须在协作多播的第二阶段承担起中继的任务，一种可行的策略是成功用户在完成第一阶段基站传输之后，反馈信息到基站，同时基站依靠基于终端或者网络侧的服务获得位置信息。基于这些信息，基站侧决策哪些成功用户应当在协作多播的第二阶段充当中继。TB 策略在低密度场景下可以更好地提供覆盖，因为在 TB 机制下，距离失败用户最近的成功用户总是充当中继。在 TB 策略下，平均需要的中继个数可以近似为在协作多播第一阶段失败用户的个数，即

$$\overline{M}_{\mathrm{MR}}=N(1-C_{\mathrm{CM},1})\tag{7.29}$$

需要注意的是，当小区下的用户个数增大时，多个失败用户可能会处在单个中继的覆盖范围内，上面获得的中继个数会偏大，因此得到的理论中继个数是实际中继个数的上界。

给定任意基站发射功率和小区下的用户个数，采用尽最大努力服务的中继选择策略，即某个失败用户由距离其最近的成功用户充当中继，来为该失败用户提供第二阶段的协作多播服务，这样就可以求解得到两阶段协作多播的覆盖率。在给定用户个数 N 的条件下，可以得到唯一的满足覆盖率约束的基站功率 $P_{\mathrm{BS},C}(N)$。令 $P_{\mathrm{BS},C}=P_{\max}$，可以得到相应的用户个数 N_{LB}，该用户个数即为两阶段协作多播的用户个数下界。此时，基站发射功率 $P_{\mathrm{BS},C}^{*}$ 也可以求解出来，利用中继个数的估计值 $\overline{M}_{\mathrm{MR}}$，两阶段协作多播的总功耗可以表示为

$$P_{\mathrm{tot}}=P_{\mathrm{BS},C}^{*}\frac{T_1}{T}+\overline{M}_{\mathrm{MR}}P_{\mathrm{MS}}\frac{T_2}{T}\tag{7.30}$$

7.5.2 性能分析与仿真

系统参数如表 7-6 所示，其中目标覆盖率设定为 95%，传统多播基站发射率设定为 20W(43dBm)，中继功率设定为 0.13W(21dBm)。由于是等时隙划分，最大发射功率 $P_{max}=2P_{BS}=40W$。对于协作多播的第二阶段，采用 SCA 与 MRC 结合的策略。如 7.4 节所述，SCA 是指用户仅接受距离其最近的中继发来的信号，MRC 是进行第一阶段和第二阶段接收信号的最大比合并。此外，图 7-22～图 7-25 中的点划线是传统多播方案的性能曲线。

表 7-6　系统参数

载波频率	2.5G
系统带宽	10M
基站到用户路径损耗常数 A_1	2.36e-2
终端到终端路径损耗常数 A_2	4.19e-4
路径损耗因子 γ	4
传统多播基站发射功率 P_{BS}	43dBm
终端发送功率 P_{MS}	21dBm
噪声功率谱密度 N_0	−174dBm/Hz
覆盖率 C_{th}	95%
小区半径 R	1500m
多播速率 R_{one}	0.45(b/s/Hz)

采用 SCA 与 MRC 相结合的信号接收策略，两阶段协作多播的覆盖率在给定用户个数 N 的条件下是基站功率 $P_{BS,C}$ 的函数。图 7-22 给出了当用户个数 N 分别为 2、30、60 时，覆盖率随着基站功率的变化情况。从图 7-22 可以看到，随着基站功率的上升，覆盖率迅速上升，当覆盖率高于 95% 的时候，随着基站功率的继续上升，覆盖率上升变缓。因此，保障更高覆盖率将会消耗更高的能耗。为了保障小区 95% 的覆盖率，在用户个数分别为 2、30、60 的场景下，需要的基站功率分别为 46、33 和 23W。基站功率随着用户个数的上升，大幅下降。这是因为参与到协作中的中继个数逐渐增大，越来越多的失败用户通过协作传输保障了覆盖率。具体的数值计算过程详见参考文献[37]。

当基站功率设定为最大值 $P_{BS,C}=P_{max}=40W$ 时，在不同用户个数 N 下的覆盖率如图 7-23 所示。从图 7-23 中可以看到，覆盖率随着用户个数的增大而增加。为了保障 95% 的覆盖率需求，两阶段协助多播所需要的中继个数最小为 12，因此两阶段协作多播的用户个数下界为 12。

另外，采用 TB 中继选择策略的两阶段协作多播总功率如图 7-24 所示，可以

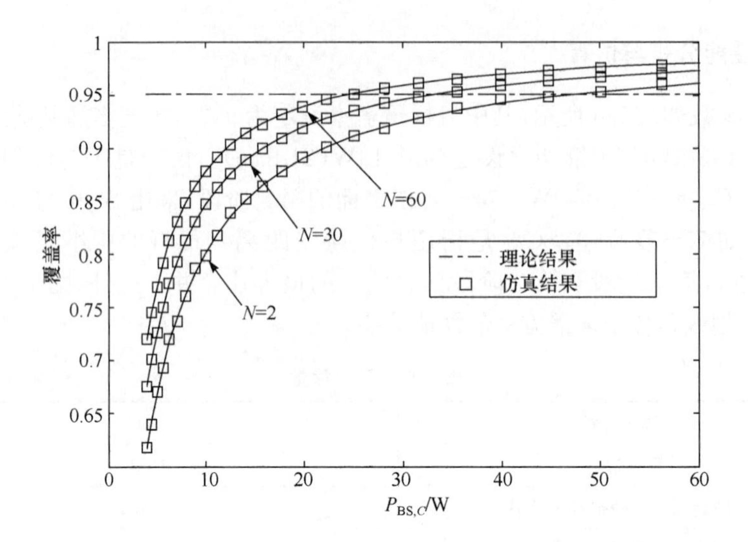

图 7-22　在不同用户个数 N 的条件下覆盖率与基站功率关系

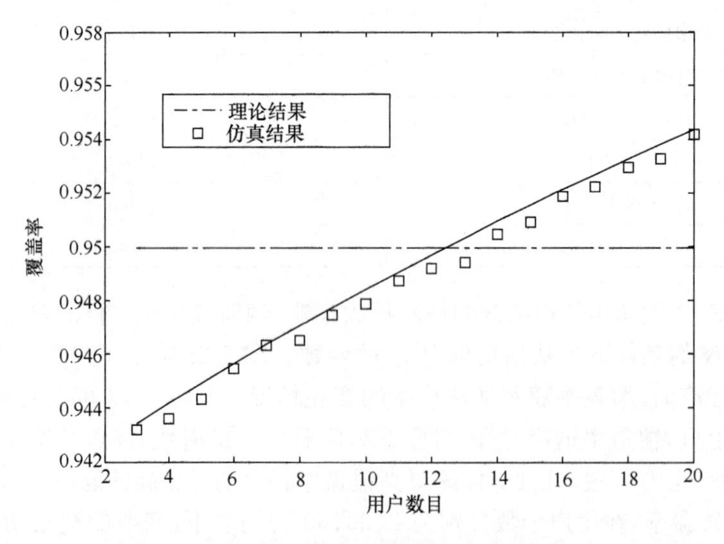

图 7-23　两阶段协作多播用户个数下界

看出理论估计值与仿真结果比较吻合。尽管估计得到的中继个数$\overline{M}_{MR}$随着用户个数 N 的上升会成为中继个数的上界，但是在低密度场景下，可以看到估计结果与仿真结果偏差很小。

图 7-25 是两阶段协作多播在不同信号合并方式下的性能对比。考虑三种不同的信号合并策略组合，分别是 SCA、SCA 与 MRC 合并，以及 CPC 与 MRC 结合。可以看到，当用户个数从 10 增大到 100 的时候，系统总功率得到了大幅下降。当采用 SCA 信号合并方式的时候，只有当用户个数超过 24 的时候，两阶段协作多

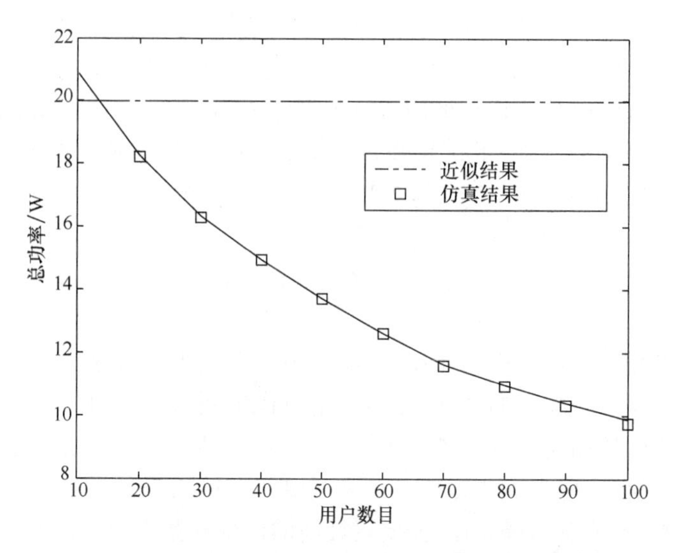

图 7-24　在不同用户个数下 TB 策略的系统总功率

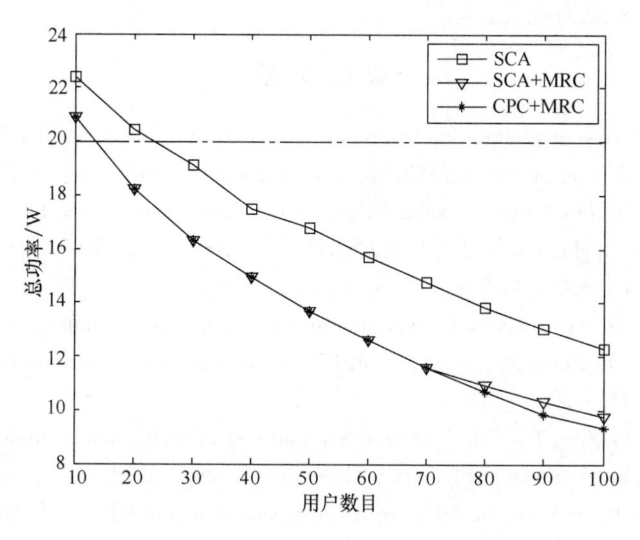

图 7-25　不同信号合并方式下的仿真结果

播才比传统多播更加节能。当 MRC 被引入之后,只需要 13 个用户。一般而言,采用 SCA 与 MRC 结合的方案与不考虑 MRC 合并可以节省大约 2W。同时,当用户个数小于 70 时,SCA 与 MRC 结合的信号处理方式与 CPC 跟 MRC 结合的方式性能基本相同。当用户个数大于 70 的时候,CPC 性能逐渐高于 SCA。这是因为当用户个数很小的时候,所有用户稀疏的散落在整个小区中,成功用户与失败用户的距离可能比较远。对于某个失败用户而言,即使其能够合并来自所有中继的信号,除了最近的一个中继的影响,其他中继对于性能提升的贡献微乎其微,所以可以忽略。随着中继个数的增加,中继与失败用户之间的距离逐渐减小,CPC 的影响逐渐增大。当用户个数较小的时候,CPC 与 SCA 信号合并方式的性能差距很小,同时 SCA 与 MRC 结合的信号合并方式作为 CPC 与 MRC 结合方式的性能下界,同样也可以被用来近似 CPC 与 MRC 信号合并的方式。

7.6 小　结

本章重点介绍终端协作多播技术,即利用终端充当中继来为其他用户提供多播服务。本章从协作多播的基本概念,常用协作机制入手,对协作集合的选择,协作多播的系统能耗和功率分配进行了详细阐述。最后,对于密度因素的影响进行了探讨,并提出自适应多播传输技术。终端协作多播技术是近年来才发展起来的一种多播技术,与传统多播相比,需要设计新的信令和基于位置的服务来支持较高的系统性能。随着 3GPP 中终端直接通信方向标准化进程的推进,终端协作多播技术有望在未来成为现实。

参 考 文 献

[1] Suh C, Mo J. Resource allocation for multicast services in multicarrier wireless communications[J]. IEEE Transactions on Wireless Communications, 2008, (1): 27-31.

[2] Shi J, Qu D, Zhu G. Utility maximization of layered video multicasting for wireless systems with adaptive modulation and coding[C]//Communications . icc. ieee International Conference on. IEEE, 2006: 5277-5282.

[3] Ozbek B, Ruyet D L, Khiari H. Adaptive resource allocation for multicast OFDM systems with multiple transmit Antennas[C]//IEEE International Conference on Communications. IEEE, 2006: 4409-4414.

[4] Li P, Zhang H, Zhao B, et al. Scalable video multicast in multi-carrier wireless data systems [C]//IEEE International Conference on Network Protocols. IEEE, 2009: 141-150.

[5] Xu J, Lee S, Kang W, et al. Adaptive resource allocation for MIMO-OFDM based wireless multicast systems[J]. IEEE Transactions on Broadcasting, 2010, 56(1): 98-102.

[6] Sendonaris A, Erkip E, Aazhang B. User cooperation diversity part I and part II[J]. Communications IEEE Transactions on, 2003, 51(11): 1927-1938.

[7] 郑侃,彭岳星,龙航,等. 协作通信及其在 LTE-Advanced 中的应用[M]. 北京:人民邮电出版社,2010.

[8] Cover T, Gamal A E. Capacity theorems for the relay channel[J]. IEEE Transactions on Information Theory, 1979, 25(5): 572-584.

[9] Laneman J, Tse D, Wornell G. Cooperative diversity in wireless networks: efficient protocols and outage behavior[J]. IEEE Trans. Inf. Theory, 2004, 50(12): 3062-3080.

[10] Janani M, Hedayat A, Hunter T. Coded cooperation in wireless communications: space-time transmission and iterative decoding[J]. Signal Processing IEEE Transactions on, 2004, 52(2): 362-371.

[11] 罗涛,郝建军,乐光新. 多用户协同通信与感知技术[J]. 中兴通讯技术,2009,1:57-62.

[12] Nosratinia A, Hunter T E, Hedayat A. Cooperative communication in wireless networks[J]. Communications Magazine IEEE, 2004, 42(10): 74-80.

[13] Brennan D G. Linear diversity combining techniques[J]. Proceedings of the IEEE, 2003, 91(2): 331-356.

[14] Liu X, Raza S, Chuah C, Cheung G. Network coding based cooperative peer-to-peer repair for wireless multimedia broadcast[C]//Communications . icc. ieee International Conference on. IEEE, 2008: 2153-2158.

[15] Jin J, Li B. Cooperative multicast scheduling with random network coding in WiMAX[C]// International Workshop on Quality of Service, 2009: 1-9.

[16] Fan P, Zhi C, Wei C, et al. Reliable relay assisted wireless multicast using network coding [J]. Selected Areas in Communications IEEE Journal on, 2009, 27(5): 749-762.

[17] 3GPP 36. 913 v11. 0. 0. Requirements for further advancements for Evolved Universal Terrestrial Radio Access (E-UTRA) (LTE-Advanced)[S]. 2012.

[18] Alamouti S. A simple transmit diversity technique for wireless communications[J]. Selected Areas in Communications IEEE Journal on, 1998, 16(8): 1451-1458.

[19] Vahid T, Hamid J, Calderbank A R. Space-time block codes from orthogonal designs[J]. IEEE Trans. Inform. theory, 1999, 45(5): 1456-1467.

[20] Coso A, Simeone O, Barness Y, et al. Outage capacity of two-phase space-time coded cooperative multicasting[C]//Circuits Systems and Computers . conference Record Asilomar Conference on. IEEE, 2006: 666-670.

[21] Jakllari G, Krishnamurthy S, Faloutsos M, et al. On the broadcasting with cooperative diversity in multi-hop wireless networks[J]. Selected Areas in Communications IEEE Journal on, 2007, 25(2): 484-496.

[22] Niu B, Hai J, Zhao H. A cooperative multicast strategy in wireless networks[J]. Vehicular Technology IEEE Transactions on, 2010, 59(6): 3136-3143.

[23] Zhao H, Su W. Cooperative wireless multicast: performance analysis and power/location optimization[J]. Wireless Communications IEEE Transactions on, 2010, 9(6): 2088-2100.

[24] Hou F, Cai L, Ho P H, et al. A cooperative multicast scheduling scheme for multimedia services in IEEE 802. 16 networks[J]. Wireless Communications IEEE Transactions on, 2009, 8(3): 1508-1519.

[25] Guan N, Zhou Y, Liu H, et al. An energy efficient cooperative multicast transmission scheme with power control[C]//IEEE Global Telecommunications Conference. IEEE, 2011: 1-5.

[26] Hou F, Cai L X, She J, et al. Cooperative multicast scheduling scheme for IPTV service over IEEE 802. 16 networks [C]//ICC. IEEE International Conference on. IEEE, 2008:

2566-2570.

[27] Cui S, Goldsmith A, Bahai A. Energy-constrained modulation optimization[J]. IEEE Trans. on Wireless Communications, 2005, 4:2349-2360.

[28] Cui S, Goldsmith A, Bahai A. Energy-efficiency of MIMO and cooperative MIMO techniques in sensor networks[J]. Selected Areas in Communications IEEE Journal on, 2004, 22(6): 1089-1098.

[29] Simic L, Berber S, Sowerby K. Energy-efficiency of cooperative diversity techniques in wireless sensor networks[C]//IEEE International Symposium on Personal, Indoor & Mobile Radio Communications. IEEE, 2007: 1-5.

[30] Miao G, Himayat N, Li Y. Energy-efficient design in wireless OFDMA[C]//IEEE International Conference on Communications, 2008: 3307-3312.

[31] Yang W, Li L, Wu G. Joint uplink and downlink relay selection in cooperative cellular networks[C]//Vehicular Technology Conference, IEEE 38th, 2010: 1-5.

[32] Zhou Y, Liu H, Pan Z, et al. Two-stage cooperative multicast transmission with optimized power consumption and guaranteed coverage[J]. Selected Areas in Communications IEEE Journal on, 2014, 32(2): 274-284.

[33] Mark J, Zhang W. Wireless Communications and Networking[M]. New York: Prentice Hall, 2003.

[34] 田霖. OFDM-MIMO 系统中面向多播业务的无线资源分配算法研究[D]. 北京:中国科学院计算技术研究所博士学位论文,2012.

[35] 关娜. 基于终端协作的多播传输关键技术研究[D]. 北京:中国科学院计算技术研究所博士学位论文,2013.

[36] 周品,赵新芬. MATLAB 数学建模与仿真[M]. 北京:国防工业出版社,2009.

[37] Zhou Y, Liu H, Pan Z, et al. Energy efficient two-stage cooperative multicast based on device to device transmissions: effect of user density[J]. IEEE Trans on Wireless Communication, 2014, 32(2): 274-284.

第8章　通信与广播系统融合技术与实践

8.1 引　言

电信网、广播电视网、计算机网是现代信息传输的三大基础网络。长期以来，这三种网络都是独立经营与发展的，其网络结构、传输技术及所支撑的应用各不相同。然而，随着IP及宽带无线通信技术的迅猛发展，以及用户业务需求的多样化、用户终端功能的综合化等趋势，三网融合已经成为未来网络发展的必然方向。三网融合并不是指三大网络的物理合一，而是指电信网、计算机网、广播电视网打破各自界限，在业务应用方面进行融合。三个网络在技术上趋向一致，网络层面实现互联互通，业务层面互相渗透和交叉，有利于实现网络资源最大程度的共享[1]。

国内外政府和产业界都对三网融合投入了极大的热情。我国制定的"十五计划"中特别指出："加强现代信息基础设施建设，抓紧发展和完善国家高速宽带传输网络，加快入户网建设，促进电信、电视、计算机三网融合"[2]，并在"十一五计划"中进一步强调："加强宽带通信网、数字电视网和下一代互联网等信息基础设施建设，推进三网融合"[1]，2006～2020年国家信息化发展战略中也提出："要加快改革，从业务、网络和终端等层面推进三网融合"。国外通过制定电信与有线电视实现双向业务准入等政策，促进了三网融合业务的快速发展。例如，加拿大在1999年颁布了《新媒体豁免令》，将新媒体定义为利用因特网传播广播电视的媒体，此类媒体可以免于申请许可证。在该政策的鼓励下，2006年年底，加拿大IPTV(交互式网络电视)用户数达25万，用户市场份额达17%。

目前，三网融合主要体现在网络层和应用层，即基于IP技术在核心网层面上实现互联互通，在业务层面上趋于提供语音＋数据＋视频的全业务组合。移动互联网、IPTV等模式是计算机网与电信网、广播电视网的成功融合，已经得到了广泛的应用，而电信网与广播电视网的融合步伐却相对缓慢。因此，本章将重点介绍通信与广播系统融合的技术与方案，探寻电信网与广播电视网融合的途径。

8.2 广播与通信融合方案综述

广播与通信系统各有特点，如广播系统有丰富的频谱资源，单个基站覆盖范围大。同时，单向传输特性使得其系统实现较为简单、系统开销小，但不能满足用户的个性化需求，在用户认证、计费等方面支持不足。通信系统为双向传输，支持加密和身份认证，但频谱资源不足，不能很好地支持多媒体业务。广播与通信系统的融合既能发挥广播系统频谱资源丰富和频谱资源利用率高的特点，又能利用通信系统的双向传输的优势，为广播系统提供灵活可靠的回传路径，是未来无线通信系统的一个重要发展方向。

广播与通信融合的主要产物是手机电视，即利用各类移动便携式终端收看广播电视节目及接收相关的信息服务。随着大屏幕智能手机、平板电脑的普及，手机电视必将成为促进电信网与广播电视网融合的契机。目前，手机电视主要有三种传输方式，即基于地面数字广播、基于卫星数字广播、基于移动通信网络。

8.2.1　基于地面数字广播的手机电视

基于地面数字广播的手机电视，即在原有为地面数字广播电视设计的技术基础上，针对终端的移动性加以改进成为手机电视技术，使用的频率一般为广播电视频段。例如，欧洲的 DVB-H、美国高通主推的 Media FLO、韩国的 T-DMB、中国的 CMMB 等。下面以 CMMB 和 DVB-H 为例对该类传输方式进行说明。

1. CMMB

中国移动多媒体广播（china mobile multimedia broadcasting，CMMB）是国内自主研发的第一套面向多种移动终端的系统，利用 S 波段卫星信号实现天地一体覆盖、全国漫游，利用地面覆盖网络进行城市人口密集区域有效覆盖，支持 25 套电视节目和 30 套广播节目，传输技术采用 STiMi 技术。

如图 8-1 所示，在 CMMB 的系统构成中，CMMB 信号主要由 S 波段卫星覆盖网络和 UHF 波段地面覆盖网络实现信号覆盖。S 波段卫星覆盖全国范围，在地面采用增补的方式进行卫星盲区的补点，由地面增补网络转发器将 Ku 波段信号转为 S 波段发送到 CMMB 终端。此外，为实现城市人口密集区域移动多媒体广播电视信号的有效覆盖，采用 UHF 波段地面无线发射构建城市 UHF 波段地面覆盖网络。终端还可以利用地面双向通信网建立回传通道，从而支持双向交互功能。

CMMB 标准体系包括《移动多媒体广播 第 1 部分：广播信道帧结构、信道编码和调制》、《移动多媒体广播 第 2 部分：复用》、《移动多媒体广播 第 3 部分：电子业务指南》、《移动多媒体广播 第 4 部分：紧急广播》、《移动多媒体广播 第 5 部分：数据广播》、《移动多媒体广播 第 6 部分：条件接收》、《移动多媒体广播 第 7 部分：接收解码终端技术要求》、《移动多媒体广播 第 8 部分：复用器技术要求和测量方法》、《移动多媒体广播 第 9 部分：卫星分发信道帧结构、信道编码和调制》、《移动多媒体广播 第 10 部分：安全广播》等一系列标准。

CMMB 广播信道支持的带宽为 8MHz 和 2MHz，采用 OFDM 技术。物理层处理过程如图 8-2 所示，输入数据流经过前向纠错编码、交织和星座映射后，与离

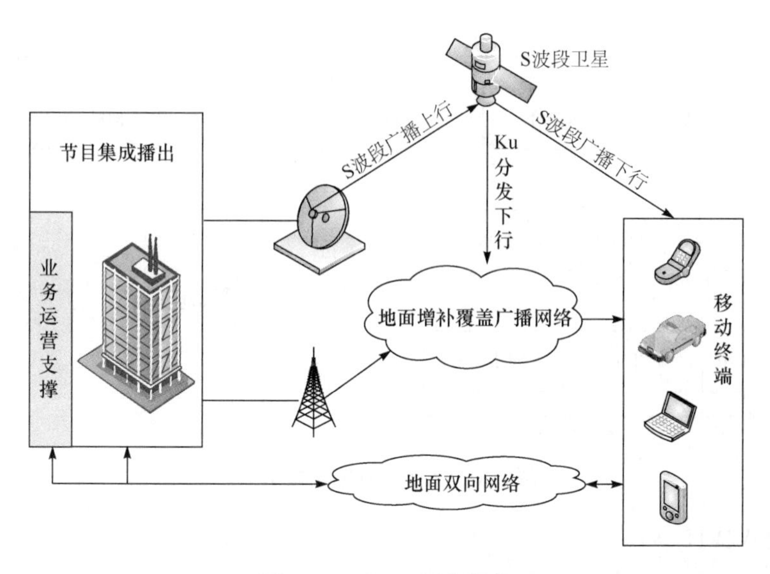

图 8-1　CMMB 网络架构

散导频和连续导频复接在一起进行 OFDM 调制,插入帧头后形成物理层信号帧,再经过基带至射频变换后发射。调制方式包括 BPSK,QPSK 和 16QAM,物理层可支持的净数据率为 0.4～16Mb/s。

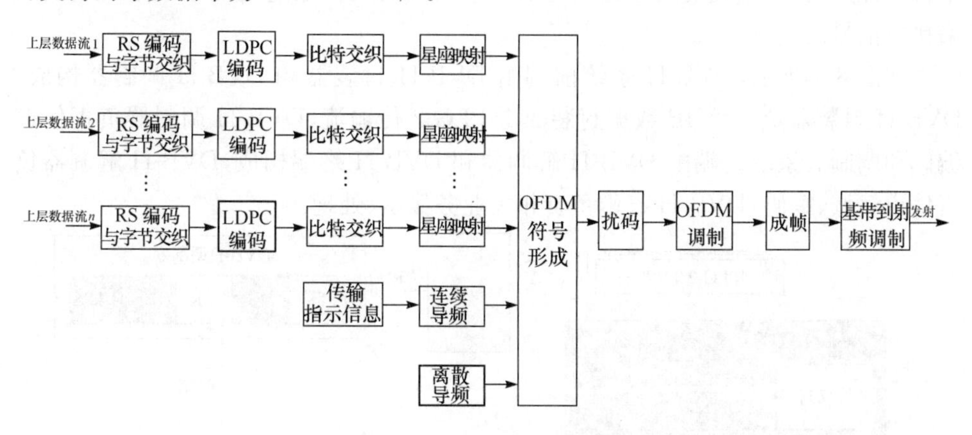

图 8-2　CMMB 物理层处理框图[3]

物理层帧长度为 1 秒,包含 40 个时隙;每个时隙长度为 25ms,包含 1 个信标和 53 个 OFDM 符号;信标结构包括发射机标识(TxID)以及 2 个相同的同步信号,如图 8-3 所示。OFDM 符号由循环前缀和 OFDM 数据体构成。OFDM 符号长度为 460.8μs,OFDM 数据体长度为 409.6μs,循环前缀长度为 51.2μs。发射机标识信号、同步信号和相邻 OFDM 符号之间,通过保护间隔相互交叠。

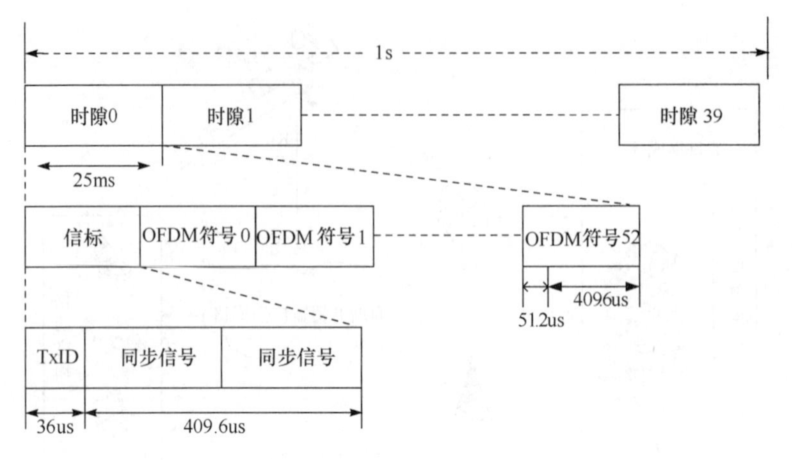

图 8-3　CMMB 物理层帧结构

2. DVB-H

DVB-H(digital video broadcasting-handheld)是 DVB 组织为通过地面数字广播网络向手持终端提供多媒体业务所制定的传输标准。该标准是 DVB-T 标准的扩展应用，通过增加一定的附加功能和改进技术，使其具有低功耗、移动接收和抗干扰等优良性能，因此适用于移动电话等小型便携设备通过地面数字电视广播网络接收信号。

如图 8-4 所示，DVB-H 系统前端由 DVB-H 封装器和 DVB-H 调制器构成，DVB-H 封装器负责将 IP 数据封装成 MPEG-2 传输流，DVB-H 调制器负责信道编码和调制。系统终端由 DVB-H 解调器和 DVB-H 终端构成，DVB-H 解调器负责信道解调、解码，DVB-H 终端负责相关业务显示、处理。

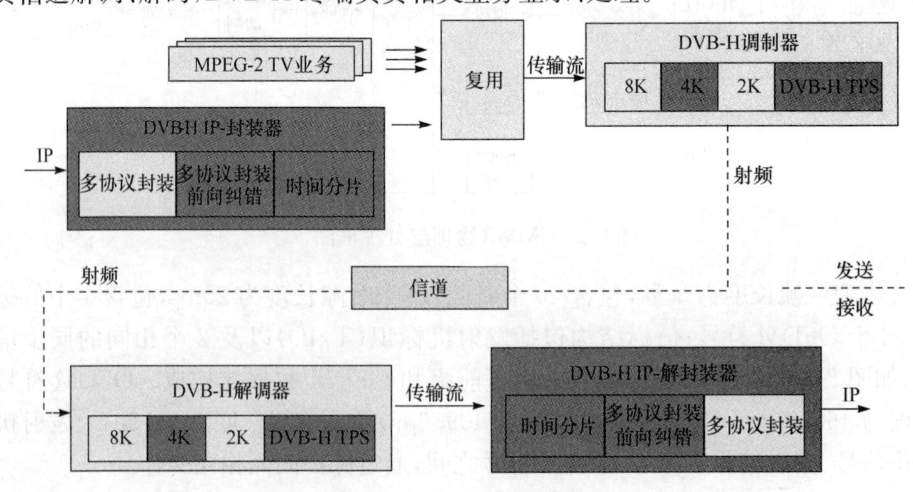

图 8-4　DVB-H 信号处理过程

DVB-H 标准只定义了数据链路层和物理层。数据链路层采用时间分片技术，用于降低手持终端的平均功耗；采用多协议封装前向纠错(MPE-FEC)技术，以提高终端移动过程中的信噪比阈值和多普勒性能，同时也能增强抗脉冲干扰的能力。物理层在 DVB-T 的基础上，增加了 4K 传输模式和深度符号交织等内容，可以适应移动接收特性和单频网蜂窝的大小，提高网络设计、规划的灵活性。2K 和 4K 模式进行深度符号交织，进一步提高系统的鲁棒性。此外，DVB-H 标准在传输参数信令比特中增加了 DVB-H 信令(DVB-H TPS)，蜂窝标识在 TPS 中指示，用于支持移动接收时的快速信号扫描和频率交换。DVB-H 的信号处理过程如图 8-4所示。下面重点介绍其采用的时间分片及 MPE-FEC 技术。

(1) 时间分片(time slicing)

时间分片是在比特率较高的突发中传送数据时采用的一种策略。在两个突发之间，没有数据被传送，因此接受机只需要在一些离散的时间内保持工作状态，按要求接受突发，从而节省接收机的能量。突发的大小应该小于接收机的内存，这样接收机在收到一个突发后就可以把数据缓存在内存里，以便在突发之间提供给上层应用读取。图 8-5 给出了时间分片中突发的参数。突发大小(burst size)是指一个突发中网络层比特数。网络层比特数由分段(MPE 或 MPE-FEC 分段)净荷组成。突发带宽(burst bandwidth)是指传送突发时，时间分片原始流占用的带宽。固定带宽(constant bandwidth)是不使用时间分片时原始流所要求的平均带宽。Off-time 是两个突发之间的没有传送包的时间。

在业务传送时间片内，该业务将独占全部突发带宽，并指出下一个相同业务时间片产生的时刻。由于在每一个时间片上使用全部的系统带宽来传送数据，因此每一时间片的持续时间很短，接收机大部分时间可以处于待机或关闭状态，从而大大地降低了终端的平均功耗。

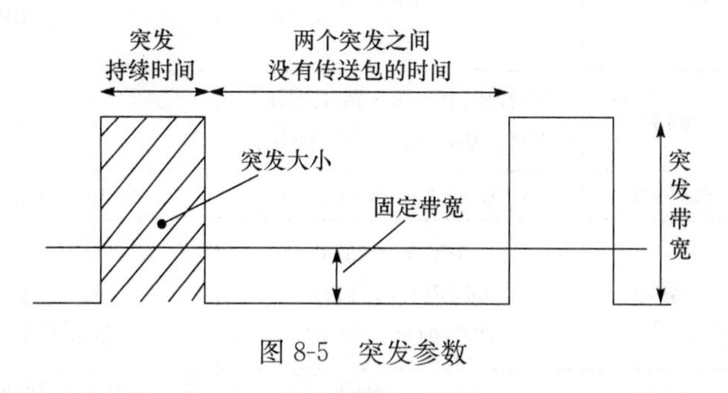

图 8-5　突发参数

(2) 多协议封装-前向纠错(MPE-FEC)

若只采用 MPE 技术，在速率高或信噪比低的时候，移动信道会产生较高的丢包率。因此，DVB-H 引入了 MPE-FEC 技术。前向纠错采用里德-所罗门(Reed-Solomon，RS)编码。DVB-H 通过 MPE-FEC 技术，对欲发送的 IP 数据通知 RS 编码器进行编码，并结合时间交织将编码后的数据在时间轴上交错分散传送。MPE-FEC 技术将 IP 数据依序写入存储设备中，每一格的单位为位元组，其编码方式为对每一“列”分别执行 RS 编码，再以“行”为顺序依次输出数据位元组且封装成 MPE 部分，而 RS 位元组则被封装成 FEC 部分，让原本彼此形成码字的各个位元组在时间轴上被分散传输，达到时间交织的效果。与 DVB-T 相比较，MPE-FEC 技术提高了移动信道中信噪比门限和多普勒性能，同时也能增强抗脉冲干扰的能力[4]。

8.2.2 基于卫星数字广播的手机电视

基于卫星数字广播的手机电视主要通过卫星提供下行传输，具有代表性的标准为卫星数字多媒体广播(satellite-digital multimedia broadcasting，S-DMB)。目前，S-DMB 在技术实现上有两种方式，日韩 S-DMB 以数字声音广播为基础，主要使用国际电联分配给卫星声音广播业务的频段；欧洲 S-DMB 基于 OFDM 技术，主要使用国际电联分配给卫星移动业务的频段。因此，决定了日韩 S-DMB 属于卫星广播业务，欧洲 S-DMB 属于卫星移动业务。表 8-1 给出了两种系统的主要参数对比[5]。

表 8-1 日韩 S-DMB 与欧洲 S-DMB 系统参数对比表

		日韩 S-DMB 系统	欧洲 S-DMB 系统
标准组织		ITU-R bo. 1130-4 E	3GPP
FEC		RS	RS
传输		CDM	OFDM
音频编码	编码方式	MPEG AAC+ MUSICAM BSAC	MPEG AAC+ MP3
	码率	CD 音质：192Kb/s 或 128Kb/s FM 音质：48Kb/s～128Kb/s	—
视频编码	编码方式	MPEG-4 Part10 (H. 264)	MPEG-4 Part10 (H. 264)
	分辨率	CIF(352×288) QCIF(176×144) QVGA(320×240)	CIF(352×288) QCIF(176×144) 低分辨率(128×96)
	码率	5Kb/s～384Kb/s	384Kb/s、128Kb/s、64Kb/s

下面以日韩 S-DMB 系统为例进行介绍。图 8-6 为日韩 S-DMB 的系统结构，由广播中心、广播卫星、补点器、卫星控制站和用户终端组成。从广播中心发射出来的 S 波段(2.6GHz)码分复用(code division multiplexing，CDM)信号和 Ku 波

段(14GHz)时分复用(time division multiplexing,TDM)信号经广播卫星(mobile broadcast satellite,MBSAT)功率放大后转发到地球表面。开阔区域的用户可以直接接收 S 波段信号,遮挡区域的用户只能接收来自补点器的 S 波段信号。补点器有再生中继型和直接转发型,可分别接收来自卫星的 Ku 波段信号和 S 波段信号。再生中继型补点器将接收到的 Ku 波段 TDM 信号转化成 S 波段 CDM 信号发射,直接转发型补点器将接收到的卫星 S 波段信号放大功率后发射出去。卫星控制站可通过 Ku 波段的调频/调相信号对广播卫星 MBSAT 进行控制,并分析来自 MBSAT 的状态信息和故障情况[6]。

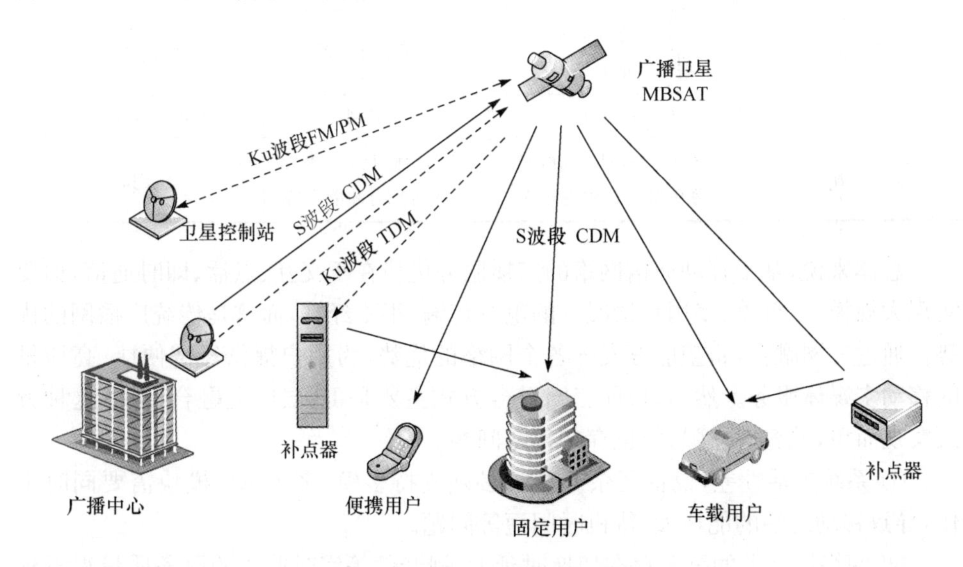

图 8-6 日韩 S-DMB 系统结构

8.2.3 基于移动通信网络的广播服务

基于移动通信网络的广播服务,即通过移动通信网的下行信道提供广播业务,其所使用的频率仍然为移动通信系统所在频段。标准包括 3GPP 的 MBMS,3GPP2 的 BCMCS,802.16 的 MBS 等。本书在前面的章节已经详细介绍了 3GPP 的 MBMS 等相关标准,此处不再赘述。

8.2.4 广播与通信融合方案对比与分析

表 8-2 给出基于地面数字广播、基于卫星数字广播及基于移动通信网络三类手机电视方案的主要特点的比较[7]。

表 8-2 手机电视方案比较

对比项 \ 分类	基于地面数字广播（DVB-H 为例）	基于卫星数字广播（日韩 S-DMB 为例）	基于移动通信网络（MBMS 为例）
典型工作频率	UHF/VHF 频段，L 波段（470-700MHz 最佳）	S 波段(2630-2655MHz)	3G 频段
主导运营商	广电	广电	移动运营商
承载技术	COFDM	CDM/TDM	WCDMA\TD-SCDMA
信道编码	外 RS 编码，内纠错编码	卷积交织＋RS 码	卷积码\Turbo 码
覆盖方式	大功率地面发射塔＋地面转发器	卫星＋补点器	蜂窝覆盖
组网方式	单频网	单频网	蜂窝组网\单频网
支持交互能力	下行广播，只有与蜂窝系统等结合才能支持	下行广播，只有与蜂窝系统等结合才能支持	支持

总体来说，基于移动通信网络的广播服务优势在于交互、点播、即时通信，但要实现大规模、广覆盖、多用户情况下的电视传输，很不经济，而这是传统广播网的优势。通过三网融合，希望能够发挥各个网络的优势，为用户提供经济便捷、高质量的移动多媒体服务。然而，目前三网融合方式主要是 IP 层以上融合，虽然这种方式实现简单，兼容性性强，但也存在很多问题。

① 系统灵活性差，设备冗余。终端必须支持多模，多个 RF 模块需要同时工作，导致移动终端的能耗大，待机时间短等问题。

② 网络层之上的融合存在切换时延大，视音频等实时业务的服务质量得不到保证。

只有实现 IP 层以下，即在链路层和物理层的融合，才能从根本上解决以上问题。因此，国家信息技术标准化技术委员会组织中国电子技术标准化研究院、中国科学院上海微系统与信息技术研究所、中国科学院计算技术研究所、清华大学、西安西电捷通通信有限公司等单位，制定了宽带无线多媒体系统(broadband wireless multimedia，BWM)系列标准，支持 300MHz～3GHz 频段的相关设备和系统部署，从应用层、网络层、链路层、物理层实现宽带无线接入与广播网的彻底融合，主要特点如下。

① 在网络层、应用层的融合。BWM 系统是基于全 IP 的，具有统一接入和应用界面的高效网络，使人们能在任何时间和地点，以一种可接受的费用和质量，安全地享受多种方式的信息应用及服务。

② 在物理层、链路层的融合。广播和数据通信采用同样的物理层技术，如 OFDM 等，这样不需要多个射频模块，降低了终端能耗。尤其是，当采用全小基站

模式，广播和数据业务采用同样的蜂窝基站发射。

下面对 BWM 标准进行详细的介绍。

8.3　宽带无线多媒体系统概述

8.3.1　网络架构[8]

BWM 系统融合了广播和宽带无线接入功能，可以基于统一的运维支撑平台支持不同的业务，网络系统结构如图 8-7 所示。

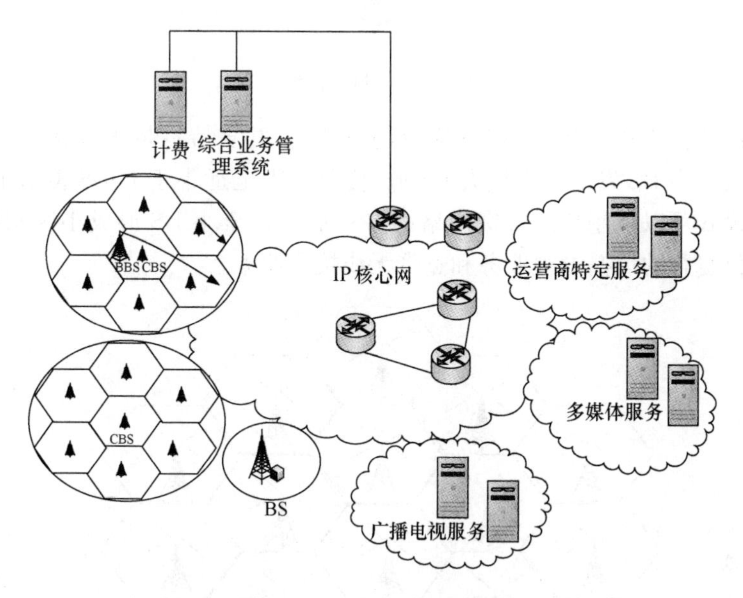

图 8-7　BWM 网络系统结构

在无线接入网络结构方面，BWM 网络考虑广播网络和宽带无线接入网络的组网特征，支持传统广播电视网络的大区制覆盖模式、以蜂窝组网为特征的小区制覆盖模式，以及混合覆盖模式。

1. 大区制覆盖模式

如图 8-8 所示，大区制覆盖模式全部由广播 BS(broadcast BS，简称大 BS 或 BBS)完成网络覆盖。大 BS 只用于广播信号发送，覆盖范围广，发射功率满足广播发射规范要求。若运营商仅仅选择运营广播电视业务时，大区制覆盖模式是最适当的方案。

2. 小区制覆盖模式

以小 BS(cellular BS，简称小 BS 或 CBS)构成的小区制覆盖模式，如图 8-9 所

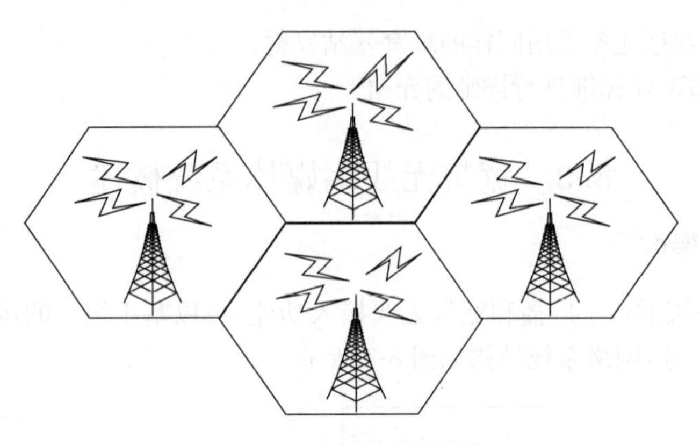

图 8-8 大区制覆盖模式

示。小区制覆盖模式全部由小 BS 完成网络覆盖，并支持宽带无线接入、广播、混合运营模式。小 BS 发射功率比大 BS 低，覆盖范围也远小于大 BS 覆盖范围。小区制覆盖模式可以重用传统蜂窝网络的 BS 站址，以全小 BS 形成小区制覆盖，同样可以提供复合的广播电视业务和宽带无线接入业务。

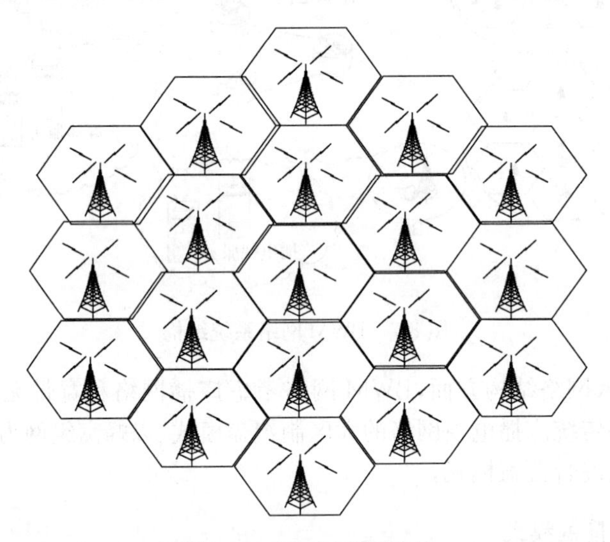

图 8-9 小区制覆盖模式

3. 混合覆盖模式

以大 BS 和小 BS 构成的混合覆盖模式，如图 8-10 所示。混合覆盖模式采用大 BS 和小 BS 重叠覆盖，且大 BS 和小 BS 的部署频率不同，大 BS 仅发射广播电视业务，小 BS 可根据运营需要用于宽带无线接入或同时直接广播和宽带无线接入。大 BS 和小 BS 发送的广播节目内容可以相同，也可以根据覆盖和分配需要而不同。

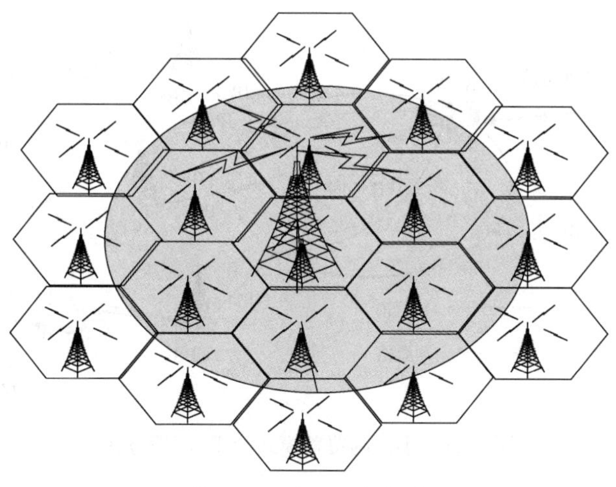

图 8-10　混合覆盖模式

8.3.2　广播业务融合方案

在 BWM 系统中，BS 可以向终端(SS)提供单向广播与双向数据通信的服务。BBS 或具有广播功能的 CBS 提供对广播业务的支持。BWM 系统支持的广播业务融合方式包括全 IP 广播方案和广播传输流方案，下面分别介绍。

1. 全 IP 广播方案

在 BWM 系统中，全 IP 广播方案可以运行在大区制覆盖模式(只包含单一 BBS)、混合覆盖模式(包含 BBS 和 CBS)或小区制覆盖模式(只包含单一 CBS)下。单一 CBS 全 IP 广播方案将是 BWM 系统广播融合业务的主要应用场景。

图 8-11 和图 8-12 分别是在小区制覆盖模式和混合覆盖模式下的全 IP 广播方案。图中指示了广播业务流(广播节目数据和节目控制信息)经广播网关(简称 BGW)进入 BWM 系统的 IP 核心网，路由至具有广播功能的 BS 端(BBS 或 CBS)，最后由 BS 发向 SS。SS 运行 IP 协议栈接收广播业务分组数据，进而递交给上层应用程序处理。

2. 广播传输流方案

广播传输流(broadcasting transport stream，BTS)是指传统广播 MPEG-2 TS 及其他各种形式的广播业务传输流的统称，包括传统卫星/有线/地面/广播网络所承载的广播视音频、多媒体数据及节目控制信息等。在 BWM 系统中，广播传输流方案可以运行在大区制覆盖模式、混合覆盖模式、或小区制覆盖模式下。混合覆盖模式下的广播传输流方案是 BWM 系统广播融合业务的主要应用场景。

图 8-13 和图 8-14 分别是在小区制覆盖模式和混合覆盖模式下的广播传输流

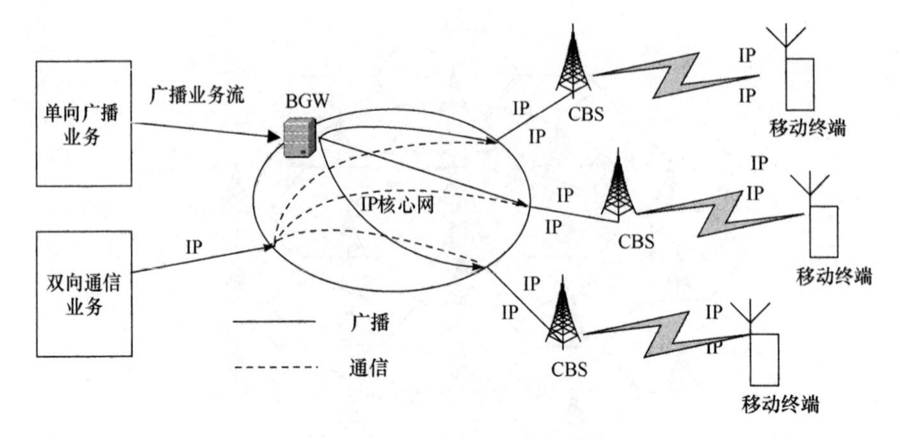

图 8-11　小区制覆盖模式全 IP 广播方案

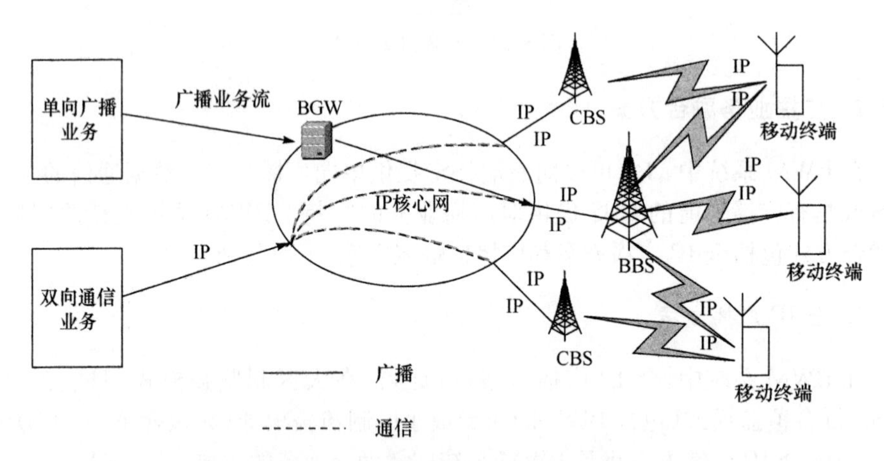

图 8-12　混合覆盖模式全 IP 广播方案

方案。BTS 经广播网发向具有广播功能的 BS 端(BBS 或 CBS),最后由 BS 发向 SS。SS 分别接收广播业务 BTS 和双向通信数据 IP 分组。

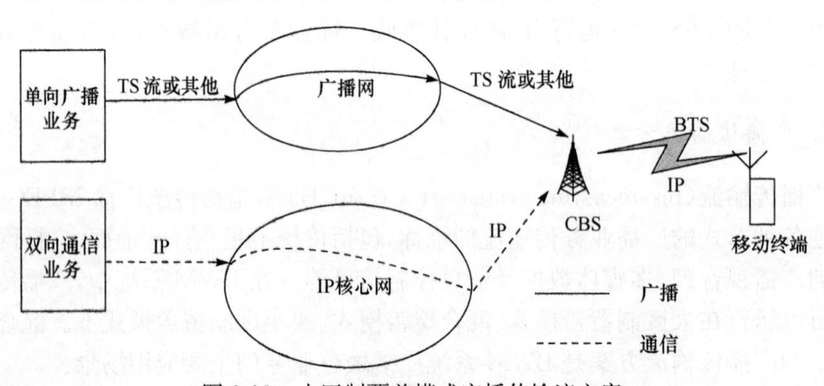

图 8-13　小区制覆盖模式广播传输流方案

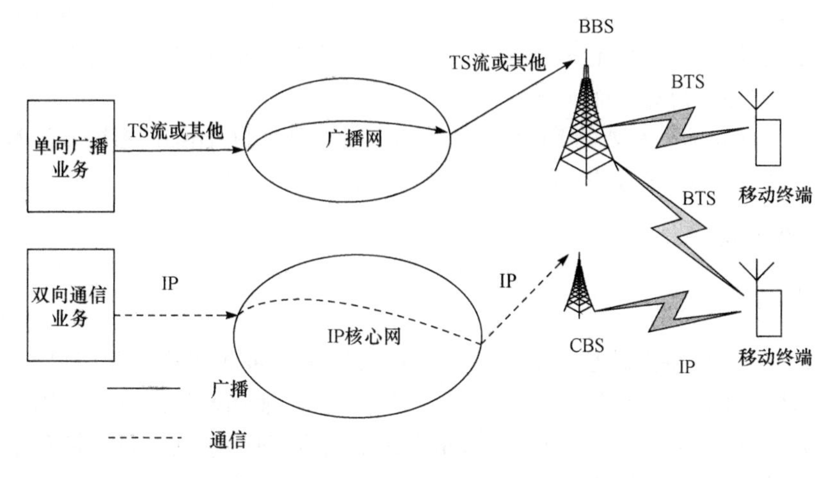

图 8-14　混合覆盖模式广播传输流方案

8.4　宽带无线多媒体系统空中接口协议

BWM 系统的空中接口是指基站(Base Station,BS)和用户站(Subscriber Station,SS)之间的无线接口,其参考模型如图 8-15 所示,由 PHY 层和 MAC 层组成。MAC 层又分成网络适配子层(network adapting sublayer,NAS)、公共部分子层(common part sublayer,CPS)、安全子层(security sublayer,SES)。

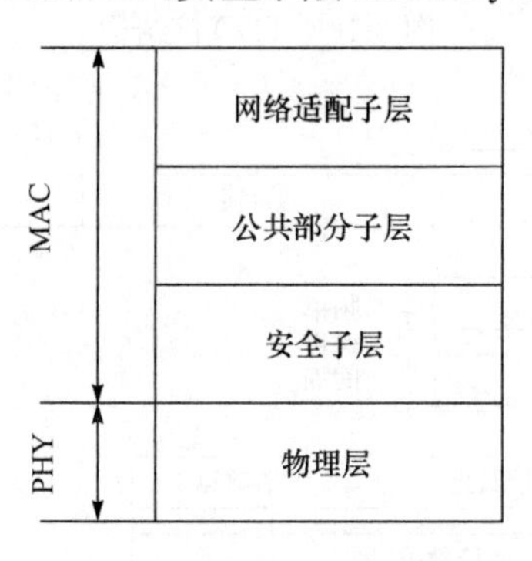

图 8-15　空中接口参考模型

PHY 层提供无线链路信号的发送、接收和管理,具体包括数据的编码/解码、交织/解交织、调制/解调、映射/解映射等处理,并按照指定帧格式在射频(RF)载波上发送和接收。

MAC 层提供上层数据到 PHY 层的传递和无线链路管理,其网络适配子层提供外部网络数据到 MAC 层的映射,公共部分子层提供 MAC 层的核心功能,包括系统接入、带宽分配、连接建立、连接维护等。公共部分子层接收来自网络适配子层的数据,然后分类到特定的媒体访问连接上。安全子层提供接入鉴别、授权、密钥管理、数据加解密等功能。

下面分别介绍 BWM 的 PHY 层和 MAC 层重要机制,详细的参数及流程定义可以参见《宽带无线多媒体系统空中接口》标准[8]。

8.4.1 PHY 层

1. 帧结构

BWM 系统的特点就是基于同一空中接口提供宽带无线接入和广播业务,而不是在 IP 层以上实现融合,因此 PHY 层同时支持广播和通信的信号传输。TDD 帧结构和 FDD 帧结构分别如图 8-16 和图 8-17 所示,每帧包括下行子帧和上行子帧,下行子帧由帧头、通信下行时隙和广播时隙组成,上行子帧由通信上行时隙组成。通信上/下行时隙和广播时隙的长度均由系统配置信息确定。

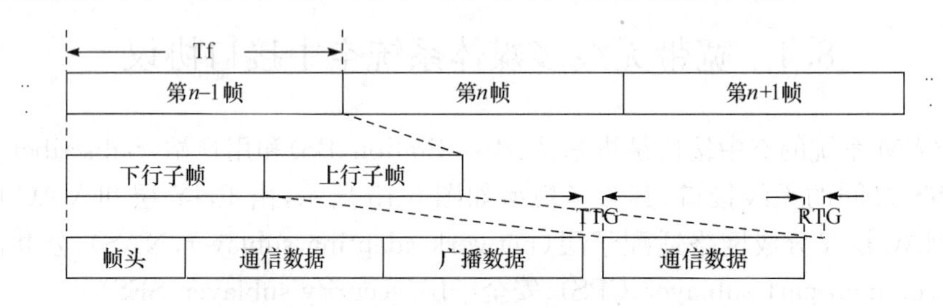

图 8-16 TDD 帧结构

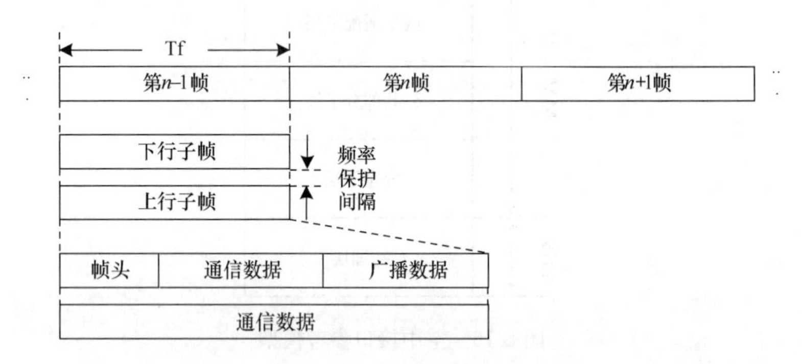

图 8-17 FDD 帧结构

TTG 和 RTG 为保护间隔,TTG 为下行子帧与上行子帧之间的保护间隔,RTG 为上行子帧与下一帧之间的保护间隔。帧结构的参数如表 8-3 所示。

表 8-3　帧结构参数

参数	值
TTG/μs	>100
RTG/μs	>20
Tf 帧周期/ms	5
通信/广播比例	4∶0,3∶1,2∶2,1∶3,0∶4
通信上下行时隙比例	2∶1, 1∶1,1∶2

在标准制定的过程中,提出过一种超帧的方案,利于只接收广播业务的终端进行休眠。例如,每个超帧中只发送一个频道的数据,一共有 10 个频道,则 10 个超帧为单位循环传输。用户接收完该频道数据后,可以休眠 9 个超帧的长度再醒来接收,从而节省了终端的能量。超帧结构如图 8-18 所示,每个广播子帧(BCH frame)或数据子帧(Data frame)的长度均为 5ms,超帧长度为 20ms,每个子帧的头部包括一个超帧头。超帧头由超帧头前导和超帧头控制两部分组成。

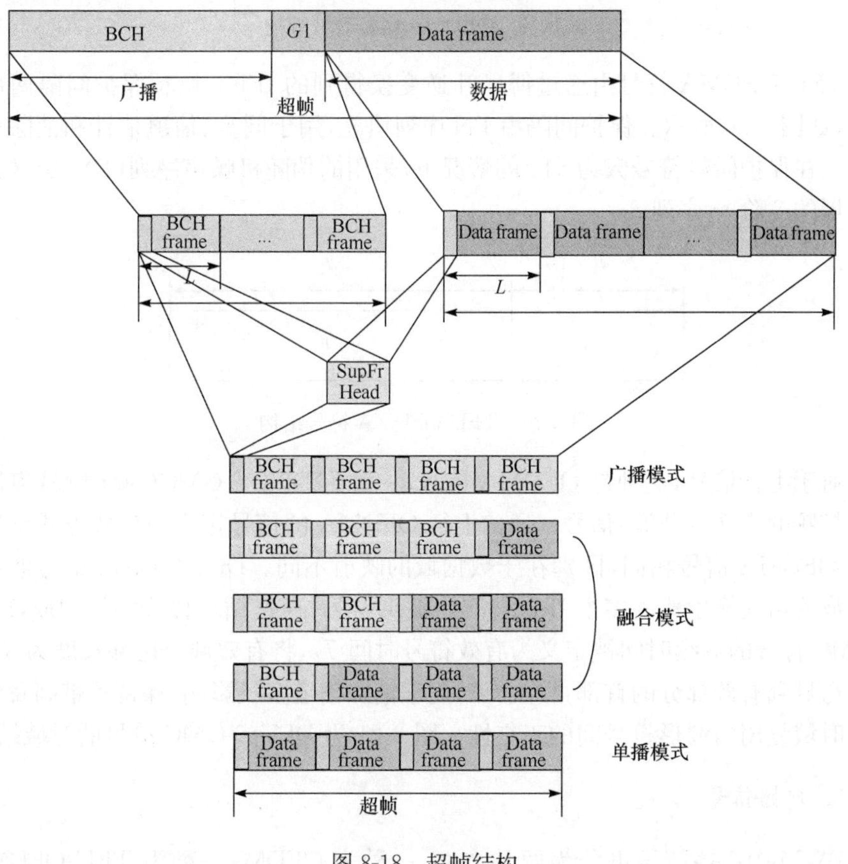

图 8-18　超帧结构

2. 通信信号

BWM针对下行信号和上行信号,分别给出了两种方案。

对于下行信号,一种是OFDMA信号,一种是TFU-OFDMA(时频联合的OFDMA)信号。OFDMA信号波形是将调制符号通过傅里叶逆变换产生,其持续时间被定义为有效符号时间T_b。将有效部分尾部长度为T_g的部分拷贝到有效部分的首部,构成CP,用于消除信道多径影响,保持子载波间的正交性如图8-19所示。

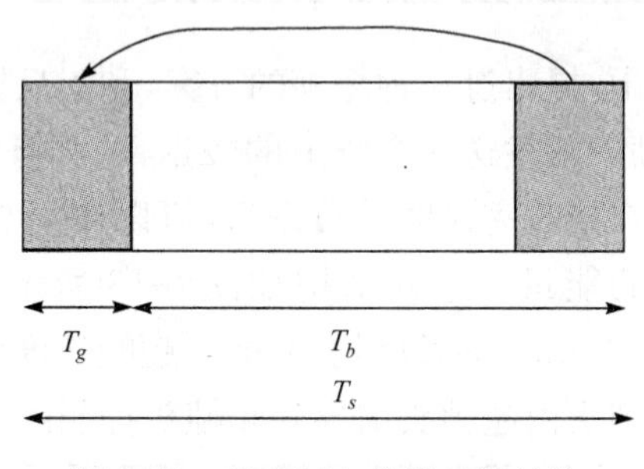

图8-19　OFDMA信号时域结构

TFU-OFDMA符号由通过傅里叶逆变换得到的IFFT块和保护间隔两部分组成,如图8-20所示。保护间隔由PN序列填充,用于同步、信道估计和消除多径影响。在保护间隔符号数为512的情况下,采用的伪随机噪声序列(PN)定义为循环扩展的8阶m序列。

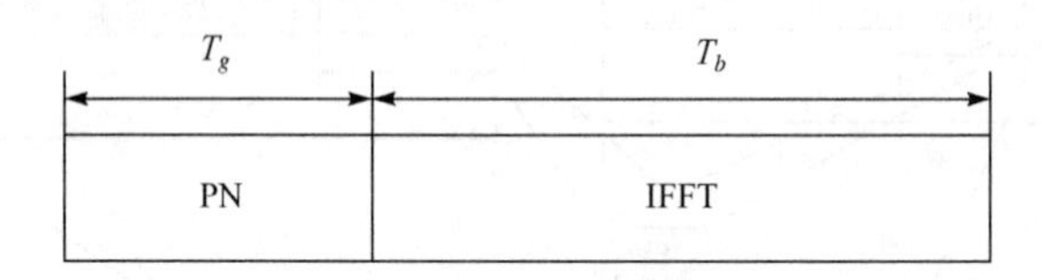

图8-20　TFU-OFDMA符号结构

对于上行信号,一种是OFDMA信号,一种为DFT-S-GMC(基于频域离散傅里叶扩频的广义多载波)信号。通信上行OFDMA的信号定义与生成方式与通信下行OFDMA信号相同,区别在于数据域的映射不同。DFT-S-GMC信号波形由逆滤波器组变换生成的多个IFBT符号(波形符号)通过循环移位叠加构成,DFT-S-GMC符号的持续时间被定义为有效符号时间T_b,将有效部分尾部长度为T_g的部分拷贝到有效部分的首部,构成CP,用于消除信道多径影响、保持子带间及各子带内时域复用的波形符号间的正交性。图8-21为DFT-S-GMC符号的时域结构。

3. 广播信号

BWM中广播信号也分为两种方案,一种为OFDM,一种为TFU-OFDMA。

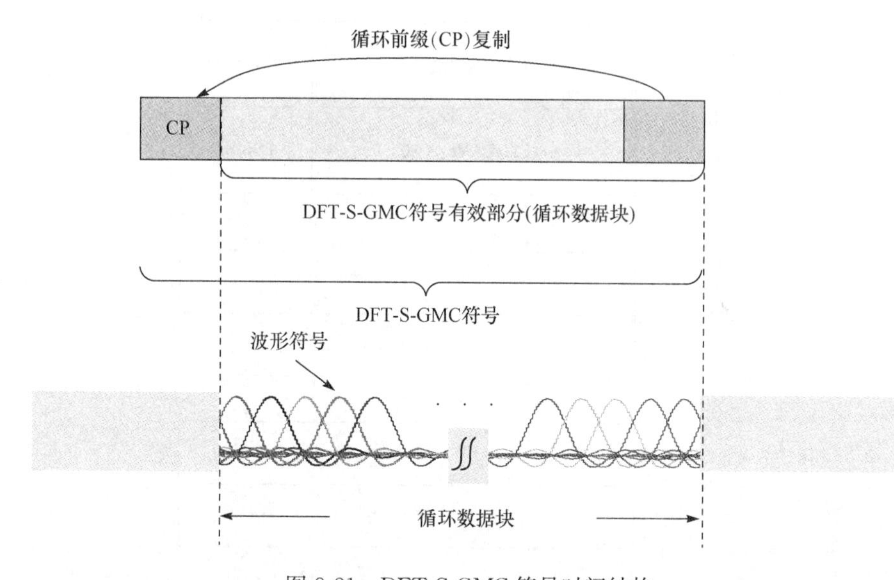

图 8-21　DFT-S-GMC 符号时间结构

除一些具体参数外，基本原理与通信信号中的 OFDM 与 TFU-OFDMA 相同。

8.4.2　MAC 层

1. MAC 层分类

针对 BWM 系统的应用模式，BWM MAC 分为 MAC_b、MAC_c、MAC_m，其中 MAC_b 为广播媒体访问控制功能的实现；MAC_c 为通信媒体访问控制功能在 BS 端的实现；MAC_m 为通信或(和)广播媒体访问控制功能在 SS 端的实现。

(1) MAC_b

广播业务的协议栈如图 8-22 所示，应用层包括语音、视频流的分发和 ESG/EPG(电子服务指南/电子节目指南)信息的生成与管理，并对多媒体内容进行压缩编码以及生成 SI/PSI(服务信息/节目特定信息)。网络层负责把压缩后的多媒体数据和 SI/PSI 数据封装成 IP 包进行传输。链路层即 MAC_b，完成物理层控制、业务数据到逻辑信道的映射、逻辑信道到物理信道的映射、QoS 保证等。物理层定义了无线传输的频率、调制方式和 FEC 的要求。

MAC_b 主要功能模块如图 8-23 所示。

① NAS 服务定义：NAS 功能是把网络层送来的数据，分成多媒体业务数据和业务复接控制信息(SI/PSI)两部分，并把这些业务数据和相关的业务复接控制信息映射到不同的逻辑信道中。多媒体业务数据是来自于不同节目编码器的 IP 流或者 TS 流；业务复接控制信息是来自多媒体广播服务器所生成的节目接入控制信息。应用层所生成的 ESG、EPG 以及 SI/PSI 应符合中华人民共和国数字视频

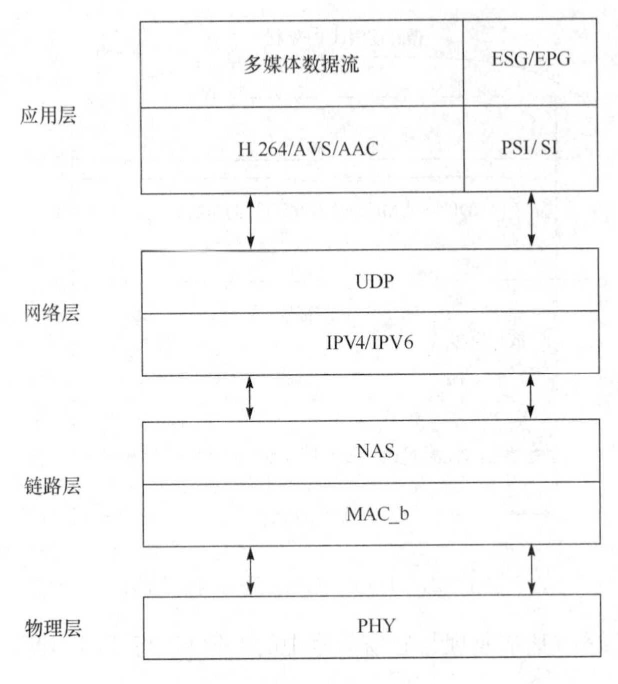

图 8-22 广播业务协议栈

广播中文业务信息规范的相关规定。

② 逻辑信道映射。根据 SI/PSI 提取出的节目类型信息，把多路复用的多媒体业务数据流映射到不同的逻辑信道中去。

③ QoS 管理。根据 PSI 中的节目类型表对每路节目的 QoS 分类，区分每一路多媒体业务数据。

④ MAC-FEC。这是一个可选的模块。根据 PSI 中的业务类型表是否规定了特殊的质量要求，而对节目数据进行额外的 FEC。

⑤ 信道资源管理与分配。根据信道资源表和业务类型表把不同码率的业务复接成适合物理信道传输的数据，以提高信道利用率。如有空缺可进行填零处理。最后把这些复接好的数据块映射到相应的物理信道中。数据块的复接信息和物理信道的映射信息以 MAC 消息表的形式进行传输。

⑥ 成帧。把每个逻辑信道中的数据按照规定的格式封装成广播 PDU（BP-DU）包进行传输。

(2) MAC_m

MAC_m 为 SS 上的 MAC 层实体。MAC_m 根据应用模式可以单独接收来自大 BS 的广播节目，来自小 BS 的业务数据，也可以同时接收分别来自大 BS 和小 BS 的不同节目和数据。因此，MAC_m 的设计考虑三种不同的应用模式，在入网

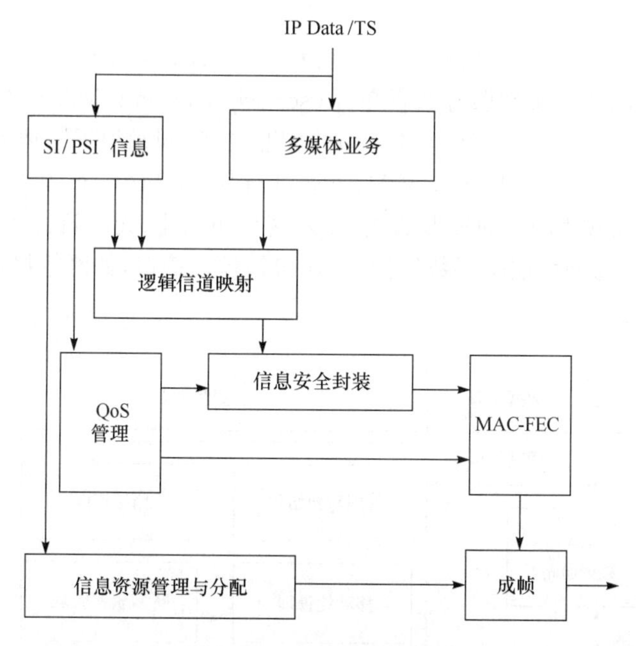

图 8-23　MAC_b 功能框图

过程中根据 BS 的搜索结果,自动配置应用模式。MAC_m 的功能框图如图 8-24 所示,MAC_m 从超帧中解析出的数据包括全网广播数据、MAC 消息及帧控制消息、宽带无线接入(broadband wireless access,BWA)数据。对于全网广播数据,将由广播数据处理模块做相关的处理,并将处理后的数据发给网络层。对于 MAC 管理消息和控制消息,由对应的 MAC 管理功能实体做相应的处理。BWA 业务数据由 BWA 数据通道处理,并发给网络层。MAC_m 同时还向核心网络提供网管接口。

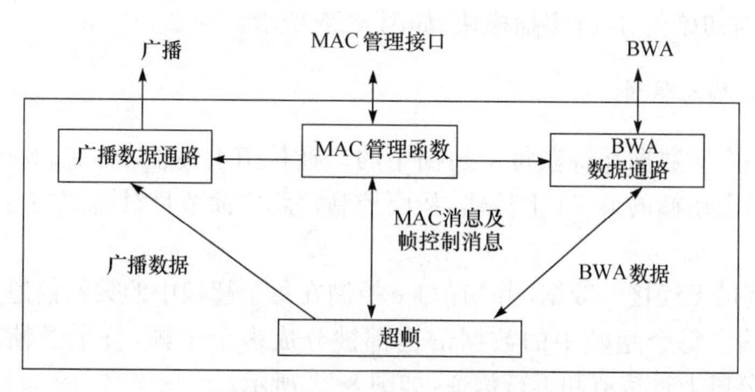

图 8-24　MAC_m 功能框图

(3) MAC_c

MAC_c 的主要功能框架如图 8-25 所示，分为数据平面和控制平面。MAC_c 在数据平面的功能是实现服务数据单元(service data unit，MAC SDU)向协议数据单元(protocol data unit，MAC PDU)的相互转换，同时根据需要实现数据的分段和打包等功能。在控制平台，MAC_c 通过与 SS 的 MAC_m 交互 MAC 消息和其他控制信息实现 MAC 的管理功能，如入网与初始化、无线资源管理、移动性管理等。MAC_c 与网络层除了数据接口，还包括控制接口，如网管接口、BS 之间的其他交互信息。

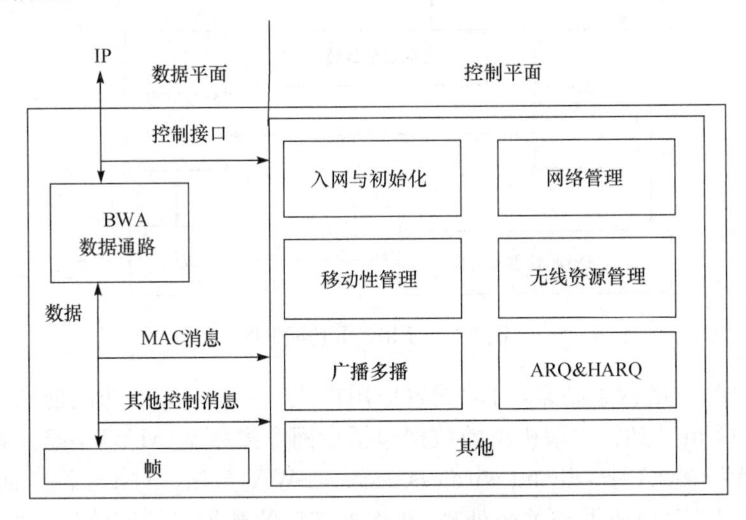

图 8-25　MAC_c 功能框图

若是支持小区制覆盖模式的 MAC_c，需要同时支持广播电视业务和宽带无线接入业务，因此需要在图 8-26 的基础上进行部分功能模块的修改，主要包括数据平面、入网与初始化、广播多播模块，如图 8-26 所示。

2. 帧结构与信道

所有的广播数据都将在每个超帧中的广播信道上传输，MAC_b 控制各路广播节目在哪个超帧的 BCH 上传输，从而控制每路广播节目对资源的占用，如图 8-27 所示。

对于宽带无线接入数据，由 MAC_c 控制在每个超帧中的数据信道(data)上实现双向传输。每个超帧中的数据信道都被分成多个子帧，每个子帧以 TDD 或 FDD 模式分成上行信道和下行信道，如图 8-28 所示。

图 8-29 表示 SS 对超帧的访问。SS 从 BCH 中接收全网广播数据，而从数据信道中接收宽带无线接入数据和控制信令。

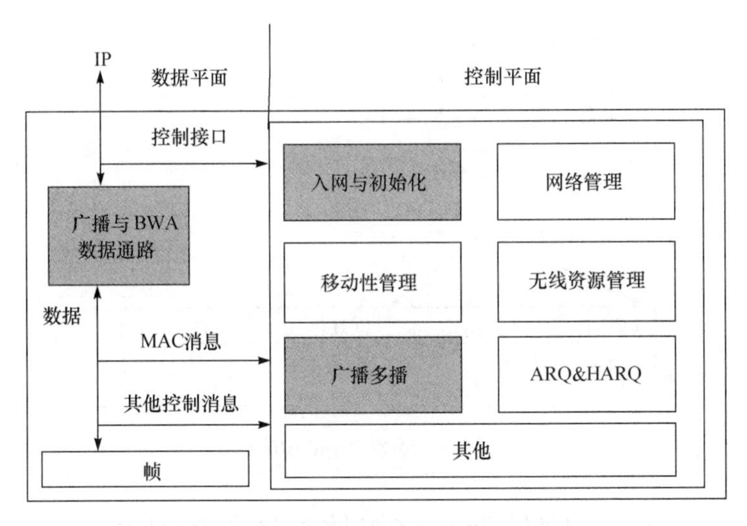

图 8-26　单一 CBS 应用模式 MAC_c 功能框图

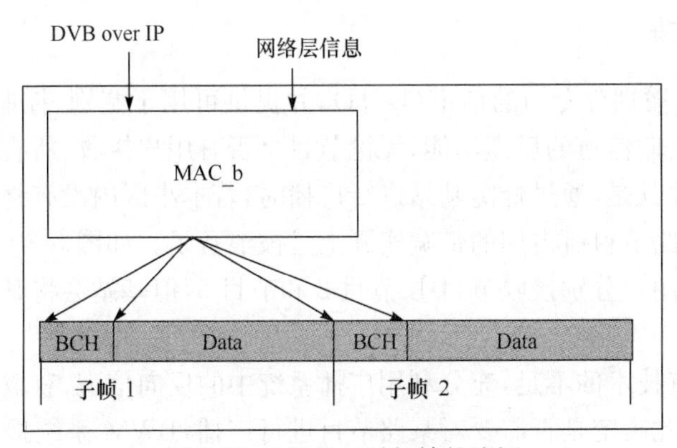

图 8-27　MAC_b 对超帧的访问

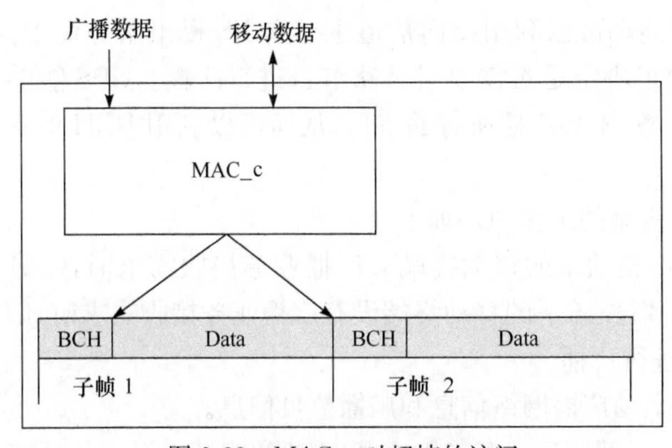

图 8-28　MAC_c 对超帧的访问

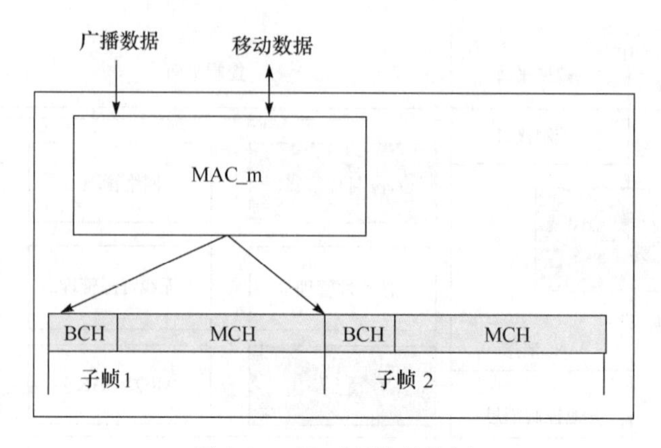

图 8-29 SS 对超帧的访问

8.5 宽带无线多媒体系统关键技术

8.5.1 按需广播

BWM 为广播划分专门的信道(BCH),并提供可用于鉴别、控制的反向信道。若不充分利用反向信道的反馈功能,无论节目是否有用户接收,所有的广播节目会被全部传输。尤其是,通过蜂窝基站进行广播时,若本小区内没有终端在接收某路节目,则广播这路节目所占用的带宽实际上是被浪费了。如图 8-30 中传统广播的场景,小区中的用户分别接收节目 1、节目 2 和节目 3,但基站会将其上所有的节目都广播。

为克服现有技术的不足,充分利用广播系统中的反向信道,获取用户对节目的接收情况,并据此决定是否需要对某路节目进行广播,BWM 系统提供了一种应用于具有反向信道的广播系统中的按需广播方法。按需广播(broadcast on demand, BSoD)机制是指终端可以利用反向信道主动向 BS 提出服务请求,CBS 通过判断是否有服务请求来决定是否需要对某路节目进行广播。CBS 能够向移动终端提供按需的广播业务,不必广播所有的节目,从而可以利用 BCH 的剩余带宽传输普通数据业务。

基站 BSoD 机制的工作原理如下。

① 当前 CBS 覆盖下的移动终端有广播业务接收需求时,CBS 进行广播数据的发送。当前 CBS 覆盖下的移动终端没有广播业务接收需求时,CBS 回收该路节目所占资源,不进行广播。

② BS 一直主动广播网络信息和广播节目信息。

③ CBS 的每一路广播业务有两个状态,即准备态(provide)和活动态(active),如果有一个以上终端正在接收某路广播服务,则状态为活动态,否则为准备态。

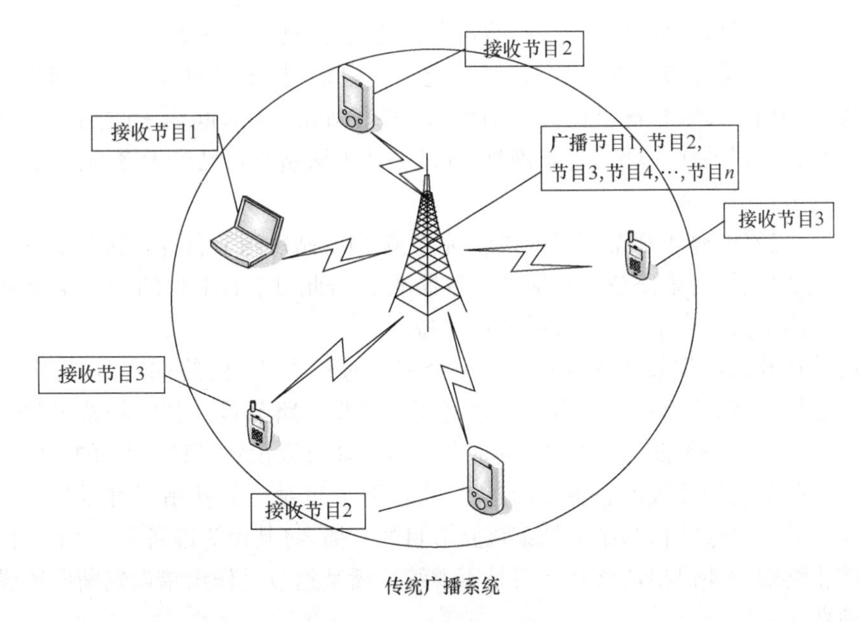

图 8-30　传统广播场景

④ 所有广播业务由 BS 发出。

⑤ 只为活动的广播业务分配带宽和传输，处于准备态的广播业务分组在 BS 被丢弃。

基于以上工作原理，BSoD 机制的主要流程如下。

① 终端将节目选择信息通知基站。具体为，终端从节目单中选择准备接收的节目，然后通过反向信道向基站发送节目接收消息，并开始接收该路节目。

② 基站广播终端所选节目。具体为，基站收到节目接收消息后，判断其中节目标志字段对应的一路节目是否已经开始广播，若尚未广播，则该路节目所对应的基站定时器启动，该路节目所对应的计数器设置为 1，基站为该路节目分配带宽进行广播，并向终端发送节目应答消息；否则，该路节目所对应的基站定时器归零并重新启动。该路节目所对应的计数器加 1，同时基站向终端发送节目应答消息。

在本步骤中，当基站收到终端发来的节目接收消息时，首先解析出该节目接收消息对应的是哪路节目，然后检查该路节目目前的状态是准备态还是活动态。若为准备态，说明该路节目尚未被广播，则为该路节目分配带宽，进行广播，并向终端发送应答消息；若为活动态，则表明该路节目已经在广播，直接向终端发送应答消息即可。

③ 基站监控正在广播的各路节目，当接收某路节目的终端数量为 0 时，则停止该路节目的广播。

基站监控接收各路节目的终端数量变化情况，其具体方法如下。

第一，一旦某路节目开始广播，基站定时器启动，其定时时长 $T1$ 控制某路节目在无终端用户接收情况下的超时时间，即若基站在 $T1$ 时间内未收到任何终端发送的某路节目的接收状态更新消息，则基站认为该路节目已经无终端接收，需要停止该路节目的广播。

第二，当终端停止某路节目的接收时，终端向基站发送节目停止接收消息。基站收到该消息后，将该路节目对应的计数器减 1，若此时节目对应的计数器变为 0，则停止该路节目的广播，否则继续进行广播。

终端在开始接收某路节目后设置一个定时时长为 $T2$ 的终端定时器，定时向基站发送接收状态更新消息，通知基站其还在接收该路节目。其中基站定时器的定时时长 $T1$ 大于终端定时器的定时时长 $T2$，例如可以设置 $T1$ 为 $T2$ 的 3 倍。基站收到某路节目的接收状态更新消息后，将该路节目对应的基站定时器归零并重新启动。$T1$ 一旦超时，基站便结束该路节目的广播，将其设为准备态。$T1$ 的目的就是防止终端意外退出造成基站对是否继续广播某路节目作出错误判断而造成带宽的浪费。

以下将分别从用户终端和基站的角度，进一步地描述 BSoD 的实现过程。终端开始接收某路节目后的状态维护过程如图 8-31 所示，包括如下步骤。

步骤 1，终端开始接收某路节目，并向基站发送节目接收消息。

步骤 2，终端设置定时时长为 $T2$ 的终端定时器。

步骤 3，判断终端定时器是否超时。当判断为“是”时，进入步骤④；当判断为“否”时，进入步骤⑤。

步骤 4，终端向基站发送接收状态更新消息，然后重新回到步骤②。

步骤 5，终端判断是否接收到停止接收某路节目的信号。当判断为“是”时，进入步骤⑥；当判断为“否”时，回到步骤③。

步骤 6，终端向基站发送节目停止接收消息。

如图 8-32 所示，基站对已广播节目的控制流程如下。

步骤 1，基站开始广播某路节目。

步骤 2，设置基站定时器，其定时时长为 $T1$。

步骤 3，保持该路节目广播。此时，可能出现三种不同的情况，其处理流程分别如下：

情况一，若基站接收到某终端的节目停止接收消息，则将该路节目对应的接收者数目减一，并判断接收者数目是否为 0，若是，则停止该路节目的广播，否则保持该路节目广播，回到步骤 3。

情况二，基站收到某终端的状态更新消息，则重置基站定时器 $T1$，保持该路节目广播，回到步骤 3。

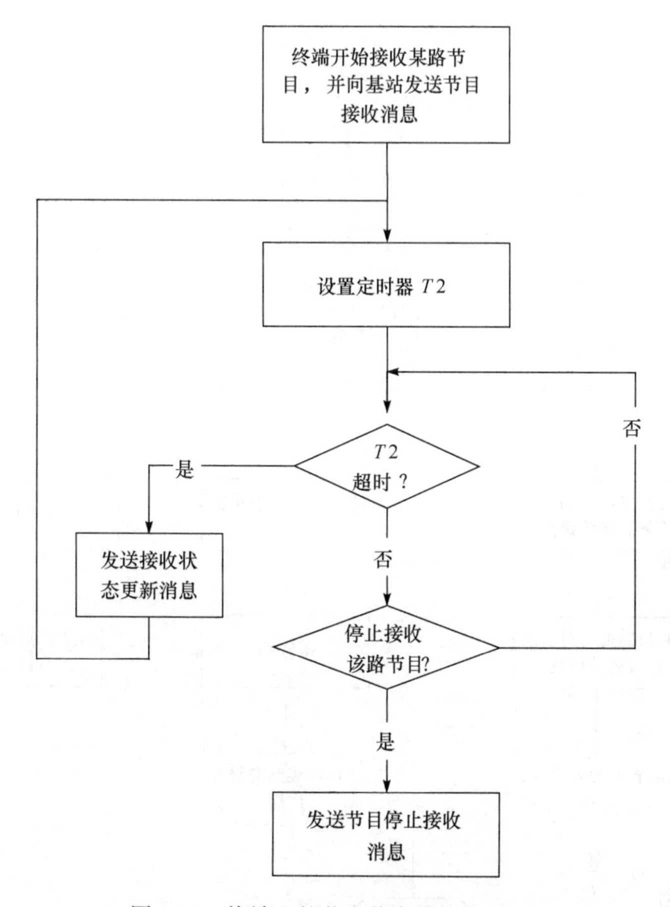

图 8-31　终端上的节目状态维护流程

情况三，基站定时器超过定时时长 $T1$，则停止该路节目的广播。

此外，在基站上监控各路节目时，也可以只为各路节目分别设置计数器或定时器。

8.5.2　区分广播

广播多播业务针对服务范围和用户需求不同可以分为不同的服务类型。例如，多播业务是满足用户的个性化需求，广播业务是满足用户对共性内容的需求。广播业务又可以根据收视率不同分为热门节目和冷门节目，根据服务范围不同分为区域性节目和全局性节目。因此，不能用一种统一的方法来处理所有类型的广播多播业务，而应该针对不同的业务类型选择不同的传输机制。针对该问题，可以使用一种区分广播机制 DiffBro(differentiated broadcast)[9]来解决。

在 DiffBro 中，广播多播业务按照服务覆盖的范围首先区分为全网广播、区域

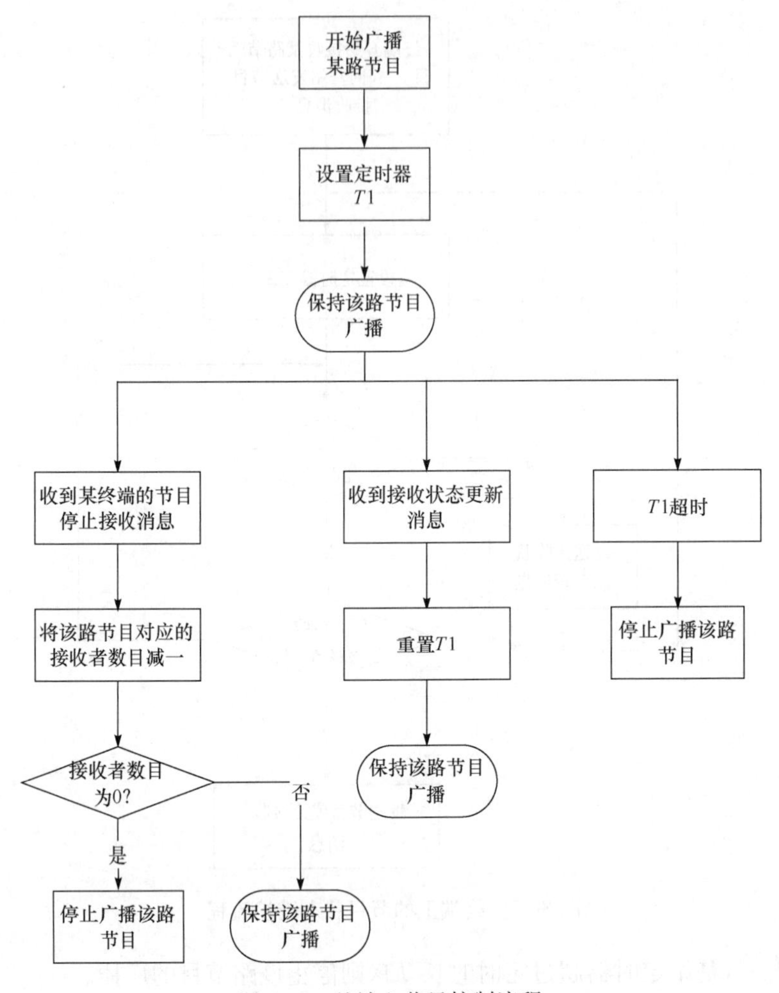

图 8-32 基站上节目控制流程

广播多播和单小区广播多播三类。

① 全网广播业务(global broadcast services,GBS):整个网络中的小区同步广播的业务,无论小区中是否有用户需求,节目始终被广播。

② 区域广播多播业务(zone multicast and broadcast services,ZMBS):在一个特定的区域内(ZMBA)的所有小区上实现同步广播。

③ 单小区广播多播业务(cellular multicast and broadcast services,CMBS):单个小区内的按需广播。不同的小区可以提供相同的业务数据内容,但在发送过程中各个小区之间不要求同步。

对于全网广播的业务,信号质量和切换过程中节目的连续性始终都能得到最大程度的保证。在 BWM 系统,可以通过大 BS 传输,也可以通过小 BS 同步传输。

全网广播的节目越多，网络中广播业务的总体传输性能越高。然而，移动通信系统的频谱资源是有限的，大量的使用全局无线资源会产生严重的资源浪费问题。因此，在 DiffBro 中，区域广播多播服务 ZMBS 只在一个区域内的所有小区上实现同步广播，在一个区域内的系统性能与 GBS 相似。对于一些个性化点播的节目，将采用单个小区内的按需广播。基站将根据节目的类型灵活地进行资源调度。

图 8-33 为支持 DiffBro 的系统架构图，与一般移动通信网络不同的是，增加了四个专门的逻辑实体，分别是全局广播控制中心 GBC、区域广播多播控制中心 ZMBC、广播多播网关 MB-GW、内容分发中心 CDC。

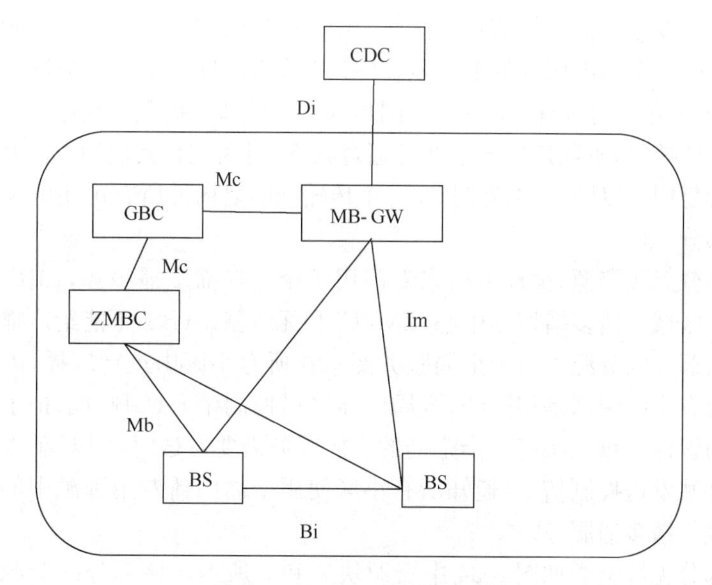

图 8-33　DiffBro 系统架构图

全局广播控制中心 GBC 是唯一的，它管理着所有的 ZMBC 的可用分配资源，同时管理不属于 ZMBC 管理的全局广播多播服务的资源动态分配，即根据广播多播服务覆盖的范围，分成全局的服务，局部的服务以及单小区内的服务。GBC 独立管理全局广播多播服务的资源分配，而其他类型的服务所需要的资源则由 ZMBC 在 GBC 的统一控制下进行分配。除了资源管理，GBC 和 ZMBC 还进行广播多播服务的覆盖范围的动态控制。对处于一个 ZMBA 之内的广播多播服务，其资源由相应的 ZMBC 进行动态分配，而对于跨越多个 ZMBA 的广播多播服务，该服务的覆盖范围将由 GBC 和 ZMBC 进行动态管理。

广播多播网关 MB-GW，用于向一组申请了某一个广播多播服务的小区发送广播多播数据并确保该过程在各小区之间同步进行，同时该网关还进行广播多播服务的会话控制。一个 MB-GW 通过与 GBC 通讯，获得一组需要传输某一个广播多播服务的小区的信息,通过不同的触发方式,网关从 CDC 处获得有关服务的信息并向相关的小区发送服务的公告,表示服务可用。该网关上和 BS 之间有一个数据同步协议,根据该协议,在提供广播多播服务时 MB-GW 和 BS 之间的数据发送将同步进行,在该网关上注册了某个广播多播服务的所有小区之间接收到的服务数据在时间上比较严格的同步。

内容分发中心 CDC 作为一个数据分发实体负责广播多播数据的提供和发布。CDC 从内容提供商处获得广播多播服务的数据源,然后对每一个可以提供的广播多播服务,生成一个分发功能实体。该实体通过通知 MB-GW 向所配置的初始服务提供区域发出服务可用的公告。当广播多播数据已经准备好以后,MB-GW 将向相关的区域发送会话开始信息。然后,相应的 MB-GW 请求上述功能实体将对应的数据源以一个标准服务的形式从 CDC 发送到自身。在向系统发送服务通知后,MB-GW 就开始向所有关联的 BS 同步的发送广播多播服务数据。

在区分广播中,不同广播多播业务通过频率、时间或者其他的方法对可用的无线资源进行复用。以图 8-34 为例,在一个传输间隔之内的所有可用的无线资源被分成三个部分。

第一部分无线资源,被预留出来专门用于全局广播多播服务,如图 8-34 资源块 1 所示。区域广播多播控制中心(ZMBC)和无线基站(BS)不能给广播或者单播数据分配该部分的资源。由于全局服务要求在所有小区内进行广播,因此该部分的分配在所有小区中都是相同的,全局广播多播控制中心(GBC)承担了对其进行动态分配的责任。每一次有一个全局的广播服务需要发送时,GBC 就通过 ZMBC 向所有的基站发送控制信令,通知所有小区使用全局广播专用资源中的一段无线资源承载该广播多播服务。

第二部分无线资源如图 8-34 中资源块 2 和 3 所示。该部分的资源被留给了区域广播多播服务。其中,资源块 2 的资源被留给了那些静态配置的区域广播多播服务,资源块 3 则用于动态配置的区域广播多播服务。对于资源块 3 而言,由于服务覆盖范围是动态变化的,因此在同一个服务覆盖区域内部,不同的小区之间对该服务资源的分配也不尽相同。

在动态分配的服务区覆盖范围之内的一些小区,虽然可以提供广播多播服务,但是由于小区内没有用户需要接收该服务,则为该服务分配的无线资源在所述小区中可以用于其他服务。

第三部分无线资源如图 8-34 中资源块 4 所示。该类资源主要用于单小区业务,包括单播业务和单小区广播多播业务。

全网广播业务的资源是预先设置的,单小区广播多播业务的资源由每个小区自主分配,而区域广播多播业务的资源分配需要基站间的协调,因此以下重点介绍区域广播多播业务的资源分配方法。

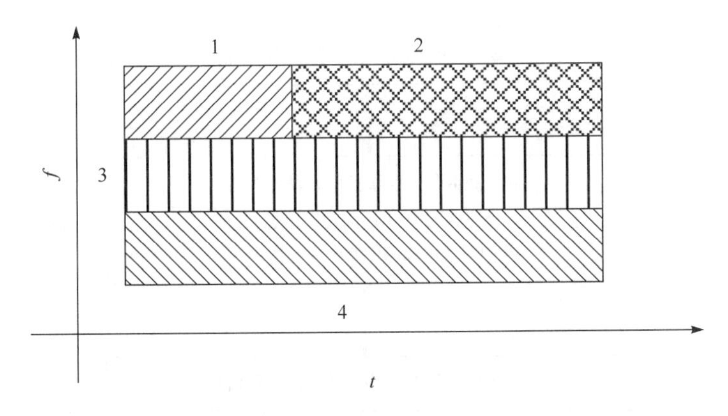

图 8-34　无线资源分配示意图

当一个区域广播多播服务最初被配置到系统中时，可以通过静态的操作和管理信息来划定一个初始的服务覆盖范围。该范围包括一组预计提供该服务的小区。如果是多播服务，则该服务的初始信息中还包括了当前注册了该广播多播服务的终端信息，上述的这些信息都保存在 CDC 中，CDC 为每一个这样的服务建立一个功能实体用于保存服务的相关信息。如图 8-35 所示，当需要发送服务时，CDC 将为该服务选择一个默认的 MB-GW，通过该网关向 GBC 发送资源分配请求信令，请求 GBC 为该服务分配资源。GBC 从 CDC 处接收该服务初始覆盖的小区信息，确定哪些小区将承载该服务，从而计算出哪些 ZMBC 管理区域中含有目标小区。根据小区的位置，GBC 向那些包含目标小区集合的 ZMBC 发送资源查询请求信令，要求 ZMBC 报告目标小区的资源分配情况。相关的 ZMBC 通过检查各个无线基站的配置，更新自己管理的小区资源信息，同时向 GBC 发送目标小区的资源分配信息。GBC 在接收到上述信息后，采取一定策略为广播多播服务动态分配资源，并将分配的结果分别发送给相应的 ZMBC。ZMBC 在接收到上述信息后，首先更新自己内部的资源分配管理信息，然后将分配的结果通过信令告知相应的 BS，BS 将相应的无线资源划分出来，通过 Im 接口与核心网络部分建立无线承载，如果该资源与单播相冲突，则 BS 负责在下一个传输间隔中调整单播资源的占用。

其中，GBC 在为广播多播服务分配资源时，可以采用如下策略。如果目标小区集合中的资源足够，则 GBC 为所有小区选取一块相同的无线资源作为该服务的无线部分使用。如果目标小区集合中由于资源分配的不同导致没有一个共同的部分可供使用，则 GBC 择优的根据小区几何位置、资源分布情况等参数为尽可能多的小区划分出一块相同的无线资源，其目标是使该广播多播服务中单频网的面积达到最大化，对于剩下的小区，则根据类似的原则，在保证系统分配算法的稳定性、灵活性以及不妨碍服务区域动态变化需求的前提下，提供尽可能优化的单频网和单小区广播分配。

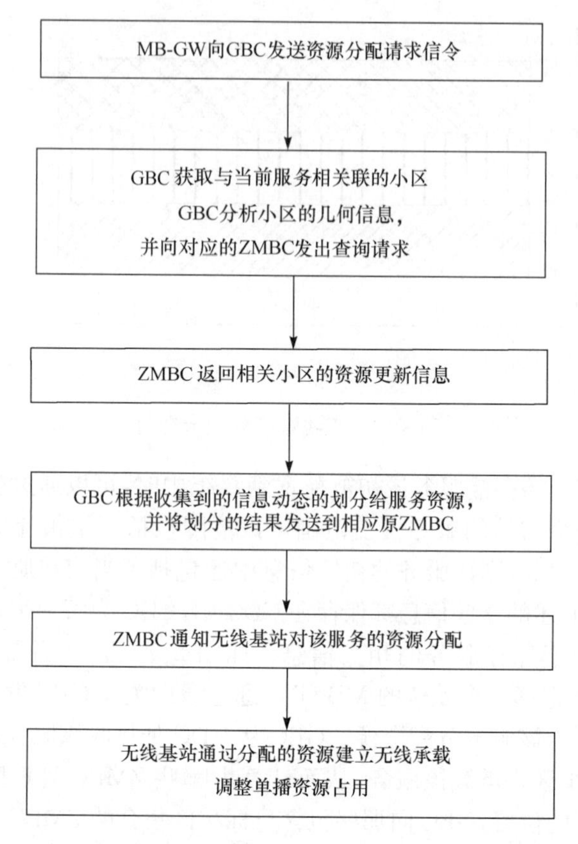

图 8-35　区域广播多播业务的资源分配方法示意图

8.6　示范网络

为支持三网融合的技术验证，中国科学院微系统所、计算所、声学所合作进行了杭州、南京宽带无线多媒体城域示范网建设，在同一张网内实现数字广播电视和宽带无线交互式业务，如图 8-36 所示。示范网为全扁平 IP 组网，包括 BWM、WLAN 等多种接入方式，终端采用车载移动台、移动终端、数据卡等多种形态。基于该示范网络，已经开展了高速上网、移动视频监控、采访直播、视频互动点播、IP 电话等业务实验，吞吐量可达 60Mb/s，支持 120km/h 以上的高移动性，支持广播电视的广域覆盖。通过该示范网络，对 BWM 系统的传输技术、组网技术等进行了一系列验证，初步证明了 BWM 系统的可行性。

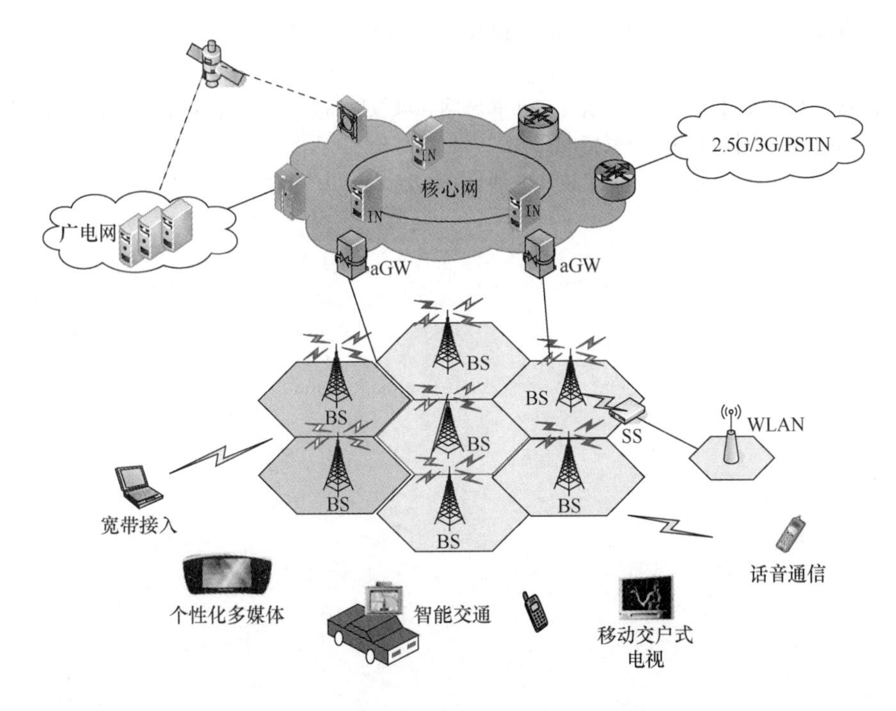

图 8-36　宽带无线多媒体系统示范网络

8.7　小　　结

本章首先对现有的广播与通信融合方案进行了分析与总结，指出现有方案主要在 IP 层以上实现融合，虽然实现简单，兼容性强，但存在系统灵活性差、设备冗余、系统间切换时延大等问题。因此，本章介绍了一种从应用层到物理层均实现融合的系统——宽带无线多媒体系统，详细阐述了该系统的网络架构、空中接口协议以及相关的关键技术。宽带无线多媒体系统已经在杭州、南京等地进行了示范应用，后续将进一步推进示范网络的建设，促进通信与广播系统的融合。

参 考 文 献

[1] 中华人民共和国国民经济和社会发展第十一个五年规划纲要(2005-2010)[M].
[2] 中华人民共和国国民经济和社会发展第十个五年规划纲要(2000-2005)[M].
[3] 杨庆华. 中国移动多媒体广播标准体系介绍[J]. 现代电视技术，2008，(2)：14-18.
[4] 冯伟，卢官明. DVB-H 系统的关键技术及发展趋势[J]. 电视技术，2008，6(48).
[5] 蔡晓梅，冯景锋. 日韩卫星数字多媒体广播(S-DMB)概况[J]. 广播与电视技术，2006，33(5)：48-51.
[6] 宋挥师. 卫星移动多媒体广播系统——日韩 S-DMB[J]. 广播与电视技术，2006，33(7)：48-53.

[7] 牛青,唐宏,赵卫杰,等.国际手机电视技术现状研究综述[J].电视技术，2008,32(4):45-47.
[8] 信息技术系统间远程通信和信息交换局域网和城域网特定要求，第16部分:宽带无线多媒体系统的空中接口[S].国家标准,20067544-T-339.
[9] 黄伊,等.一种无线广播多播系统和方法:中国,ZL200810102705.9[P].2008.